· NASA 人–系统整合标准与指南译丛 ·

人–系统整合设计流程

陈善广　姜国华　陈　欣　王春慧　编译

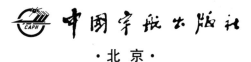

中国宇航出版社

·北京·

图书在版编目(CIP)数据

人-系统整合设计流程 / 陈善广等编译. -- 北京：
中国宇航出版社，2016.11

（NASA 人-系统整合标准与指南译丛）

ISBN 978 - 7 - 5159 - 1235 - 6

Ⅰ.①人… Ⅱ.①陈… Ⅲ.①载人航天器－人-机系
统－系统设计－流程 Ⅳ.①V476.2

中国版本图书馆 CIP 数据核字(2016)第 290992 号

责任编辑　侯丽平

出　版
发　行　**中国宇航出版社**

社　址	北京市阜成路 8 号　邮　编　100830	版　次	2016 年 11 月第 1 版
	(010)60286808　　(010)68768548		2016 年 11 月第 1 次印刷
网　址	www.caphbook.com	规　格	787×1092
经　销	新华书店	开　本	1/16
发行部	(010)60286888　　(010)68371900	印　张	16
	(010)60286887　　(010)60286804(传真)	字　数	390 千字
零售店	读者服务部	书　号	ISBN 978 - 7 - 5159 - 1235 - 6
	(010)68371105	定　价	228.00 元
承　印	北京画中画印刷有限公司		

本书如有印装质量问题，可与发行部联系调换

《NASA 人-系统整合标准与指南译丛》
编 委 会

译者序

美国国家航空航天局（NASA）自 1958 年成立以来，先后成功实施了水星计划、双子星计划、阿波罗计划、天空实验室、航天飞机、国际空间站（与俄罗斯、欧洲、日本等国联合）等重大载人航天项目，取得了举世瞩目的辉煌成就，为美国保持在国际航天领域的领先地位做出了重大贡献。此辉煌成就不仅反映出 NASA 技术创新的不断进步，也凝聚着 NASA 在项目科学管理上的成功经验。其中，有三个方面特别突出：一是 NASA 不断总结项目管理的经验做法，形成了一整套项目管理的组织架构以及科学化程序和方法，特别是系统工程思想的发展、方法和过程的完善，极大提高了 NASA 项目研发的效率和实施效益；二是 NASA 高度重视技术基础和技术体系建设，发展形成了规范工程/项目研发技术与管理活动的一系列标准、程序、要求等，并根据实施中总结的经验教训和技术发展适时修订形成新的版本；三是在载人航天任务中，NASA 自始至终倡导并不断发展"以人为中心设计（Human Centered Design）"的理念和方法，把人因工程（HFE，Human Factors Engineering）学科纳入系统工程体系，先后推出 NASA 3000 系列人-系统标准（Human - Systems Standard）、人-系统整合（HSI - Human Systems Integration）设计流程以及适人性评价（Human Rating）要求等规范，并竭力推动这些规范标准在项目/产品研发过程中的实施。航天人因工程及人-系统整合方法在保障载人航天任务策划的科学合理性、提升人信息加工和决策可靠性、减少操作失误、优化人机功能分配和人机界面设计、实现人-系统整合协同高效工作以及提高系统安全性等方面发挥了重要作用。

载人航天任务涉及航天器、测控通信、发射回收等多个方面，特别是由于航天员的参与使系统变得更为复杂，对人的安全性和操作的可靠性要求更高，是一项极为复杂的系统工程。从美俄早期的太空飞行来看，不管是联盟号飞船还是阿波罗计划，事故发生率很高，而后来的航天飞机任务还发生过两次机毁人亡的恶性事故。即便是最近几年，航天发射失利如天鹅座货运飞船爆炸、太空船 2 号失败等和国际空间站上出舱活动任务取消和推迟等事故依然不断。通过分析，绝大多数事故均可以追溯到对人的问题考虑不周造成的。因此，在载人航天领域，人因工程也是在不断总结失败教训中提高认识和逐步发展起来的。美国在初期的水星计划、天空实验室、阿波罗登月等任务中，重点分析解决人在太空中能否生存和工作的问题。航天飞机时期，NASA 更加关注人因问题，不断总结以前任务工程实施中出现的问题教训和经验并植入到相关技术文件和要求中。人-系统整合的思想和方法开始形成，即在载人的系统/项目设计开发过程中要突出以人为中心的设计理念、充分考虑人的能力和局限性，以期提高系统安全和性能、降低研发成本。NASA 于 1985 年就建立了人-系统标准 NASA - STD - 3000，1987 年在约翰逊航天中心成立适居性和人因部门，作为航天人因工程的主要牵头单位。1991 年为国际空间站（ISS）任务制定了航天人因工程发展计划（SHFE）。2005 年推出人的研究计划（HRP），全面深入研究未来深空探测、登火星任务中的人因工程问题，引领国际航天人因工程领域的发展。与此同时，NASA 在不同阶段先后推出了一系列相关标准规范并适时进行版本更新，如：NASA - STD - 3001《航天飞行人-系统标准》第 2 卷《人因、适居性与环境健康》，《人-系统整合设计流程》（HIDP）和《航天系统适人性要求》（NPR8705.2B）最新分别于 2011 年和 2012 年进行了版本升级或修订。这些人-系统整合相关的标准规范大多借鉴了美国国防部（DoD）的做法，但 DoD 多数与人相关的装备研发规范是强制的。NASA 直至目前还不像 DoD 那样严格要求，只有《航天系统适人性要求》是强制的。不过很显然，要贯彻适人性评价标准，遵循其他相关规范是最基本的。在 NASA 最近几年的载人项目管理中，HSI 的系列标准和规范得到了很好的贯彻，星座计划（Constellation Program）便是其中的典范，星座计划中的猎户座飞船、月面着陆器和 EVA 系统等在研发全周期中，均根据项目自身的实际采用或建立 HSI 规范化要求，并将 HSI 纳入到项目系统工程管理中。HSI 以人因工程学为学科支撑，不仅逐渐成为 NASA 全员的共识与理念，而且也是项目开发、管理人员遵循的规范和方法。相关资料表明，NASA 开展人因研究和人-系统整合的道路也并非一帆风顺，也是克服了许多模糊甚至错误认识才发展起来的。比如，一开始很多工程师/设计人员认为 HSI 太繁琐束缚了自己的手脚，认为自己能自然反映用户的全部需求，总凭自己经验和直觉进行设计，经常发生设计者与使用者（操作或维修人员）之间的角色混淆，不懂得使用需求的科学规范性，导致设计不能系统全面客观正确反映最终用户需求。有的认为"产品有缺陷没关系，下次再改进或还可以通过训练弥补"。这是人因学发展史上最典型的"人适应机"的过时观念，很容易导致安全和使用风险。HSI 强调"机适应人"，并且，要确保一次设计到位才能降低成本和风险。还有的要么认为"人与机器差不多，可以像简单检测机器一样来检测人的情景意识"；要么认为"人是不可靠的，要用技术取代人的功能"，对人与机的不同特性认识不清往往导致人机功能分配不合理。还有不少人认为，实施 HSI 增加了额外成本不划算，或者很多项目预算中就不包括这块经费，而没有认识到 HSI 在项目/产品全周期研发中避免了许多反复反而能大大降低成本。将 HSI 更高效地融合到项目系统工程管理中去并显示其在全周期研发中的高费效比，是 NASA 进一步努力的目标。

我国从 1968 年航天医学工程研究所成立开始就创立航天医学工程学科，开展包括航天工效在内的有关人的问题研究。1981 年，在钱学森系统工程思想指导下创立了人-机-环境系统工程理论，这一理论与方法在理念与目标上与 HSI 很相似，其体现的系统工程思想与方法在我国载人航天任务中得到了有效的应用。1992 年我国载人航天工程启动时，设立了航天员系统并下设医学、工效学评价分系统，确立了"载人航天，以人为本"理念。经过 20 多年的实践发展，航天工效在研究内容、方法和工程应用上逐步走向成熟，形成了包括载人飞船、货运飞船、空间站舱内、舱外以及舱外航天服等一系列工效学设计要求与规范。目前为我国空间站工程研究制定了工效学要求和评价标准，而且成为工程大总体下发的要求。2011 年在中国航天员科研训练中心设立人因工程国家级重点实验室，标志我国航天人因工程进入新的发展阶段。航天工效和人因工程的发展为我国载人航天工程成功实施发挥了重要作用。

虽然我国对人因问题研究也很早，且自载人航天工程实施以来，从项目的顶层管理者到具体的工程设计人员对人的问题认识也在不断提高，但与 NASA 相比，我们还存在不少差距和问题，比如，从工程总体到各项目/产品层面对人因工程涉及的理念和方法理解不深，组织机构不健全、自上而下的推力不足，人-系统整合标准制度、技术体系不完善，在人因方向的技术基础较弱、投入保障不够，等等。"他山之石，可以攻玉"，基于此，我们组织编译了 NASA 人-系统整合与人因方面的相关文献和标准，这些文献反映了 NASA 在载人航天任务研发实施中多年来形成的思想、思维方法以及技术规范的最新成果。目前空间站工程研制在即，后续任务也在论证过程中，充分借鉴国际上成熟做法与成功经验，建立完善适合我国实际的人-系统整合相关技术体系，不仅十分迫切，同时对于推动我国载人航天事业的进步与发展意义重大。

感谢参加本译丛编译的全体人员，他们大多数是在工作之余挤出宝贵时间完成翻译编校工作的。

感谢载人航天工程办公室和航天员科研训练中心的领导和机关的大力支持！感谢中国宇航出版社为本译丛出版所做出的努力！

由于本译丛所涉及专业面宽、信息量大、标准术语较多，翻译难免有不一致或疏漏失误之处，敬请读者批评指正。

中国载人航天工程副总设计师
中国科天员科研训练中心 主任
人因工程重点实验室

2016 年 8 月

前　言

为了跟踪国外在航天器人-系统整合领域的最新研究与应用动态，以及相关标准、要求、方法等技术理论，人因工程重点实验室与航天员科研训练中心第一研究室、第十七研究室一同完成了 NASA 相关文献的调研、翻译和校对等工作，形成了 NASA 人-系统整合标准与指南译丛，供我国载人航天工程和其他工程任务参考。

译丛共分为 5 册，包括：

第 1 册：《航天系统适人性要求与人因工程活动》

第 2 册：《人-系统整合设计流程》

第 3 册：《航天飞行人-系统标准》

第 4 册：《人整合设计手册（上）》

第 5 册：《人整合设计手册（下）》

各分册内容概述如下。

（一）第 1 册《航天系统适人性要求与人因工程活动》

该册内容包括 NPR8705.2B《航天系统适人性要求》和 NASA/TM-2006-214535《人因工程设计、研发、测试与评价》。

（1）《航天系统适人性要求》

该文件是一个程序性要求文件，目的是定义和实施载人航天系统研制中必要的过程、程序和要求，旨在确保执行太空任务的乘组和乘客安全。该文件适用于星座载人航天系统，为项目负责人及其团队提供了适人性（Human-Rating）认证路线。本文首版发布于2008 年 5 月，更新于 2012 年 8 月，有效期至 2016 年 5 月。

前言给出了航天系统适人性要求的目的、适用性、权威性文件、适用文件、测量/验证和失效文件等，指出适人性系统应满足人的需要，利用人的能力，控制系统与人的风险，并明确其不是特殊要求，而是载人航天所必须的。

第 1 章详细阐述了适人性的定义、适人性认证过程、角色和职责、适人性认证主要时间表，指出适人性认证是项目与三个技术部门（工程、健康和医疗、安全与任务保证）之间的平衡和检查机制，以帮助项目负责人（program manager）和技术部门将整个开发和操作团队持续聚焦在乘员安全性上。明确指出适人性不仅是一套要求、一个过程或一个认证，它关乎理念，由领导慢慢灌输，要使每个人都感觉自己的设计与乘员安全密切相关。

第 2 章详细介绍了适人性认证的流程和标准、系统设计、验证和确认系统能力与效能、系统飞行试验、认证和运行适人性系统，指出适人性认证要求用于指导项目负责人完成认证过程，并规定适人性认证包（HRCP）的内容。

第 3 章详细阐述了系统安全要求、系统控制的通用要求、系统控制要求-适人性航天器、系统控制要求-适人性航天器的接近操作、乘员生存/逃逸要求，指出适人性技术要求确定系统安全、系统的乘员/人控制、乘员的生存/逃逸等三个主要领域的能力，并强调适人性技术要求并不意味着包容全部的适人性，其只是为项目负责人提供能力基础的判断，项目负责人据此为每个相关任务建立识别和增加独特能力。

附录 D 的 HRCP 适人性认证包，用于引导评审人员的评审活动，指出最终提交适人性认证批准和认可的 HRCP，将按照项目管理委员会（Program Management Council，PMC）制定的方式提供给有关各方。

（2）《人因工程设计、研发、测试与评价》

《人因工程设计、研发、测试与评价》制定的目的是突显人因工程应用的重要性，指出 HFE 是 NASA 开展系统研发、采购和评价的关键因素，文中明确要求：在航天器系统的整个研发生命周期中，要应用 HFE 并说明 HFE 承担的典型角色。本文发布于 2006 年 12 月，作为大型项目解决方案，指导人因工程在项目研制全周期的设计与实施。

第 1 章描述了人因在工程设计、研发、测试与评价中的角色定位、人因的范围和与其他学科的关联，明确了 HFE 是复杂人-机系统设计的基本要素，也是总体设计和评价过程的关键组成部分。

第 2 章描述了人因产品特性、过程特点和人误风险管理，指出确保系统鲁棒性（健壮性）和可靠性的关键特征可以分为以下两种：用于研发和操作产品的产品特性以及过程特性，文中还强调在研发过程的早期，识别出来自于人误的潜在风险非常重要。

第 3 章描述了为了支持人可靠性而进行的 HFE 活动，这些活动包括功能分析与分配，任务分析，人员配置，资质和整合工作设计，人失误，可靠性分析和风险评估，人-系统界面和程序设计，训练计划设计，HFE 验证和确认，运行监测，测试与评估，指出了开展 11 项活动的时间表和具体方法，并明确活动可以并行开展。在 DDTE 计划过程中每种活动的工作强度都会增加或减少。

第 4 章描述了人因工程的发展历程以及过往的成功和失败案例，案例主要包括联盟 11 减压（运行需求和人的能力不匹配的例子）、起源号航天器 G 开关（缺乏检测人差异的测试程序的案例）、轨道器的 FOD（在非日常维护条件下利用人的能力示例——"鱼跃接球"）、阿波罗 13（非常规操作环境中使用人的能力示例）。

第 5 章描述了系统特征、计划特征和核心 HFE 活动，指出人-系统交互发生在系统研发和航天器系统运行的所有阶段，明确 HFE 计划包括需要设计和评估过程中涉及的组织（NASA，主承包商，子承包商）完成的 11 项核心活动。

（二）第 2 册《人-系统整合设计流程》

该册内容为 NASA/TP - 2014 - 218556《人-系统整合设计流程》。

《人-系统整合设计流程》制定的目的是提供人-系统整合设计流程，包括方法和最佳实践经验，以指导和规范 NASA 载人航天器的研制满足人-系统整合和适人性要求。HIDP 采用以人为中心设计方法和流程为框架，支持系统实现人-系统整合要求与适人性。

本文于 2014 年 9 月首次发布，适用于载人航天系统工程的研制与实施，用于指导人-系统整合活动流程的研制和发展。《人-系统整合设计流程》和《人整合设计手册》是互补的参考文档。后者依据人-系统设计标准提供背景信息，而前者描述流程的“操作方法”，两者涵盖了 NASA 已经在载人航天系统研制与实施期间使用的方法和最佳实践。

HIDP 按各章节组织，相对独立，可根据需要直接引用。

前 2 章为引言和文件，介绍了制定 HIDP 的目的、适用性和使用方法，以及适用文件和参考文件等。

第 3 章提供了人-系统整合的总体信息，主要涵盖 NASA 的人-系统整合，以人为中心的设计（HCD），在航天系统研发过程中的应用，以及技术文件概要等 4 部分内容。首先，描述了人-系统整合的概念、目的和关键因素；其次，描述了以人为中心设计的理论基础、原则和设计过程中的三项主要活动；再次，描述了人-系统整合（HSI）团队的概念，及其在载人航天器的研制和以人为中心设计过程中的作用；最后，总结了以人为中心的设计活动典型的产出所形成的通用技术成果，及其相关联的里程碑。

第 4 章中相对独立的各节用来描述不同航天器的设计项目与方法，这些内容需符合 NASA - STD - 3001 和/或 NPR 8705.2B 的要求。每个设计项目与方法都明确针对 NASA - STD - 3001 和/或 NPR 8705.2B 的相关要求，目的是用于航天系统研制和认证，且每个方面均包含足够的背景信息、知识和指向作为重要补充的其他文档（如 HIDH），以获取详细内容信息。为成功实现系统满足最佳要求和适人性认证，每项内容还给出了在整个工程研发的生命周期应给予评估的相关关键技术文件。这些设计项目主要包括用户任务分析、可用性评估、工作负荷评估、人因失误分析、乘员物理特性和能力设计、操作品质评价、噪声控制设计、辐射屏蔽设计、功能性空间设计、乘员生存能力评估、代谢负荷和环境控制生命保障系统设计、显示样式设计、用户界面标识设计、乘员防护设计、为生理功能减弱的乘员进行的设计、缓解减压病设计、航天食品系统设计、易读性评价等 18 个方面内容。

（三）第 3 册《航天飞行人-系统标准》

该册内容为 NASA - STD - 3001《航天飞行人-系统标准》，包括第 1 卷《乘员健康》和第 2 卷《人因、适居性与环境健康》。

《航天飞行人-系统标准》是为 NASA 制定的一套人机系统标准，用于轨道飞行器、月球登陆车、火星漫游器、舱外航天服等航天器人-系统交互界面的工程研制，旨在满足当前和未来载人航天器工程设计需要，确保航天员健康并提高医学保障能力。

本标准于 2007 年首次发布，并于 2014 年 7 月发布了 NASA - STD - 3001 第 1 卷《乘员健康》的第 1 版修订本。本标准为 NASA 顶级标准，由首席健康与医学官办公室设立，旨在降低载人航天飞行项目中飞行乘组的健康和工效风险，共分为两卷。

（1）第 1 卷《乘员健康》

该卷对任务身体素质、航天飞行容许暴露限值、容许输出限值、保健等级、医疗诊断、干预、治疗和护理以及对抗措施设定了标准。

前 3 章介绍了该卷标准的目标、适用的范围、剪裁的要求、适用文件，以及缩略词语及相关定义等。

第 4 章描述了医疗护理等级，人效能标准，健康和医学审查、评估和鉴定，医学诊断、干预、治疗和护理等。首先，介绍了护理级别制定的影响因素，以及零级护理、一级护理、二级护理、三级护理、四级护理、五级护理和护理中止的定义和要求；其次，介绍了航天飞行中人的效能健康标准，明确了航天飞行中对乘员健康和效能有害的医学风险的可接受程度，提供了乘员在轨健康维护和保障产品的目标参数；再次，介绍了乘员医学初次选拔要求和医学鉴定与评估要求；最后，明确了在训练和飞行前、中、后等各个阶段医学诊断、干预、治疗和护理的基本要求。

（2）第 2 卷《人因、适居性与环境健康》

该卷着重于人身体和认知的能力与局限性，并为航天器、内部环境、设施、有效载荷以及太空运行期间的乘员界面相关设备、硬件和软件系统确定了标准。

前 3 章介绍了该卷标准的目标、适用的范围、剪裁的要求、适用文件和项目执行的标准等。

第 4 章介绍了人体特性与能力的相关要求，包括人体数据库建立的要求与特征，以及身高、移动范围、可达域、人体表面积、人体体积、人体质量、力量和有氧能力等多方面人体特性项目的阐释与要求。

第 5 章从工作效能的角度叙述了人的知觉和认知特性，包括视觉、听觉感知、感觉运动和认知等知觉认知的特性与能力，以及时间与工作效率、情景意识和认知工作负荷等人整合操作能力等多方面特性的阐释与要求。

第 6 章介绍了自然及诱导环境因素的分类及其相关要求，包括舱内大气、水、污染物、加速度、声学、振动和辐射等方面的相关参数的阐释与要求。

第 7 章描述了系统满足人居住需具备的特性。每项特性的具体需求因任务不同而不同，包括食品和营养、个人卫生、身体废弃物管理、生理对抗措施、医疗、存储、库存管理系统、垃圾管理系统和睡眠等方面的相关参数的阐释与要求。

第 8 章介绍了系统满足乘组工作与生活需具备的特性，包括空间、功能划分与配置、转移路径、舱门、束缚和活动辅助设施、窗和照明等方面的相关参数的阐释与要求。

第 9 章介绍了所有类型的硬件与设备设计时需要考虑的因素与相关要求，包括标准化、训练最少化、风险最小化、耐受力、装配和拆卸、电缆管理、维修性设计、防护和应急设备等方面的阐释与要求。

第 10 章介绍了乘员界面设计的共性要素，以及各类乘员界面设计的特征要素与要求，包括显示器、控制器、显示器与控制器布局、通信系统、自动化与机器人系统、信息管理等方面的阐释与要求。

第 11 章介绍了为了满足着服航天员的健康、安全与工作效率，航天服设计时需要考虑的因素，包括服装设计与操作和着装功能等方面的相关参数的阐释与要求。

（四）第 4 册《人整合设计手册（上）》

该册内容为 NASA/SP‐2010‐3407/REV1《人整合设计手册》的第 1 章至第 7 章。

为实现 NASA‐STD‐3001《航天飞行人‐系统标准》所规定的要求提供资源，且为获得并实施该标准所规定的具体项目要求提供必要的数据和指导，NASA 配套制定了 NASA/SP‐2010‐3407《人整合设计手册》，与 NASA‐STD‐3001 配套，共同为 NASA 的所有人类航天飞行项目和计划提供载人航天器人‐系统设计的规范性指导。本手册适用于在太空、月球以及其他行星表面环境中乘员在航天器内、外部所进行的所有操作。

本手册于 2007 首次发布，并于 2014 年 6 月发布了 NASA/SP‐2010‐3407 的第 1 版修订本，对全篇内容进行了修订更新。本手册的编写顺序与 NASA‐STD‐3001 第 2 卷相同。

前 2 章介绍了该卷标准的目标、适用的范围、使用的方法、内容概述和适用的文件等。

第 3 章概述了具体项目要求产生的过程，以及该手册将人的健康、适居性和工效方面的信息整合进系统设计的过程与相关要求等。

第 4 章涵盖乘员的人体尺寸、外形、可达域、活动范围、力量以及质量等相关信息，阐释了如何针对一个项目确定正确的数据，以及如何使用这些信息来创建适合乘员的设计。

第 5 章介绍了人在太空飞行中体能、认知、感知能力及其局限性，所涵盖的主题包括体力工作负荷、视觉和听觉感知以及认知工作负荷，并重点讲述了人的效能的诸多要素在航天飞行过程中的变化机制等。

第 6 章阐述了为保证航天飞行任务中乘组的健康和安全，保护其不受航天飞行自然环境以及诱导环境的影响，在设计中应考虑的因素及其具体要求，包括舱内大气、水、污染、加速度、声学、振动、电离辐射、非电离辐射等方面的参数要求。

第 7 章介绍了乘员在航天器内日常活动的设计考虑因素，包括就餐、睡眠、个人卫生、废弃物管理、库存管理和其他活动等，以确保环境的适居性。

（五）第 5 册《人整合设计手册（下）》

该册内容为 NASA/SP‐2010‐3407/REV1《人整合设计手册》的第 8 章至附录 D。

第 8 章为概述性与指南性内容，主要介绍了航天器整体结构布局与空间、功能配置与区域划分、位置和定向辅助设施、交通流和转移路径、舱口与门窗以及照明灯等方面的参数要求。

第 9 章介绍了硬件与设备设计时应该遵循的要求与指南，包括工具、抽屉和货架、封闭物、硬件安装、手柄和抓握区域、限制器、机动辅助器、紧固件、连接器、视觉获取、包装、服装以及乘员个人用品等。

第 10 章介绍了用于乘员与系统之间进行信息交换的人-机界面的设计要求，包括视觉显示器、听觉显示器、控制器和标签等多种类型界面的设计要求与指南等。

第 11 章介绍了为了保证着舱外航天服的航天员在舱外作业时的安全与效率需要考虑的因素及其要求，包括生命保障功能、舱外活动绩效和舱外活动安全性等。

附录 A 至附录 D 给出了手册中涉及到的缩略词及其定义，人体测量参数、生物力学和力量参数数据，视窗的基本光学理论，以及载人飞行器视窗中光学性能的应用需求等。

目　录

第 1 章 引 言

1.1 目 的

人-系统整合设计流程（HIDP）的目的是提供人-系统整合设计流程，包括方法和最佳实践经验，以指导和规范 NASA 载人航天器的研制，使其满足人-系统整合和适人性要求。HIDP 采用以人为中心的设计方法和流程，以支持系统实现人-系统整合要求与适人性。

NASA – STD – 3001《航天飞行人-系统标准》是一套两卷本 NASA 顶层（agency 层次）标准，由 NASA 健康和医疗办公室起草，该标准的目的是将人类空间飞行中航天员的健康与绩效风险减至最低。NASA – STD – 3001 第 1 卷《乘员健康》给出了满足任务要求的航天员健康标准，容许暴露极限，容许结果限值，医疗保健等级，医学诊断、干预、治疗、护理以及对策。NASA – STD – 3001 第 2 卷《人因、适居性与环境健康》聚焦人的物理特性、认知能力以及人的局限性，定义了飞船的标准（包括轨道飞行器、居住舱和服装）、内部环境、设施、有效载荷、相关设备、硬件，以及乘员空间操作时的交互软件。NASA 程序要求 NPR 8705.2B《航天系统适人性要求》规定了 NASA 顶层的适人性的方法、程序和要求。

编写 HIDP 用来分享 NASA 的成果。通过执行人-系统整合要求来研制满足人特性要求（即经过适人性认证合格）的载人航天器。虽然 HIDP 直接沿用 NASA – STD – 3001 和 NPR 8705.2B 的要求，但是本文档中以人为中心的设计、评价和设计过程可应用于任何一套人-系统要求中，而且是独立于基准任务的。

1.2 适用性

HIDP 适用于载人航天系统工程的研制与实施，用于指导人-系统整合开发过程中的活动。

1.3 如何使用 HIDP

HIDP 和 NASA/SP – 2010 – 3407《人整合设计手册》是互补的参考文档。HIDH 依据人-系统设计标准提供背景信息，而 HIDP 描述流程的操作方法，涵盖了 NASA 已经在载人航天系统研制与实施期间使用的方法和最佳实践。HIDP 中所选择的流程主要基于

NASA 在载人航天器设计中的经验和专长，尤其是较为复杂、有显著经验教训，或者有重要考虑因素的流程。为说明流程、方法和最佳做法，许多特定的航天工程项目（program－specific）的示例贯穿整个 HIDP，提供这些内容的目的并不是要给出设计解决方案。特定的航天项目的例子用来说明其中的过程，但所属章节的内容可能适应于任何任务。

虽然在每个流程中 HIDP 未列出具体的设计要求，但相关标准、示例项目的要求、NPR 要求在每个流程都会被引用。另外，通过整个系统工程生命周期的观察和评估，为项目管理者、技术主管部门和利益相关者提供了技术支持产品建议。NASA 在该学科领域已经形成的文件补充资料见 HIDH。

HIDP 各章节相对独立，应根据需要引用。在各章节中，相关信息特意重复并提供交叉引用，以便于使用者应用。

第 3 章提供总体信息，从 NASA 的人－系统整合、以人为中心的设计（HCD）理念及其在航天系统研发过程中的应用入手。HCD 方法出现在 NASA － STD － 3001 第 2 卷中，是为每个载人航天飞行计划设定的一项要求。3.2 节描述了航天器设计和 NASA 系统工程相关联过程的 HCD 活动，并将 HCD 活动作为 HIDP 文档中每个流程的框架。对于每个里程碑进行评审，通过对概念和设计迭代评估，确保相关的技术文件（例如，操作概念、分析和评价、设计说明等）与工程生命周期开发成本减至最低目标一致。3.3 节描述了人－系统整合（HSI）团队的概念，以及其在载人航天器的研制和 HCD 过程中的作用。3.4 节总结了 HCD 活动典型输出所形成的通用技术成果及其相关联的里程碑。

第 4 章包含相对独立的各节，用来描述不同航天器的设计流程，这些设计流程需符合 NASA － STD － 3001 和/或 NPR 8705.2B 的要求。每个流程都明确针对 NASA － STD － 3001 和/或 NPR 8705.2B 的相关要求，目的是用于航天系统研制和认证。每个流程都有专门一节来介绍背景以提供足够的背景信息和知识，以及包含一些索引，指向其他文档（如 HIDH）以获取详细内容信息。为使系统满足最佳要求和适人性认证，每个流程还给出了在整个工程研发生命周期应给予评估的相关关键技术文件。

HIDP 核心章节如下所示。使用本文档者，应阅读 3.1 节到 3.4 节的所有内容，因为它们是各章节紧密关联的基础知识。为方便读者参考，将主要章节列于此。

3.1　人－系统整合（HSI）

3.2　以人为中心的设计（HCD）

　　3.3.1　人－系统整合（HSI）团队

3.4　HIDP 技术文件概要

4.1　用户任务分析

4.2　可用性评估

4.3　工作负荷评估

4.4　人因失误分析

4.5　乘员物理特性和能力设计

4.6　操作品质评价

4.7　噪声控制设计

4.8　辐射屏蔽设计

4.9　功能性空间设计

4.10　乘员生存能力评估

4.11　代谢负荷与环境控制生命保障系统设计

4.12　显示样式设计

4.13　用户界面标识设计

4.14　乘员防护设计

4.15　为生理功能减弱的乘员进行的设计

4.16　缓解减压病设计

4.17　航天食品系统设计

4.18　易读性评价

根据 NPR 8705.2B 中的定义，载人航天系统包括所有与乘员相关的分系统或单元，这些分系统或单元为乘员提供生命保障功能。载人航天系统还包括载人航天期间所有物理连接到乘员相关单元的所有分系统或单元。在 HIDP 中，术语"飞船（spacecraft）"、"飞行器（vehicle）"为同义词，都表示系统单元（例如，轨道飞行器、居住舱、服装），这些系统单元在所有任务阶段与乘员相关，并为乘员提供生命保障功能。首字母缩写词的含义和专有名词定义可以分别参见附录 A 和附录 B。

读者应该注意到，HIDP 中描述的流程没有覆盖确保系统设计有效所需的所有活动。附录 D 包含后续 HIDP 可能的附加章节列表。除现有设计方法之外，本流程文档将以人为中心的设计应用于各个子系统特定方面以及整个系统。本文档给出的所有的以人为中心的设计活动可以在不同的程度上应用于系统开发过程的所有阶段。

第 2 章　文　件

2.1　适用文件

　　NASA - STD - 3001，2007 年 3 月 5 日，《航天飞行人-系统标准》第 1 卷《乘员健康》

　　NASA - STD - 3001，2011 年 1 月 10 日，《航天飞行人-系统标准》第 2 卷《人因、适居性与环境健康》

　　NPR 8705.2B 标准，2008 年 5 月 6 日，《航天系统适人性要求》（第 4 次修订于 2012 年 8 月 21 日）

2.2　参考文件

　　参见附录 C。

第 3 章　人-系统整合流程

3.1　人-系统整合（HSI）

人-系统整合（HSI）是指在系统工程生命周期内将人的能力与局限性进行综合考虑的过程或方法。HSI 的一个关键要素是"人作为一个系统"（HAAS）的理念，HAAS 应纳入整个系统的生命周期内。HSI 过程所涵盖的范围非常广泛，包括多种技术领域和专业，如人员、训练、安全、环境、毒理学、医药、人因等。由于 HSI 需要进行多个技术流程的整合集成，因此在 NASA 系统工程流程和要求（NPR 7123.1，修订中）以及其配套的手册（NASA-SP-2007-6105，修订中）中定义的主要里程碑，应提交人-系统整合计划。

以人为中心的设计（HCD）作为 HSI 过程的一个关键因素，援引自人因领域。以人为中心的设计是一种用于确保工程设计与人的能力和局限性相匹配的方法。以下几节将更详细地阐述 HCD，并对如何在系统设计中实现 HCD 方法提供指导。

3.2　以人为中心的设计（HCD）

3.2.1　以人为中心设计的理论基础

本节基于国际标准组织颁布的《交互系统的以人为中心设计过程》（ISO 13407），概述了以人为中心设计的方法和途径。

以人为中心设计（HCD）是一种围绕交互系统研制的方法，其重点是通过确保系统与人的能力、需求和局限性相匹配，以达到系统可用的目的。HCD 是一种多学科的活动，涉及一系列的技能和设计上合作的利益相关者。尤其重要的是，HCD 通过主动从用户和评价中收集数据，促进设计的迭代开展。HCD 方法的优点在于能够确保系统工程在成本控制、任务成功和用户满意度等方面实现最优化或最合理化。

一个工程生命周期的开发成本通过基于结构化分析与评价的设计迭代调整来进行控制，其包含用户/消费者，并通过适当的要求进行衡量测试。采取这些迭代步骤，可以消除后期发生设计变更或返工导致的生产成本剧增等因素的影响。

将注意力放在为用户提供操作明确且一致的可降低人为误差、性能故障、伤害和疾病的用户界面有助于任务的圆满成功。有人参与的系统工程实践表明，用户可能会被视作更大系统的一个功能子系统。因此，为特定任务和系统开展的设计必须与自然环境约束下人的能力相匹配。

通过将用户纳入以人为中心设计流程来提升用户满意度，确保用户能够了解并参与到设计活动中。在用户承担有关系统安全的关键控制职责，或者用户交互是目标成功的关键因素时，这一点尤其重要。

3.2.2　以人为中心设计的原则

以人为中心设计的方法体现了 4 个原则：

1）用户的积极参与以及用户与任务要求之间的清晰认识；

2）用户与技术间的功能分配；

3）迭代设计；

4）多学科设计。

3.2.2.1　用户的积极参与以及用户与任务要求之间的清晰认识

用户可提供任务、使用方式以及如何与未来的产品或系统交互等方面有价值的知识。NASA 的用户包括航天员［角色分为指令长、飞行员或技术专家（如特定任务专家或载荷专家）］、地面操作人员、特定任务人员、科研方面具备丰富知识储备的科学家、载人航天飞行和在轨适居性方面具备广泛知识经验的工程师。重要的是将用户纳入到产品或系统的研发中。用户的积极参与能够提升对用户需求，用户对产品或系统的使用反馈，以及任务需求的理解程度。这种理解有利于在系统工程中纳入适当的任务和系统要求，并能够采纳改进的设计意见与建议。

3.2.2.2　用户和技术之间的功能分配

以人为中心设计的最重要原则之一是适当的功能分配——关于哪些功能需要用户来实施、哪些功能需要系统来完成的规范。这些设计决策可确定对于给定的工作、任务、功能或职责人的参与度。

设计师做出决策时，应权衡人和技术间相对的能力与局限性，决策应该基于诸多因素，如可靠性、速度、精确性、强度、响应的灵活性、财务成本、及时完成任务的重要性，以及用户健康。决策不只是简单地确定技术（硬件或软件）能够执行哪些功能，然后将剩余的功能分配给用户；还应当依靠用户的灵活性与自主性，确保系统较好地完成工作。由此产生的人的功能应该形成一组有意义的任务。用户代表应该参与到这些决策中。

3.2.2.3　迭代设计

除了建模、分析和测试的结果以外，用户反馈是迭代设计解决方案的关键信息源。迭代设计结合用户的积极参与，可以发现系统不满足用户或特定任务的内容和要求（这些要求包括隐藏的或难以明确列出的），并可将不满足要求的风险降至最低。迭代可以基于"真实场景"脚本对初步方案进行测试，测试结果可用于逐步完善解决方案。

3.2.2.4　多学科设计

为了充分了解设计中人的特性，以人为中心的设计涉及一系列专门技术与知识的应用。这就意味着多学科小组均应参与到以人为中心的设计过程中。小组的组成应能反映负责技术开发的组织与客户之间的关系。具体角色包括以下内容：

· 客户（诸如科学家、工程师或操作管理者等类型的用户）；

· 系统分析员、系统工程师、程序员、科学家、主题专家（领域专家）；

· 用户界面设计师，视觉设计师；

· 人因和工效学专家，人机交互专家；

· 技术文书、培训人员和支持人员。

团队成员应覆盖不同的技术领域。多学科小组不需要很大，但团队应多样化，决策能够涵盖且平衡各个方面的问题。

3.2.3　以人为中心的设计活动

本节介绍的以人为中心的设计活动是为 NASA 航天器设计量身定做的。在这些活动中，用户可能被称为"乘员"或"乘组"。HCD 过程包括三项主要活动，此三项活动在如图 3.2.3 - 1 所示的反馈回路中迭代进行。HCD 过程的管理与迭代贯穿整个系统工程生命周期。3.4 节给出了在系统工程里程碑节点的 HCD 活动。第 4 章中的 HIDP 流程是围绕这些 HCD 活动展开的。

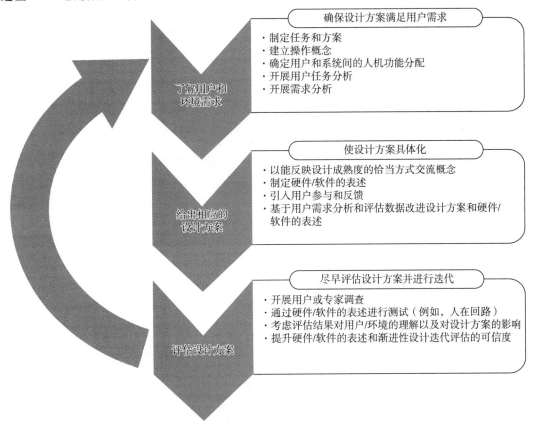

图 3.2.3 - 1　HCD 活动示意图

图 3.2.3 - 1 显示了 HCD 过程中的三项主要活动，1）了解用户和环境需求；2）给出相应的设计方案；3）评估设计方案。从 1）到 2）到 3）再到 1）形成反馈回路。

3.2.3.1　了解用户和环境需求

　　了解用户和环境需求是确保设计方案满足特定环境下人的能力要求的关键。了解用户和环境需求是指获取用户全面的信息（包括功能和局限性、技能和知识等）、工作环境的各项条件（包括微重力、隔离、封闭狭小环境等），以及需要完成和执行的任务（如飞行、维护维修、饮食睡眠等）。主要通过以下活动达到了解的目的：

- 制定任务和脚本；
- 制定操作概念；
- 确定用户与系统间的人机功能分配；
- 开展用户任务分析；
- 开展要求分析。

3.2.3.1.1　制定任务和脚本

　　依据 NPR 8705.2B，开展适人性认证必须基于基准任务，基准任务确定了航天计划与航天系统的目标与范围。在航天器研制的早期阶段即确立基准任务，自此逐步进行正常、非正常和应急方案等的定义与设计。

　　例如，商业载人航天器与 JSC 65993《商业载人航天人–系统整合要求》（Commercial Human – Systems Integration Requirement，CHSIR）所依据的基准任务，就是为国际空间站提供 4 个 NASA 乘组的乘员轮换。该示例的正常方案包括以下事件，如图 3.2.3.1.1 – 1 所示。

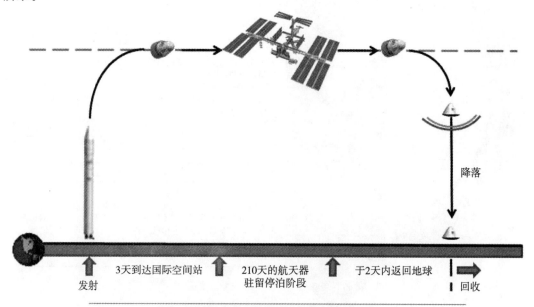

图 3.2.3.1.1 – 1　商业载人运输任务正常研发任务示意图（假设针对 CHSIR）

- 在发射场对航天器进行维护与安装；
- 发射；

- 3 天到达国际空间站；
- 210 天的航天器驻留停泊阶段；
- 从国际空间站返回地球少于 2 天；
- 落地后救援或自救操作不应超过 2 小时。

CHSIR 所述的非正常和应急方案应当包括、但不限于以下内容：

- 在国际空间站出现不适合人居住的事件时，紧急撤离国际空间站；
- 如果乘员生病或受伤后生命安全受到威胁，且有限的时间条件又超出了 ISS 上的医疗救治能力时，需要进行医学撤离；
- 4 名美国航天员在轨安全保障能力。

3.2.3.1.2 建立操作概念

针对所有脚本建立操作概念（ConOps），主要描述如何利用计划的资源（包括乘员和系统）实现任务目标。ConOps 从用户视角给出了对系统进行操作的全景图。

作为制定 ConOps（操作概念）的工具，其应能较好地以表格形象描述每个脚本，如表 3.2.3.1.2-1 所示的实例。该实例是到国际空间的概念脚本，并从最初以高层次确认每个任务阶段乘组计划内的活动。该表还识别出可能受乘员活动（与概念脚本有关，概念脚本可影响子系统设计）影响的子系统。应当为任务的其他部分（例如，航天器驻留停泊、返回地球、着陆后处置等），以及非正常及应急情况创建类似的表。随着设计的不断成熟，创建更详细的表格用以分解并明确界定飞行的各个阶段。通过迭代的以人为中心的设计过程，ConOps（操作概念）随着系统性能和用户能力的更好定义逐渐覆盖任务的全范围。

表 3.2.3.1.2-1 至国际空间站的正常方案

任务阶段	乘员活动					受影响的子系统
	乘员 1	乘员 2	乘员 3	乘员 4	乘员 5	
进舱	穿航天服进入	穿航天服进入	穿航天服进入	穿航天服进入	穿航天服进入	结构，环境控制与生命保障（环控生保），照明
发射准备	按清单查程序	按清单查程序	N/A	N/A	N/A	环控生保，照明，窗户，控制，显示
发射	按清单查程序	N/A	N/A	N/A	N/A	环控生保，照明，控制，显示
上升	按清单查程序	吃,产生废物,睡觉	吃,产生废物,睡觉	吃,产生废物,睡觉	吃,产生废物,睡觉	环控生保，照明，控制，显示
入轨	吃,产生废物,睡觉	吃,产生废物,睡觉	吃,产生废物,睡觉	吃,产生废物,睡觉	吃,产生废物,睡觉	环控生保，卫生，配载货物 & 垃圾，照明
接近 ISS 操作	按清单查程序	按清单查程序	N/A	N/A	N/A	环控生保，照明，窗户，控制，显示

续表

任务阶段	乘员活动					受影响的子系统
	乘员 1	乘员 2	乘员 3	乘员 4	乘员 5	
交会对接	按清单查程序	按清单查程序	N/A	N/A	N/A	环控生保，照明，窗户，控制，显示
停靠或停泊	按清单查程序	按清单查程序	N/A	N/A	N/A	环控生保，照明，窗户，控制，显示，结构

3.2.3.1.3 确定用户与系统间的人机功能分配

通过确立哪些功能需要用户来执行、哪些功能需要系统来实施，功能分配可极大地影响设计决策。基于 ConOps（操作概念），功能分配决定一个特定活动、任务、功能或职责在多大程度上自动分配或者指派给用户。功能分配基于诸多因素，如可靠性、速度、精确性、强度、响应的灵活性、财务成本、及时完成任务的重要性，以及用户健康。决策不只是简单地确定技术（硬件或软件）能够执行哪些功能，然后将剩余的功能分配给用户；还应当依靠用户的灵活性与自主性，确保系统较好地完成工作。由此产生的人的功能应该形成一组有意义的任务。在进行功能分配时，任务分析与测试可能是较为有用的系统性能评价方法。用户代表应当参与到系统功能分配决策中。依据 NPR 8705.2B 标准的 2.3.3 条款，利用乘组能力的设计理念是提升安全性和任务成功的最重要的措施。当发生意外情况或故障时，乘组人员对系统的控制能力能够防止灾难事件或飞行任务中途失败等事件的发生。

通过迭代的以人为中心的设计过程，功能分配随着系统性能以及用户能力的更好定义逐步完善和清晰。

3.2.3.1.4 开展用户任务分析

任务分析的目的是为了分析用户如何与航天系统之间进行交互，以对设计概念与决策进行指导。对于指定的任务目标、方案和操作概念中所有分配给用户的功能，均要进行任务分析。对于分配给用户的每个功能，均应定义必须完成的物理和认知方面的任务，并应清晰描述相关任务的属性，诸如：

- 用户的角色和职责；
- 任务序列；
- 任务持续时间和频率；
- 环境条件；
- 必要的衣物和装备；
- 约束或限制因素；
- 必要的用户知识、技能、能力或培训。

用户代表应当参与到任务分析活动中。4.1 节给出了关于用户任务分析其他方面的详细信息与指导。任务分析同样有助于操作任务程序的制定，操作任务程序应在设计概念的指导下进行评估。

通过迭代的以人为中心的设计过程，任务定义随着系统性能以及用户能力的更好定义逐步完善和清晰。

3.2.3.1.5　开展需求分析

随着操作方案、功能分配和任务等方面较好的制定与定义，应将设计要求重新审查与修订，并更新文档。针对任务要求与工程项目要求的比较分析能够揭示由于早期概念制定和项目要求建立时不正确的假设而导致的差异或差距。为了指导系统提高设计水平和成熟度，开发人员觉得将要求分析结果形成系统界面要求的文档较为有用。

3.2.3.2　展示并提出设计方案

在这个活动中，候选的设计方案应能基于 3.2.3.1 节了解用户和环境需求中收集到的相关活动信息，通过图形或物理呈现的方式展示与实现。设计概念的传达方式多种多样，取决于设计的成熟度，其表现形式从纸和铅笔素描到交互式原型，再到高保真实物模型或基于计算机模拟仿真。重要的是在此活动中沟通设计理念，并将用户引入设计评审环节，收集用户反馈信息。设计及其物理呈现方式应能基于用户的反馈迭代改进，直到方案可接受为止。在制定设计方案时，应考虑使用 NASA 可用的设计数据、模型和设备。

3.2.3.3　设计评估和迭代改进

在该活动中通过收集定量和定性数据来改进优化设计方案。有计划的设计迭代是以人为中心设计的基本原则，其能够通过在早期识别风险与问题，实现对系统生命周期研发成本的控制。设计概念与备选方案的评价是获得最优设计方案的关键。评价应尽早开展，并贯穿整个系统设计周期。评价的方式和方法多种多样，包括专家或用户走查、基于定量绩效数据和定性行为数据的正式可用性测试、基于人在回路的设计评估（详细规定见 NPR 8705.2B 标准 2.3.10 条款）、评估航天器操纵性能和飞行员控制性能的飞行模拟仿真等。NASA 规定所有评价均应是人参与性试验，且得到机构审查委员会（IRB）的批准。

随着设计的不断成熟，逼真度与集成度也在提升。随着设计成熟，开展高逼真的评价，从计算机辅助设计（CAD）分析发展到飞行模拟器的人在回路的评价。同样地，随着设计的不断成熟，评价系统的集成程度也随之增加。设计早期主要开展单一系统或单一部组件的评价。随着设计成熟，评价主要涵盖整个子系统、系统和最终集成的系统。4.2 节和 4.3 节分别针对可用性评估和工作负荷评价给出了更为详细的内容和要求。

评价应侧重于具体的目标，并制定测试计划，测试计划的内容应包括：

- 以人为中心的设计目标；
- 评价的职责；
- 被评价的系统部分以及如何对其进行评估（如计算机模拟，实物模型或原型，或测试脚本等）；
- 如何实施评估（如测试设备、方法等）；
- 评价程序；

· 评价和分析所需的资源，包括用户和测试对象；

· 对评价活动和资源进行调度，包括用户/测试对象和具体的设计方案（例如，建模、仿真和实物模型）；

· 结果/反馈的预期用途。

评价结果用来重新评估对用户和环境的理解，并在迭代反馈回路中给出改进的设计方案。因此，当设计成熟时，应当开展更为完整且能够代表飞行输入、模拟或硬件（如实物模型、限定单元等）的各个连续性的评价。有计划的设计迭代是以人为中心设计的基本原则，其能够通过在早期识别风险与问题，实现对生命周期研发成本的控制。

3.3　角色和职责

3.3.1　人-系统整合（HSI）团队

在新的载人航天系统研制过程中，人-系统整合（HSI）团队是贯彻以人为中心设计原则和流程的权利和责任主体。这些系统可能包括集成的空间飞行器系统（具有诊断与控制功能的人机界面）、适居环境、恶劣或极端环境下保护乘员的方案。对于载人航天系统设计来说，设计过程中确保有效的人-系统整合至关重要，因为航天飞行中对航天员的健康与绩效、对作为系统绩效组成部分的人的能力的依赖性的风险增加。HSI 考虑人机交互设计的所有方面。HSI 团队的职责是确保这种活动整合开始于早期的概念设计阶段，并在系统工程生命周期期间持续迭代，推陈出新。

3.3.2　NASA 有关 HSI 团队的基本要求

HSI 团队是 NASA 适人性所需要的，NPR 8705.2B《航天系统适人性要求》的 2.3.8 条款对此有详细规定：

2.3.8 人-系统整合团队。进入 SRR 阶段之前，项目负责人应建立人-系统整合团队，包括航天员、任务操作人员、培训人员、地面处理人员、人因人员和人体工程学专家，明确权限和责任，引导载人航天系统的人-系统（硬件和软件）整合工作。

阐释：航天飞机和军用飞机驾驶舱的研制经验表明，在座舱设计与人整合问题上，当人-系统整合团队配备合理，具备相应能力、责任和问责制度时，在时间和预算限制之内可以实现最好的系统。该团队致力于解决所有可能导致灾难性故障的人-系统接口（乘员、发射控制和地面处置）。

对于一个给定的 NASA 工程项目，项目管理办公室建立 NASA 的 HSI 团队，该团队由代表不同利益群体的 NASA 成员以及来自航天系统开发人员的代表组成。

3.3.3　HSI 团队的技术范围

为了整合多学科交叉的设计，HSI 团队必须拥有足够深度和广度的专业技术知识，以便审查和评价重要的设计考虑。对于一个合适的 HSI 来说，应包括但不局限于以下专业技术领域：

- 人因和人类工程学（包括乘组工作负荷和可用性、人在回路的评价以及人为失误分析）；
- 乘员健康和对策；
- 环境健康（包括辐射、毒理学及其他领域）；
- 安全；
- 系统工程；
- 结构布局；
- 乘员职能和适居性能（包括营养学、声学、水质与水量等）；
- 乘员界面和信息管理；
- 维护和保养；
- 地面维护和组装；
- 舱外活动生理学；
- 特定任务操作；
- 训练。

3.3.4　HSI 团队的作用

NASA 的 HSI 团队在整个设计过程中为以人为中心的设计实践提供指导。这包括每个项目里程碑所提交项目的评审，以确保迭代且适当的 HSI 设计思路能够贯彻工程生命全周期。HSI 团队中的领域专家，在项目里程碑评审阶段将与系统设计师相互沟通，提供必要的指导和专业方面的知识，确保及早发现以人为中心设计方面的问题，避免增加工程研制成本和影响工程进度。HSI 团队有权把问题提升到整个工程项目管理的高度以进行决议，并有权正式回应是否通过评审。为了确保开展以人为中心设计的有效性，NASA 的 HSI 团队与航天系统研发者之间的协同参与至关重要。NASA 的 HSI 团队成员确保研发人员可以参与到设计评审、利益相关者评审、评价和诸如系统分析和设计等其他活动的讨论中，能够与研发小组或公司内部的相关领域专家交流，并根据需要提供设计细节。需要注意的是，研发人员同样需要组成一个内部的 HSI 团队，作为与 NASA 的 HSI 团队的对接接口。研发者内部的运行机制由其自行决定。NASA 的 HSI 团队作为执行 HSI 和 HCD 的官方代表机构，向所有开发商和 NASA 监督委员会提供官方立场。从履行其职责的角度来说，HSI 团队具备这一权力是非常必要的。

3.3.5　HSI 团队对项目的评审

航天计划的适人性验证计划（HRCP）规定，NASA 的 HSI 团队必须参与所有适人性提交项目的评审。在工程生命周期的各个阶段所提交评审的内容有所不同。3.4 节和第 4 章提供的技术文件是否需要评审，具体决定由管理程序给出。NASA 的 HSI 团队应该对每个里程碑从开始到完成之间的过程进行审查，这样便于对每个里程碑的适用材料进行审查。这就巩固了 HSI 团队作为 HCD 过程的一部分介入工程生命全周期的重要地位。有关 HRCP 和其他适人性要求的详细信息请参阅 NPR 8705.2B 标准《航天系统适人性要求》。

3.4　HIDP 技术文件概要

为了促使要求符合规定和适人性认证成功有效地执行与推进，应在工程研制全周期由 NASA 的 HSI 团队对每个 HIDP 流程提出的关键技术文件进行评估。技术文件的识别和确定基于其他 NASA 计划和项目实践。出于核查和验证结果的需要，由主题专家确定反映项目重要指标的技术文件。

3.4.1　通用技术文件

表 3.4.1-1 给出了通用技术文件和需要提供的生命周期审查的摘要。在表的下方给出了文件的具体定义。单一过程可能具有唯一性的文件细节或时间表。详细信息请查阅单一过程的相关章节。

表 3.4.1-1　通用技术文件概要

技术文件	阶段 A		阶段 B	阶段 C	阶段 D	
	SRR	SDR	PDR	CDR	SAR	FRR
依据 NPR 8705.2B 标准 2.3.1 条款,基于开展适人性的需要,对每个涉及的基准任务进行描述	X					
依据 NPR 8705.2B 标准 2.3.8 条款,对人-系统整合团队及其职权进行描述	X					
对 ConOps(操作概念)、功能分配和乘员相关任务列表进行描述	I	U	U	U		
依据 NPR 8705.2B 标准及其 2.3.10 条款,对目前开展的建模、分析、评价进行总结,并以链接的形式给出对系统设计影响的分析结果			I	U	U	
系统架构图纸(结构、设备等)、材料规格、接口要求			I	U	U	
验证计划			I	U	U	

X 为一次性发布的项目
I 为初始发布的项目
U 为更新发布的项目

3.4.2　通用技术文件定义

基准任务

系统需求评审（SRR）之前，NASA 将会根据适人性的需要，对每个涉及的基准任务进行描述。定义基准任务，建立需要实施适人性评估的项目的范围，提供一个用于识别人员生存策略、确定危险分析和风险评估脚本的支持框架。基准任务也确定了在功能上与载人航天系统存在相互作用的其他系统的接口，如任务控制中心。这些信息是 NPR 8705.2B 标准 2.3.1 条款所要求的，且为诸如操作概念和乘员任务列表等产品提供输入。

人-系统整合团队

进入 SRR 阶段之前，NASA 工程项目对 HSI 团队给出具体的描述并在工程项目内赋予其对应的权利（具体见 NPR 8705.2B 标准 2.3.8 条款）。如果适当的话，该描述还包括 HSI 团队如何与 NASA 项目委员会和研发公司董事会等进行交互。过往航天器与军用飞机驾驶舱的研制经验表明，在座舱设计与人整合问题上，当人-系统整合团队配备合理，具备相应能力、责任和问责制度时，在时间和预算限制之内可以实现最好的系统。该团队致力于解决所有可能导致灾难性故障的人-系统接口（乘员、发射控制和地面处置等）。

操作概念和乘员任务列表

3.2.3.1.2 节所述的操作概念提供了诸如识别乘员活动以及判断哪一子系统受乘员活动影响等信息。3.2.3.1.3 节所述的功能分配确立了具体活动实现方式（自动化还是人工控制）。4.1 节用户任务分析中描述的乘员任务列表给出了包括用户与系统间的功能分配、乘员活动序列的定义、关键任务的识别等方面的详细信息。随着设计周期中乘员任务列表的发展，其最终迭代设计结果即是乘员程序。

建模、分析和评价总结

建模、分析和评价的迭代结果为 NASA 提供贯穿设计流程的人-系统整合方面的技术细节。如 3.2.3.3 节设计评估和迭代改进所述，随着设计的不断成熟，建模、分析和评价应当逐步使用高保真的输入和实物模型。很重要的是，总结中要给出如何对关键设计决策进行评估。按照 NPR 8705.2B 标准，SAR 全阶段均应为每个设计审查提供更新后的结论。此外，在 NPR 8705.2B 标准 2.3.10 条款中介绍的人在回路的评价方法，可使操作概念逐步达到系统所设定的目标，即满足操作安全、高效和用户界面设计人性化的系统要求。

结构、材料和界面规范

图纸、材料和界面规范为 NASA 提供了在整个设计过程实施人-系统整合技术的详细信息。

验证计划

验证计划是一个正式的文档，描述了用来说明满足每一项要求的可供使用的验证方法。从航天器的设计角度（如辐射屏蔽），工程项目的验证方法在 SRR 阶段建立，并反映在验证计划之中。

第 4 章　HIDP 流程

4.1　用户任务分析

4.1.1　简　介

任务分析是一套将事件分解成任务、继而将任务分解为其组成部分的方法，用于理解和完整地记录任务完成的过程。本节阐述了任务分析的实施过程、相关的生理和心理（即认知）活动的分解过程、活动频率和持续时间、任务分配、任务间的依赖关系、任务重要性和复杂度、环境条件、必要的衣服和设备，以及单人或多人完成指定任务涉及的其他特殊因素。

任务分析用于鉴别系统级、子系统级的任务，以确定操作者对于既定任务目标和操作概念的需求。重点关注人及其执行的所有任务，而不是系统本身。在整个航天器迭代设计过程中实施任务分析，可以推动人-系统界面的优化设计，确保航天器各组成部件满足人完成所有必需任务的需求。如何在人-系统整合设计过程中使用任务分析法，可参见 NASA/SP - 2010 - 3407《人整合设计手册》中的第 3 章。

本节详细介绍了在航天器、系统和硬件设计及验证过程中，如何使用任务分析法识别关键的乘员和航天系统任务。在与人因指南、人在回路测试和其他分析方法结合使用时，任务分析法可以帮助确保所有乘员-舱室界面和操作环境都可以为正常和应急任务提供必要的生理或信息提示。本文档 3.2 节讨论了以人为中心的设计方法和活动，突出强调了任务分析在整个设计生命周期的重要性。

4.1.1.1　目的

任务分析是以人为中心的设计的一个基本组成部分，专注于在系统的整个生命周期中为人（使用者）提供可用的系统。虽然任务分析被公认为在设计中起着关键作用，但仍然常常被忽视，直到硬件、系统和软件的设计成熟到难以通过进一步改善提高乘员/组效率和任务绩效时，设计师才开始重视任务分析。因此，在设计过程中尽早实施任务分析并在设计完善过程中经常进行任务分析是非常必要的。用迭代的方法确定当前和未来的任务需求，进而辅助决策，例如，哪些任务应分配给人而不是自动化系统，或系统组件应该如何使用。任务分析也可用于鉴别关键乘员任务，即乘员成功完成操作和达到飞行任务目标所绝对需要和必要的任务。关键乘员任务可能出现在正常状态或非正常状态下，包括对乘员健康有重要影响的任务，操作不正确可能会导致乘员丧命、无法完成飞行的任务或导致航天器状态不满足任务需求的任务。及早识别这些任务，可以改善设计，从而减少灾祸或失误发生的概率，确保乘员在规定时限和环境下完成任务。因此，可以避免错误，提高安全性，并可充分利用乘员时间。

4.1.1.2　范围

任务分析是实施众多人-系统要求所必需的基本的设计活动。作为系统验证的保障，任务分析的范围应包括验证实施的具体方案。它用来确保所提供的设计解决方案可以满足相关的乘员和系统任务的需要。建议早期进行迭代的任务分析，以避免设计后期代价昂贵的改动。单个任务分析活动可能同时满足多种需求。

4.1.2　任务分析过程概述

任务分析提供一系列技术（Ainsworth，2004），用于某个过程或系统包含的任务和子任务的系统鉴定，以及对这些任务的分析（例如，谁执行任务、使用什么设备、在什么条件下进行、任务的优先级、对其他任务的依赖程度）。高层次任务分析是航天器设计中的起始步骤之一。在概念和技术研发阶段完成任务的初始定义，此时整个飞行任务、操作和需求都已明确。任务定义和描述应随着设计和计划的推进、乘员的作用和功能分配的明确而更新变化。在设计后期，任务分析重点应放在完成飞行任务所必需的较低层次乘员-系统交互活动上。这里的交互活动包括生理活动和认知活动，后者包括感知（例如，视觉、触觉、听觉）、决策、理解和监测活动。

在初步设计阶段，随着设计具体化提出解决方法的建议，应使用确定的乘员任务进行设计评价。评价中的新发现应用于改善设计并优化乘员任务。对于其他分析方法，在任务的选择上任务分析可以提供帮助，这反过来可以推动设计的改进和相关知识的增强，有利于后续的任务分析。迭代设计、任务分析和对用户需求评估的过程应持续进行，直到设计方案能够使用户在既定的飞行任务过程中完成所有必要的任务和操作。

4.1.2.1　任务分析方法

在整个航天器设计的全过程，主题专家（Subject Matter Experts，SMEs）通过用户任务分析，对乘员生理和认知任务设计进行评价。为了方便进行结构分析，任务通常按子系统分组，如食品、卫生、航天器监控、乘员安全和健康、环境、维修，以及其他影响飞行任务目标的组成，如航天器结构和界面等。在子系统或组件层面收集的数据，需要考虑乘员和系统级任务可能受到的影响及其对每个组件和完整集成的航天器可能产生的影响。对于知识渊博的设计师和工程师，了解这些相互关系可能会影响与飞行任务相关的任务顺序或操作概念的后续研发。这种影响将在整个系统和硬件设计全过程持续发挥作用。

推荐在设计全过程进行任务分析，不仅在组件或硬件层面上，而且在飞行任务设计阶段就应该进行。在飞行任务设计阶段进行任务分析可帮助确定在整个飞行任务中乘员所需的硬件和软件。一般应重点分析（硬件和软件的）界面及其在航天器中的布局位置，即飞行任务中乘员与界面直接交互的位置。

4.1.2.1.1　执行任务分析

任务分析实施过程包括主题专家的集体访谈。在准备任务分析专题会时，应定义专题会的具体目标。例如，应明确飞行任务阶段和相关系统。任务详细程度（例如，高层次任务和目标与低层次乘员活动）多数与设计阶段相关，此时也应明确。简明而详细的分析目标有助于确保各分析专题会获取的数据的一致性。

目标确定后，任务分析人员审查适当的参考文件（例如，要求、标准和工程图纸），确定目前对任务的理解、任务操作、情景模式、相关的系统和可能出现的来自乘员/系统/航天器等的操作约束。任务分析人员也应识别不确定或有问题的具体方面，这些方面需要主题专家在任务分析会上解决。

基于任务分析的目标，应为每个特定主题安排合适的主题专家进行正式的任务分析。主题专家可能是系统工程师、安全代表、飞行操作专家、乘员或其他对任务具有专门知识的个人。在任务分析会议开始之前，应向主题专家简要介绍相关的系统硬件及接口、航天器约束、飞行任务目标、假设、相关的要求和其他细节。这样做的目的是确保相关各方对于待评估的领域和任务分析专题会议的目标有一个共同且清晰的基线。有时应向主题专家提供一份初步的任务列表清单，以确保有效地利用时间和资源。

任务分析会议期间，任务分析小组的一名成员应作为主持人，而其他成员作为共同主持人或见证人（记录人）。任务分析会议开始时，主持人应提醒与会者本次任务分析会的目标、情景或主题。可以向与会者提供参考资料，如硬件图纸或初步任务列表清单以供参考，这将有助于与会者进行分析。在整个会议期间，主持人的职责是（通过适当的提问）确保本次会议的目标达成且所有主题专家有平等机会参与讨论。

在会议期间收集数据时应考虑任务的多个方面。例如，个人卫生任务分析时，解决问题的关键不仅要考虑完成个人卫生活动所必需的任务，如卸载乘员供应品、搭建卫生区等，还应考虑其他因素，如个人卫生活动发生的任务阶段、一次可容纳多少乘员同时进行个人卫生活动、必需的硬件类型（约束装置、移动辅助装置、乘员供应设备）、环境的限制。对于每个情景和单独的任务，任务分析数据的收集，应包括但不限于下列项目：

1）实现任务目标所需的任务；

2）各个任务阶段所需的任务；

3）任务的优先级和紧急程度；

4）正常及非正常乘员任务；

5）整合的人-系统任务和系统交互活动；

6）乘员监视活动；

7）对乘员任务的潜在影响和阻力；

8）对任务的航天器、环境、安全、操作和乘员约束；

9）完成任务时涉及的所有乘员界面（硬件和软件），包括完成任务所需的设备和工具；

10）所需的与地面的通信支持；

11) 乘员和系统任务的功能配置（手动和自动）；

12) 执行任务所需航天器信息和资源；

13) 航天器/系统状态；

14) 完成任务过程中任务错误或失败的预期结果；

15) 所需的操作员输入；

16) 绩效预期；

17) 与任务时间相关的数据（例如，持续时间、频率、限值）；

18) 任务序列（并行、串行、多乘员和/或系统、单个乘员和/或系统）：

 ·确定何时启动、结束、终止任务（即"触发"条件）；

 ·确定任务中如何进行决策（如决策树）。

会议主持人应确保每个脚本和任务在上述各方面的数据是完整的。主题专家的不同意见或关于某些方面的相关知识不完整，都应该如实记录。

主题专家访谈完成后，任务分析小组的成员应比较会议记录，然后汇总编辑任务分析主题专家活动中所有乘员和系统任务的数据。历次会议的所有结果都应以相似的方式记录在案，以提升其一致性和效率。单独的报告、任务列表和文档，应该保持在任务分析各次会议记录档案内；但是，建议将所有关键的乘员和系统任务分析数据保存在主任务列表（Master Task List，MTL）中。图 4.1.2.1.1-1 描述了任务分析实施过程，包括主题专家小组访谈。

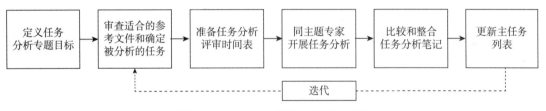

图 4.1.2.1.1-1　任务分析实施过程

4.1.2.1.2　任务分析结果和设计含义

任务分析时，相关的数据收集应有利于理解关键乘员及系统任务、任务间相互作用和与航天器的交互作用。这些任务分析数据可用于系统、硬件和航天器的设计，建模与仿真产品开发，操作概念的生成，流程开发，人的可靠性评估和航天器验证。

4.1.2.1.3　任务分析产品

在所有任务分析会议期间收集的数据，建议在每个主题领域 · （以总结报告和任务列表的形式）以主任务列表（MTL）的形式单独记录，用来充实所有任务分析结果。MTL 至关重要的作用在于促进核查，因为诸多核查活动均依赖通过任务分析确定的任务需求。MTL 为设计师和测试/核查人员提供了一份共同文件，便于获取任务分析数据。

总结报告及 MTL 关注和记录上述数据收集的目标，包括任务分析过程中目标达成的程度和数据来源，以供未来参考。这里假设，作为以人为中心的迭代设计过程的一部分，在整个设计生命周期中的每个主要里程碑节点均应提供每个任务分析列表，每个主题的总结报告以及更新的 MTL。美国国家航空航天局（NASA）将反复审查任务分析产品，以确保制定的任务和设计解决方案可以满足基准任务的需求。

4.1.3 任务分析技术文件

系统任务设计生命周期每个主要里程碑节点应提供的技术文件，参见表 4.1.3－1。

表 4.1.3－1 任务分析技术文件

技术文件	阶段 A		阶段 B	阶段 C	阶段 D	
	SRR	SDR	PDR	CDR	SAR	FRR
"第 1 轮"——完成所有任务分析会议和相关单独结论报告以及任务列表。完成主任务列表（MTL）版本 A	X					
"第 2 轮"——完成所有任务分析会议和更新的相关单独结论报告以及任务列表。完成主任务列表（MTL）版本 B		X				
"第 3 轮"——完成所有任务分析会议和更新的相关单独结论报告以及任务列表。完成主任务列表(MTL)版本 C			X			
完成任务分析会,完成最终版本的相关单独结论报告和任务列表。形成最终主任务列表（MTL）				X		
在确认乘员任务和系统任务的基础上,完成基于硬件和航天器的任务分析验证。完成对任何现有问题或任务数据需求的最后审查					X	
在已经定义的关键乘员任务和系统任务的基础上,完成基于硬件和航天器任务分析的最终报告						X

X 为一次性发布的项目
I 为初始发布的项目
U 为更新发布的项目

4.1.4 参考文献

[1] Ainsworth，L. K.（2004）. Task analysis. In C. Sandom，R. Harvey（Eds.），Human factors for engineers（pp. 81－112）. London：Institution of Engineering and Technology.

[2] Loukopoulos，L. D.，Dismukes，R. K.，& Barshi，I.（2009）. The Multitasking myth：handling complexity in real－world operations. Farnham，Surrey，England：Ashgate Publishing Limited.

[3] Woolford，B. J.，& Bond，R. L.（1999）. Human factors of crewed spaceflight.

In W. J. Larson & L. K. Pranke (Eds.), Human spaceflight: mission analysis and design (Chapter6). New York, NY: McGraw‑Hill.

4.2　可用性评估

4.2.1　简　介

4.2.1.1　可用性的定义

根据国际标准组织（the International Standards Organization，ISO）的定义："产品的可用性指的是特定用户使用该产品能够实现指定目标的程度"（ISO‑9241‑11，1998）。可用性是以人为中心的设计（the Human‑Centered Design，HCD）中的一个关键要素，已经被证明能够提高效率、有效性和用户满意度。此外，具有良好的可用性的设计可以减少错误、疲劳、训练时间和全生命周期成本。

4.2.1.2　以人为中心的设计

可用性是以人为中心的设计的关键组成部分。以人为中心的设计侧重于以用户能力为基础，根据用户需求设计系统。在整个工程设计生命周期中，可用性测试和评估方法可以用来进行用户绩效测试和主观评价（定性和定量），以改善被评估系统。

以人为中心的设计过程，在设计的最早期阶段，通过产品的使用和分配，直接反馈给设计者和工程师。无论是在概念阶段或在最终的原型阶段，可用性评估可使系统优化，提升机能效率，并确定可能增加错误率、引发潜在系统故障的设计问题。

4.2.1.3　迭代特征

可用性测试和评估是一个迭代的过程。在系统的生命周期内，应进行多次可用性评估，其结果应直接影响系统设计，为系统的设计者提供连续反馈。可用性应该在系统全生命周期的最早阶段就加以考虑，以确保用户的需求、能力和局限性从一开始就纳入到设计与研发考虑中。

4.2.1.4　适用要求

NASA‑STD‑3001 第 2 卷 10.0 节规定了可用性要求。主要的要求是下面列出的3项：

- 可用性验收标准［V2 10001］；
- 乘组界面的规定［V2 10002］；
- 可用的界面的规定［V2 10003］。

NPR 8705.2B 标准 2.3.10 条款规定了人‑系统界面中人在回路的可用性评价要求。NPR 所要求的 PDR 和 CDR 交付成果包括了一个总结报告，给出了工程如何将这些评价结果用于指导系统设计。

4.2.2　进行可用性研究

许多方法和指标都可用于进行可用性研究。在本节后半部分对部分方法进行了详细介绍。无论选择哪种方法和指标，基于以人为中心的设计的结构化迭代方法是共同的基础。本节提供了一种高层次、逐步逼近的方法，通过合理删减可以适用于任何一项可用性研究。

（1）定义研究的目的

在设计阶段决定要对系统的哪些功能（比如，可能有问题的功能或经常使用的功能）进行测试。例如，这项研究的目的，可能是为在两个光标控制设备原型之间作出选择提供依据，或者评价特定的显示实现。

（2）定义任务

给出与待测试功能相关的乘员和系统任务列表，并定义与这些任务相关的条件。此过程可能包括定义任务重要程度和频率、识别任务依赖关系和相互作用，以及定义操作环境（例如，振动、加速度、照明、服装条件），为相关联资源（如人员和设备资源）作出规划。对于可用性测试来说，识别每一项任务可能会遇到的潜在错误也是非常重要的。

如果可能的任务非常多，那么并非所有任务都会被选取来进行可用性测试，因此，将从可能的任务中选取一个子集进行可用性测试。选取经常要执行的任务、有时间限制或可能存在潜在错误的关键任务，以及交互或理解方式独特、新颖的任务进行可用性测试或研究是明智的。

（3）定义用户样本

对于系统来说，可用性测试的用户应当是系统预期用户群的抽样。需要考虑的因素可能包括年龄、性别、人体参数、视力或特殊技能（例如，训练有素的飞行员）。

（4）选择使用的方法和指标

可用性研究可能使用的方法和指标（度量）将在本节稍后讨论。方法和指标的选择取决于研究的目的、可用的受试者的数量、原型或实物模型的保真度。设计者将能给自己相关反馈的度量指标收集在一起是关键，例如，如果设计标准最关注的是时间和操作错误，那么可用性中错误率将是一项适当的度量指标；而如果设计标准最关注的是用户感知的获取简单易行，那么以调查或调查问卷评价用户对产品的易用性、满意度或美感可能更合适。

（5）计划评价设计

确定受试者的适当数量。不同方法所需受试者的数量可能不同，通常建议最少要有8～10个受试者。要找到不太频繁出现的设计问题，则需要更多的受试者。受试者应该是用户群的代表，不论是经验、培训、年龄还是其他因素方面。

（6）收集数据

根据前面的规划步骤，完成数据收集。当使用仿真硬件或原型软件时，逼真度的水平应该记录在案，并在分析结果时加以考虑。

（7）分析数据

针对可用性测试数据要进行分析的类型取决于研究的目标。量化分析可以帮助比较界面，确定新的设计是否使得错误率下降，或者比较不同设计的效率和满意度。定性的分析可以指向可用性问题背后的原因，并可以提供有关用户需求和偏好的信息。定性分析可考虑由用户提供的评论和观察结果（例如，不同问题被提及的频率等）。

依据记录的方法，决定可以使用哪些描述性研究和统计方法。用户测试，可以参考（Sauro and Lewis，2005）关于用户测试中小样本数据及其统计方法的论文。有时只进行描述性统计是适当的（如，众数、均值、中位数、标准差），而有时则可以对绩效测试结果进行配对比较分析。

4.2.3　可用性评价方法

可用性评价方法有很多种。一些是由人因专家单独进行评价（例如，启发式评估、认知走查），另一些是用户或测试对象进行评价（例如，用户测试、知识引导）。在实际工作中，选择哪种方法取决于评价目的与需求。

4.2.3.1　启发式评估

启发式分析用来评估装置或系统符合既定的用户界面设计规则的程度，此项评估工作由人因专家或专家组实施。

启发式分析尤其适用于在设计早期发现用户界面存在的问题。进行潜在的界面设计比较时，启发式分析也是很有用的，因为每个评估规则可以用来比较多个界面设计产品。这种分析方法通常快速且便宜。一般来说，启发式分析方法的缺点是不在实际使用环境中操作且通常典型或预期用户不参与评价。任务开发过程的早期，启发式分析往往会引出好的设计见解。然而，启发式分析还应该结合其他技术，获取预期用户的输入，尤其是在后面设计过程中使用启发式分析的时候，更应该注意这一点。

基于雅各布·尼尔森（Jacob Nielsen，1993）提出的 10 个启发式规则（在下面列出），启发式分析可提供系统的高层次评价方法。这种评价往往只由一位审查者完成，尽管推荐使用多位审查者。此外，与一个新手可用性分析师相比，专家审查者通常会发现更多的问题。执行启发式评估时，应使用下列启发式规则进行设计评估：

· 使用简单和自然的对话；

· 使用用户的语言；

· 将用户的记忆负担降至最低；

· 保持一致性；

· 提供反馈；

· 清楚地标明出口；

· 提供快捷方式；

· 使用好的错误提示；

· 防止错误；

· 提供有益的帮助和文档。

4.2.3.2　认知走查

认知走查，通过用户操作完成预先定义好的任务序列，对用户操作动作的结构进行审查。认知走查包括每个步骤中用户完成的认知和操作活动，用以确认界面可用性不佳的步骤。这种方法侧重于关注用户任务和用户目标，而不是基于一般准则评估界面。在设计过程早期的认知走查中，允许评价不同的初步设计概念。在设计过程的后期，当设计方案已经较优时，认知走查仍可能富有成效。

4.2.3.3　情境（工况）调查和观察

情境调查一般涉及用户在实际任务环境中使用设备或类似的设备执行相关联任务时的非干扰式观察。观察用户在他们的实际使用环境中工作，可以更好地理解相关的任务和工作流程。通常在设计过程早期（例如在概念设计和需求分析中）会使用此方法来理解用户及其任务。这种技术通常没有揭示认知过程、态度或意见。

4.2.3.4　设计审核

在设计审核时，常使用好的设计实践检查表来与待分析的用户界面（接口）相关属性和组件进行比对。检查表列举的项目，应该反映出用户界面所具备的某些特征（某些方法记录到的特征）是否符合或者不符合界面标准。界面标准是基于通用标准文件建立的，例如 ISO 标准或《人整合设计手册》（the Human Integration Design Handbook，NASA/SP-2010-3407）。设计审核相对快速且具有成本效益，但也可能带来对用户界面问题的肤浅理解。

4.2.3.5　设备的比较和功能分析

替代的设备或替代的设备概念（构想）可以通过设备列表及其矩阵格式的属性列表来比较。每一个替代设备的属性均指派了评级或者系列标准得分。这些比较可用于了解哪一种设计方法能够最好地满足用户的需要。

4.2.3.6　专家评审

专家评审取决于人因专家的知识和经验，目的是找出设计的优点和缺点，并提出改进建议。专家评审结合了启发式评估和认知走查的基本要素。依靠评价专家的专业水平，专家评审常常是非常有效的。若要发现大多数的设计问题，至少应该有 2 名专家对给定界面进行评审。设计构想草图与工作原型一样，也可以进行专家评审。很多严重的设计缺陷可以于早期被发现，从而节省用户测试的成本。然而，孤立地使用此方法是不可能发现所有的设计缺陷的。

4.2.3.7　功能分析

功能分析就是提供满足系统目标所需功能和事件的描述。这种类型的分析用于确定在人与机器或自动化系统之间适宜的功能分配。可供使用的功能分析有多种类型，包括操作序列图（Operational Sequence Diagrams）、功能分析系统技术（the Functional Analysis Systems Technique，FAST）、计算机模拟和建模技术〔例如，任务整合网络的系统分析（Systems Analysis of Integrated Network of Tasks，SAINT）〕。

4.2.3.8　访谈

通常情况下，与一小部分用户讨论设计问题时，访谈很有用，尤其是当目标是产生想法或达成共识的时候。也可以单独进行采访。这种方法是为了收集信息，而不是为了评价。如果访谈目标是要发现特定问题的答案，则采用结构化或定向访谈是非常有效的，此时设计师对于设计过程通常相当熟悉。与此相反的是，非结构化的访谈适用于设计师希望避免在任何特定方向引偏访谈者的情况，有利于设计师对特定设计获取设计的初步见解。

4.2.3.9　参与性设计

参与性设计为潜在用户提供工具，使他们能够成为自组网设计团队成员。可供使用的工具包括三维组件模型，用户可以将组件组装成喜欢的构型，或使用二维图来表达用户对产品设计的想法。类似地，也可以要求用户直接以图例解释设计意图，或者在计算机屏幕上进行选项选择。

4.2.3.10　用户测试方法

可用性测试和人在回路（human-in-the-loop，HITL）评估是利用系统用户进行的系统评估方法。测试包括要求用户完成与系统相关的任务，获取他们的操作绩效（如错误、与最优路径的偏差，时间）和主观感受。

4.2.4　可用性指标

4.2.4.1　有效性、效率和满意度

很多可用性度量指标可以在可用性研究中使用。其中最相关的度量指标包括有效性、效率和满意度。

有效性：用户实现特定目标的准确性和完整性。有效性的指标包括用户解决方案的质量和错误率。

效率：下面 1）和 2）两方面之间的关系。1）为用户实现特定目标的准确性和完整性；2）为实现这些目标所用的资源。效率指标包括任务的完成时间和学习时间。

满意度：用户的舒适度和使用系统的积极态度。满意度指标包括调查结果和标准化量表评分。

认识到有效性、效率和满意度三者之间的低相关性是很重要的（Hornbæk & Law，2007；Sauro & Lewis，2009）。因此，建议同时测量这 3 个指标，以便正确评估系统可用性。

4.2.4.1.1　有效性的度量标准

最常用的有效性度量标准是错误率和任务/步骤完成率：

（1）错误率

错误率可以使用多种计算方式：每个步骤上的错误总数（可用错误总数除以步骤数得到，例如，对于一个给定的步骤，共有8名被试者，其中5名被试者犯了错误）；每个任务上的错误总数（例如，50个错误）；平均错误数（例如，100个步骤共出现50个错误，错误率等于0.5）。在所有任务步骤中使用"错误计数"还是"错误率"（操作步骤数是分母，计算出错误数与步骤数的比率或百分比）可由分析师根据测试的性质自行决定。

（2）任务/步骤完成率

任务/步骤完成率，例如，10个任务中的9个任务已经成功完成。

4.2.4.1.2　效率的度量标准

最常用的效率的度量标准包括：

- 步骤/任务完成时间：完成一个步骤或任务所需的时间。
- 最优路径偏离度：用户不使用最有效途径达到目标的次数。

4.2.4.1.3　满意度的度量标准

最常用的满意度的度量标准包括：

- 界面的满意度评分；
- 对界面特定方面的调查处理满意度；
- 对界面的具体态度，以标准化态度调查问卷来衡量。用户满意度也可以用态度评定量表进行测量。例如，软件可用性调查测量表（Software Usability Measurement Inventory，SUMI）或系统可用性量表（System Usability Scale，SUS）（Bangor，Kortum，& Miller，2008；Kirakowski & Corbett，1993）。

4.2.4.2　主观评论

主观评论是通过可用性研究中受试者在完成任务的同时进行思考和语言表述来收集的，任务完成后方可停止。试验/操作步骤/任务完成后，受试者可以就试验过程发表评论。主观评论应该记录提及同一个问题的受试者人数，并分析每一个问题的严重程度。这些评论有助于确认错误类型和理解设计意图。

4.2.5　解释和使用结果

可用性测试结果应进行分析并进行相关的标记，为后续处理设计的可用性问题提供依据。这些常见问题，通常是标识标签或控件定位不明、不直观的任务流和不能优化任务流的界面元素位置等设计问题。这类问题可能会导致效率低或高错误率；或物理界面的设计因素问题，如控件大小或运动方向。在完善设计时使用可用性测试结果，可以提高界面的有效性和效率，同时降低错误和疲劳。

4.2.6　可用性评价技术文件

对于设计生命周期的每个主要里程碑，推荐完成表4.2.6-1中的技术文件。

表 4.2.6 - 1　可用性评价技术文件

技术文件	阶段 A		阶段 B	阶段 C	阶段 D	
	SRR	SDR	PDR	CDR	SAR	FRR
对操作概念、功能分配和乘员相关任务列表进行描述，包括识别每个任务都可能遇到的潜在错误	I	U	U	U		
依据 NPR 8705.2B 标准及其 2.3.10，对目前开展的建模、分析、评价进行总结，并以链接的形式给出对系统设计影响的分析结果			I	U	U	
验证计划			I	U	U	

X 为一次性发布的项目
I 为初始发布的项目
U 为更新发布的项目

操作概念和乘员任务列表

3.2.3.1.2 节所述的操作概念提供了诸如识别乘员活动以及判断哪一子系统受乘员活动影响等信息。3.2.3.1.3 节所述的功能分配确立了具体活动实现方式（自动化还是人工控制）。4.1 节用户任务分析中描述的乘员任务列表给出了包括用户与系统间的功能分配、乘员活动序列的定义、关键任务的识别等方面的详细信息。随着设计周期中乘员任务列表的发展，其最终迭代设计结果即是乘员程序。

对于可用性测试而言，任务分析必须包括分析每个任务可能遇到的潜在错误。此信息对计算错误率是必需的，这是可用性所需的客观测量。

建模、分析和评价总结

建模、分析和评价的迭代结论为 NASA 提供了贯穿设计流程的人-系统整合方面的技术细节。如 3.2.3.3 节设计评估和迭代改进所述，随着设计的不断成熟，建模、分析和评价应当逐步使用高保真的输入和实物模型。很重要的是，总结中要给出如何对关键设计决策进行评估。按照 NPR 8705.2B 标准，SAR 全阶段均应为每个设计审查提供更新后的结论。此外，NPR 8705.2B 标准 2.3.10 条款中介绍的人在回路的评价方法，可使操作概念逐步达到系统所设定的目标，即满足操作安全、高效和用户界面设计人性化的系统要求。

对于可用性，应当包括有效性、效率和满意度的评价，以及主观数据的度量。

验证计划

验证计划是一个正式的文档，描述了用来说明每一项要求满足情况的可供使用验证方法。

4.2.7　参考文献

[1]　Bangor, A., Kortum, P. T., & Miller, J. A. (2008). An empirical evaluation of the System Usability Scale (SUS). International Journal of Human - Computer

Interaction，24（6），574 - 594.

[2]　　Hornbæk，K. ，& Law，E. L. - C.（2007）. Meta - analysis of correlations among usability measures. Paper presented at the Proceedings of the SIGCHI conference on human factors in computing systems，April 28 - May 03，2007，San Jose，CA，USA.

[3]　　ISO - 9241 - 11.（1998）. ISO/IEC 9241 - 11：1998. Ergonomic requirements for office work with visual display terminals（VDTs），Part 11：Guidance on usability.

[4]　　Kirakowski，J. ，& Corbett，M.（1993）. SUMI：the Software Usability Measurement Inventory. British Journal of Educational Technology，24（3），210 -212.

[5]　　Nielsen，J.（1993）. Usability engineering. San Francisco，CA：Morgan Kauffman Publishers Inc.

[6]　　Sauro，J. ，& Lewis，J. R.（2005）. Estimating completion rates from small samples using binomial confidence intervals：Comparisons and recommendations. Paper presented at the Human Factors and Ergonomics Society Annual Meeting，Orlando，FL.

[7]　　Sauro，J. ，& Lewis，J. R.（2009）. Correlations among prototypical usability metrics：Evidence for the construct of usability. Paper presented at the Computer Human Interaction（CHI），Boston，MA.

4.3　工作负荷评估

4.3.1　简　介

工作负荷已经以多种方式进行了定义。例如工作负荷被定义为一系列的测试或任务要求，受试者为满足这些要求所尽的努力，以及基于任务要求的终极效能等。然而，在一项关于飞行员的调查中，Roscoe 和 Ellis（1990）发现：大多数飞行员认为，工作负荷就是满足任务要求所做的努力。换句话说，就是受试者为满足特定任务或脚本的需求所付出的心理和生理方面的努力。

工作负荷是乘员和系统相互作用的重要组成部分，设计人员在设计与乘员界面、程序、操作相关的硬件和软件时，必须考虑到工作负荷。当设计或实现一个界面以及设计一项任务时，设计者必须考虑到用户的工作负荷。因为低工作负荷水平常常和厌烦情绪以及注意力下降相关；而高工作负荷水平又常常与高错误率和注意广度狭窄相关，这可能会对其他信息与任务的感知产生影响（Sheridan，2002）。

NPR 8705.2B 标准 2.3.9 条款要求评估乘员的工作负荷，要求描述如何评估乘员的工作负荷；2.4.9 条款要求记录如何验证和确认乘员的工作负荷是可接受的。航天飞行中，通常处于一个高应激环境，首要关注的是避免不必要的高工作负荷水平。所以，下面的内容重点关注工作负荷的量化，目的在于使工作负荷保持在适当水平，不要对绩效产生负面影响。有关工作负荷的测量、预测及极限等细节，请参考 NASA/SP - 2010 - 3407《人整合设计手册》5.7 节。

注意：工作负荷和其他人因概念联系紧密，如操控品质和可用性因素，高可用性和操控品质将产生高工作负荷评级。这些主题可参阅 HIDP 的任务分析部分，因为需要用任务分析来识别工作负荷。

4.3.1.1　适用要求

工作负荷要求在 NASA - STD - 3001 的第 2 卷中做了详细说明，并进一步提炼形成项目级要求文件。第 2 卷 [V2 5007] 提到："认知工作负荷应该适应（避免超负荷或低负荷）整个乘员与系统界面各要素（针对乘员各种能力和各种任务要求）的设计"。

NPR 8705.2B 要求评估乘员工作负荷（2.3.9 条款），并要求描述工作负荷评估方法验证方式（2.4.9 条款）。另外，NPR 8705.2B 要求为人-系统界面进行人在回路的可用性评估。在 PDR 和 CDR 阶段的 NPR 要求的交付成果包括这些评估结果如何影响系统设计。

4.3.2　工作负荷评价流程

系统中乘员的工作负荷评价流程如下：

1）任务分析，目的在于识别与工作负荷相关的任务和相关的硬件及系统。

2）早期的测试试验和在整个工程设计周期中经常进行的测试试验：通过任务分析认为与工作负荷相关的任务、硬件及系统的测试试验。

3）组件级别的测试和系统级别的测试。

4）验证。

相比于航天器认证之前，在设计阶段早期修改硬件和程序的缺陷（如带给乘员高工作负荷）比较容易，且更有成本效应。所以，最好在早期整合工作负荷评估，并将其贯穿于工程设计周期，这样可以尽早得到相关数据，使设计可以确保乘员安全和高效。

尽管工作负荷的评估需在设计进展到一定阶段才能进行，然而本着以人为本的设计理念，在设计的最初阶段就应考虑工作负荷。设计之初，乘员工作负荷的整合应首要确定与工作负荷有关的各种任务。任务分析是明确乘员和系统在飞行各阶段所完成任务的方法，还可以明确任务相关的硬件，以及任务是否可能会增加乘员工作负荷。很多参数在航天器规范阶段的初期就可以确定，甚至在设计之前就已经明确。然而，任务分析可以使设计更加成熟。设计周期早期，工作负荷的测量结果有助于工作人员选择设计方案。

任务确定之后，下一步工作就是开始在各种模拟飞行任务中评估乘员的工作负荷。NASA 已明确，对于近期的航天飞行任务（多目的载人航天器计划和商业乘员计划），工作负荷应该使用 Bedford 量表来评估。选择这种工具的原因有很多，但最重要的是这种工具可以确定任务中工作负荷的可承受性。许多其他的工具是诊断性质的或多维的，这意味着产生工作负荷的源可以局部化。这些类型的测量工具在设计阶段有优势，可根据工作负荷的评估进行修正。然而，在验证阶段，Bedford 量表是最适合的。因为每次评级 Bedford 量表都可提供依据；且乘员对它熟悉；还可提供决策门槛，即如果评级超过这个门槛，则意味着工作负荷不理想。既然 NASA 决定近期的航天飞机使用 Bedford 量表进行验证，那么本章将重点关注 Bedford 量表。关于其他验证工具，请参考 HIDH 的第 5 章。如何评价工作负荷，将在后面的 4.3.2.2 节进行描述，HIDH 的 5.7.3 节也有介绍。

最终，随着航天器设计的日趋成熟，模拟逼真度也越来越高，通过模拟方法得到的评级结果也越来越准确。早期频繁的工作负荷评估结果，与硬件及程序的设计方案确实有直接的相互影响。

4.3.2.1　Bedford 量表

Bedford 量表（Roscoe，1987）是在英国贝德福德的皇家空军研究院飞行员的帮助下制定的。Bedford 量表以决策树的形式组成，如图 4.3.2 - 1 所示，受试者从左下角开始，按顺序回答每一个问题，再到下一个节点。每一格代表一个等级，相应地对应一个数字，3 个等级组成一个组。例如，受试者首先回答问题"可能完成任务吗？"，如果答案为"否"，则受试者的工作负荷等级为 10；如果答案为"是"，则再回答下一个问题"任务的工作负荷能否接受？"。决策树引导受试者到一个包含多个工作负荷等级的组，然后根据描述自己选择合适的等级。

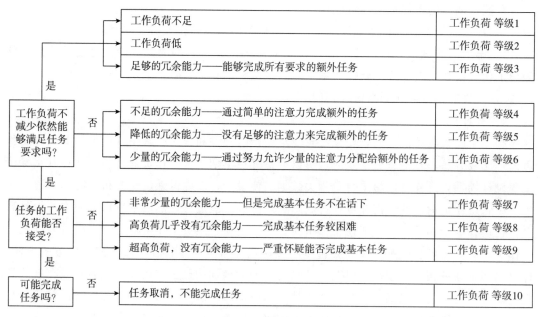

图 4.3.2 - 1　Bedford 量表

4.3.2.1.1　冗余能力

Bedford 量表使用了"冗余能力"这个概念来明确工作负荷等级。这一概念来自于认知信息处理方法，即把大脑比作一台资源有限的计算机。如果计算机 RAM 为 100 MB，完成一项任务需要 50 MB，那么系统完成其他任务的冗余能力为剩下的 50 MB。人的大脑也是一样，执行任务的能力是有限的。无论心理上还是生理上都如此。Bedford 量表中冗余能力的使用，将在 4.3.2.2 节做进一步讨论。

4.3.2.2　使用 Bedford 量表评估工作负荷

工作负荷的评估是人在回路（HITL）评估的一部分。HITL 评估就是让 1 名或多名受试者执行一项有代表性的任务，同时收集数据（例如，测量任务绩效或提供受试者的主观反馈）。工作负荷在整个设计周期都会迭代评估，除在最终的验证测试以外，均可根据需要改变设计。工作负荷的评估有多种方法：生理、绩效，以及主观方法。近期的 NASA 任务（MPCV 和商业乘员计划）要求使用主观测试方法评估工作负荷。在一项以评估工作负荷为目的的 HITL 评估中，要求每一名受试者执行一项主要任务及一项次要任务，任务完成之后，将对 Bedford 量表测试结果进行整理。4.3.2.2.1 节将介绍在 HITL 评估中如何整理 Bedford 量表测试结果。

在一项评估活动中，整理 Bedford 量表测试结果之前，必须向受试者明确任务内容、任务步骤、任务持续时间，以及判断其冗余能力的次要任务是什么。这就确保每一名受试者获得的信息都是一样的，可使测量结果更精确。另外，每一名受试者还需要了解试验设备、任务具体内容，以及预期目标。一项任务的具体定义是非常重要的，因为完成一个脚本可能需要多个步骤，而且每个脚本中可能包含多个任务。因此，受试者需要明确在哪个步骤判断其工作负荷。例如，如果一项任务包括出舱，那么受试者可能被指示任务开始于松开身上的约束离开座位直到受试者的脚踏上航天器的外部结束。这可使受试者明确工作评估的范围，将指示边界点之前和之后发生的任务排除出去。同时，在向每一位受试者明确实验步骤时，尽量减少那些引入到测量中的受试者变异量。参试的每一位受试者将在同一实验阶段对其工作负荷进行评级。

任务结束时或任务期间特定时间段，可对 Bedford 量表测试结果进行验证。当探讨 Bedford 计分结果和使用别的方法得到的工作负荷评估结果（如心率或性能指标）的相关性时，首先在任务间歇期对 Bedford 进行整理。对于航天飞行任务，在整个任务结束时整理 Bedford 计分结果，得到每一位航天员每次任务的评分。在任务过程中，高工作负荷之后可能是较低工作负荷。最好建议受试者在峰值和低谷期间，采取脑力平均或加权平均的方法，来确定整个任务持续期间最具代表性的工作负荷水平。如果任务特异性测试（如干运行测试或开发测试）结果表明高工作负荷持续时间短，则测试人员可以借鉴一些受试者预先确定的加权高工作负荷峰值的测量结果来计算其 Bedford 的总体得分。

应该尽一切可能使任务评估具有航天飞行的高逼真度。试验设备影响受试者的工作负荷水平，为了获取既定任务最具代表性的测试结果，任务设置也必须尽可能地具有代表性。使任务设置具有代表性，包括使用高逼真度的硬件、软件、测试程序、时间表以及环境，还有受试者的多元化（因为乘员的多样性）。例如，如果受试者的任务是使用一个显示器和一个控制器导航，那么显示器就要包括实际飞行中显示器所涉及的所有显示要素，具体包括颜色、间距、标签；控制器必须完全逼真，包括手感、形状、控制特点，并且和显示器可互相作用。显示场景内容太少或控制器逼真度不够，都可导致工作负荷的评估结果不准确。正如工作负荷的评估取决于试验设备，工作负荷的精确评估取决于高保真设计。

受试者要控制出错率和任务完成的时间，以满足任务的绩效需求。没有这个规定，受试者可能会减少工作或完成任务的时间，这样工作负荷水平不会增加。如果这样，得到的工作负荷评分就不能代表完成任务所需的工作负荷。为保持个体的任务绩效，得到有代表性的工作负荷评分，让每位受试者清楚知道执行任务的时间和需要达到的绩效水平很重要。

使用 Bedford 工具时，很重要的一点就是告诉受试者主要任务完成之后可能面临的次要任务，因为 Bedford 的一项重要功能就是评估冗余能力。许多研究结果显示，如果没有参考，很难评价受试者的能力（心理和生理）。有一种参考方法可以帮助受试者判断其是否具有执行附加任务的能力。例如，如果主要任务是驾驶，次要任务是与副驾驶交谈，受试者可能有足够的冗余能力来执行次要任务，得到的工作负荷评分较低。然而，如果主要任务是驾驶，次要任务是跟踪拥挤的显示器上的可视目标，受试者可能没有冗余能力来执行这两项任务，尽管主要任务相同，但后者得到的等级评分会较高。在第二个情形中，可视化追踪任务就不是一项好的次要任务，因为次要任务的目的是帮助受试者评价其在执行主要任务的同时是否还有能力来执行次要任务。如果次要任务影响了主要任务的完成，就没有达到评价冗余能力的目的，反而影响了任务绩效。受试者在判断其是否具有完成附加任务的能力时，了解次要任务的需求尤其重要。清楚了解次要任务需求可帮助受试者对其冗余能力做出最好的决定。如果受试者对次要任务的需求了解不够，则可能错误判断其冗余能力，因为其不能认识到完成任务所需要的步骤以及脑力和体力资源。建议任务分析时，确定合适的次要任务，则这些任务在既定的场景对于受试者来说更加熟悉，更加适用。

航天飞行时，驾驶和非驾驶任务都需要评估，以确保没有不必要的工作负荷。尽管 Bedford 量表是为飞行员和飞行任务研制并已通过验证，然而 NASA 相信 Bedford 量表适合所有航天飞行设计的评估。因为它为每次评级提供依据，且乘员对它熟悉，还提供一个决策门槛，如果评级高于这个门槛，表明工作负荷就不太理想，冗余能力太少。尽管 Bedford 量表可用于非飞行任务，但在准备评估时有几个因素需要注意，因为没有可参考的先例。这些因素包括任务步骤、次要任务等，如在航天器出舱任务中，为了成功出来，一名乘员可能需要和另一名乘员进行交流。需要确定并告诉受试者，乘员交谈是主要任务的一部分还是次要任务。为了做到这一点，评估前需要在有关人员的帮助下熟悉整个任务过程，确定主要任务的每一步，以及设置合适的次要任务。对于验证测试，设计阶段的迭代测试就是服务于这个目的。NASA 的专家可以帮助确定合适的次要任务。

有代表性场合和非代表性场合还有几点差别，包括新的或增加的故障诊断任务、由于紧急情况带来的时间压力、乘员/地面之间的通信增加、执行较少出现或训练过很少的动作等。所有非代表性因素都可能增加工作负荷。所以，应该有两个验收标准不同的工作负荷需求——一个用于有代表性任务，一个用于非代表性任务。非代表性工作负荷需求允许任务工作负荷评级得分（达到并包括等级 6）高于有代表性的工作负荷评级得分（达到并包括等级 3）。然而，对于非代表性任务，要求 Bedford 评分最高为等级 6，如果超出此范围，意味着任务的工作负荷不能被接受。

Bedford 决策树的第二个问题是"任务的工作负荷能否接受?"，如果答案是"否"，那么受试者的评级为等级 7 或更高。在为航天飞行设计时，必须避免受试者不能容忍的工作负荷。

4.3.2.2.1　整理 Bedford 评分结果

HITL 评估时，任何整理 Bedford 评分结果的工作人员都需要接受关于 Bedford 数据相关知识的培训，以便能够向受试者描述工作负荷和数据的特性。

在评价工作负荷的 HITL 试验中，受试者需要到达测试现场，给予知情同意书，并被告知：

1）工作负荷的定义。需向受试者提供工作负荷的定义，以便他们对需要判断的脑力和体力有所了解。

2）Bedford 量表用来评估任务、硬件、软件或程序产生的工作负荷。受试者必须有一份复印件，以便他们在整个测试过程参考。

3）Bedford 量表评估脑力和体力综合的工作负荷。因为 Bedford 量表不能表达这两个因素是如何联合的，所以在工作负荷总体评级时，应该如何结合两者，需要受试者自己做出决定。工作人员也可以给出建议（如果存在分配给体力和脑力多大权重的理论依据）。

4）冗余能力的定义，以及它与工作负荷及 Bedford 量表的关系。

5）需要完成的主要任务，以及判定冗余能力的次要任务。如果需要多留意某个硬件或程序，应该告诉受试者。

6）决策树。受试者了解决策树如何使用很重要，从左下角开始回答每一个问题。之前接触过决策树的受试者可能想要直接得到答案，而不是一步步来。然而，为了确保受试者的反应能准确代表工作负荷的水平，受试者描述工作负荷的措辞不出现错误，且保持受试者一致性，所有受试者应遵循相同的决策树程序。一些等级之间差异小，工作人员在测试之前应确保受试者明白每一个等级的具体含义。

7）可接受的等级评分。Bedford 量表允许有半级评分结果，甚至在组间也可以（例如等级 3 和 4，等级 6 和 7）。如果受试者觉得其工作负荷的描述位于两个等级之间，就可给出半级评分。如果受试者不能确定问题的答案，也可给组间半级评分。

受试者清楚各步骤后开始执行主要任务。任务结束时，受试者通过 Bedford 量表，凭借回答决策树中问题的结果决定其工作负荷水平。工作人员应该回答受试者的任何问题。受试者需口头汇报其评分结果，工作人员进行记录，受试者还需要解释其等级评分的理由。理解每一位受试者为什么提供其所选择的等级评分结果非常重要，特别是在设计阶段，设计人员根据需要更改设计。仅凭一个 Bedford 工作负荷等级评分还不能确定设计中的哪一部分需要改进，只有当设计对受试者的工作负荷的影响达到一定水平时才会修改设计。通过和受试者进行交流，可了解哪些因素对工作负荷的水平影响较大。

Bedford 工具不具有诊断性，最好能将其和更具诊断功能或多维的工作负荷评估方法一起使用，特别是在设计阶段早期。NASA Task Load Index（TLX）就是多维工具的例子。NASA－TLX 基于 6 个分量评分的加权均值，可提供一个全面的工作负荷评估结果，这 6 个分量为：心理需求、体力需求、时间需求、绩效、努力和挫折感。每个分量的评分范围为 1～100，间隔为 5，评分结果口头告知或在评分表或计算机上选择。另外，受试者可量化产生工作负荷的每个因素的相对重要性。计算总体工作负荷评分结果时，相对重要性的权重范围为 0～5。

4.3.2.2.2　分析解读 Bedford 评分结果

在考虑选择合适的 Bedford 工作负荷水平时，级间的心理差距是不相等的。换句话说，1 等级与 2 等级之间的差距可能和 9 等级与 10 等级之间的差距不一样，评级为 10 的工作负荷不是评级为 5 的工作负荷的 2 倍，因此量表不是线性的。评分响应的分布也不遵循标准的、可预测的模式，所以分布走向是不可预知的。既然响应分布不可预知，量表又是非线性的，使用概率分布描述性统计方法（比如用中值方法）或参数统计方法（前提条件是数据服从假设的某种分布）来描述或分析 Bedford 数据并不合适。最有效的描述数据的方法是频率表或数据视图（例如直方图、频率加权的散点图）。最有意义的数据表达方式是给出某一特定评级结果的受试者数量。例如，在一个系统的评价试验中，其中 6 个受试者选择工作负荷等级 1，2 个受试者选择工作负荷等级 2，其结果表明系统的设计会产生较低水平的工作负荷。

4.3.2.2.3　在整个项目周期内整合工作负荷

为了识别与工作负荷要求有关的任务，任务分析必须给出整个任务阶段乘员要执行的所有任务。任务分析一旦完成，可选择有代表性和非代表性任务来进行评估。项目开始的时候就应进行任务分析，并在 CDR 期间进行完善。SDR 之后，研制人员将列出验证任务清单，并将其交到 PDR 和 CDR。

要求从系统级到组件级对工作负荷需求进行跟踪。在系统级，NASA 想要确定乘员使用的航天器并未给乘员带来不必要的工作负荷。组成系统的每个组件需要设计完好，充分考虑乘员工作负荷，使乘员工作负荷维持在恰当水平。

在进行能够预测乘员工作负荷的相关任务的开发测试时，NASA 希望使用 Bedford 量表。这些任务可能最终并未进行验证测试，但研制阶段使用 Bedford 量表有助于更好了解既定任务的工作负荷，这个过程伴随着熟悉 Bedford 量表的应用，基于等级评分的软件和硬件的可能再设计，以及乘员对相关任务的反馈。

和工作负荷有关的内容通常包括以下几项：

· 任务分析；

· 组件、分系统、系统需求可追溯性；

· 在测试规划与分析时，最好完成前面提到的 Bedford 量表的应用和分析。

4.3.3　工作负荷评估的技术文件

对于设计生命周期的每个主要里程碑，推荐使用表 4.3.3－1 中的技术文件。

表 4.3.3 - 1　工作负荷评估所需要的技术文件

技术文件	阶段 A		阶段 B	阶段 C	阶段 D	
	SRR	SDR	PDR	CDR	SAR	FRR
对操作概念、功能分配和乘员相关任务列表进行描述	I	U	U	U		
依据 NPR 8705.2B 标准 2.3.9 条款,给出基准任务中如何评价乘员工作负荷的说明		I	U	U		
依据 NPR 8705.2B 标准及其 2.3.10 条款,对目前开展的建模、分析、评价进行总结,并以链接的形式给出对系统设计影响的分析结果			I	U	U	
验证计划			I	U	U	
依据 NPR 8705.2B 标准 2.4.9 条款,给出如何验证与确定基准任务中乘员工作负荷的可接受性的说明					X(ORR)	

X 为一次性发布的项目
I 为初始发布的项目
U 为更新发布的项目

操作概念和乘员任务清单

3.2.3.1.2 节所述的操作概念提供了诸如识别乘员活动以及判断哪一子系统受乘员活动影响等信息。3.2.3.1.3 节所述的功能分配确立了具体活动实现方式（自动化还是人工控制）。4.1 节用户任务分析中描述的乘员任务列表给出了包括用户与系统间的功能分配、乘员活动序列的定义、关键任务的识别等方面的详细信息。随着设计周期中乘员任务列表的发展，其最终迭代设计结果即为乘员程序。

工作负荷评估计划的解释

正如 NPR 8705.2B 标准 2.3.9 条款所要求，SDR 要求解释如何对基准任务中乘员工作负荷进行评估，然后如何在 PDR 和 CDR 进行更新。提供给 NASA 的工作负荷评估计划文档包含了对人-系统整合的重要性方面的深入理解。

建模、分析、评价总结

建模、分析和评价的迭代结论为 NASA 提供了贯穿设计流程的人-系统整合方面的技术细节。如 3.2.3.3 节设计评估和迭代改进所述，随着设计的不断成熟，建模、分析和评价应当逐步使用高保真的输入和实物模型。总结中要给出如何对关键设计决策进行评估。按照 NPR 8705.2B 标准，SAR 全阶段均应为每个设计审查提供更新后的结论。此外，NPR 8705.2B 标准 2.3.10 条款中介绍的人在回路的评价方法，可使操作概念逐步达到系统所设定的目标，即满足操作安全、高效和用户界面设计人性化的系统要求。

贯穿整个设计阶段的迭代测试，是工作负荷设计的必要组成部分。研发测试阶段推荐使用 Bedford 量表。NASA 将提供所需要的测试细节的相关输入，诸如合适的次要任务。

验证计划

验证计划是一个正式的文档，描述了用来说明每一项要求满足情况的可供使用的验证方法。

工作负荷验证

按照 NPR8705.2B 标准 2.4.9 条款，在 SAR 阶段，要求一份关于基准任务的乘员工作负荷是如何验证的及如何确定其可接受的详情文件。

4.3.4　参考文献

[1]　Hart，S. G.，& Staveland，L. E. (1988) Development of NASA – TLX (Task Load Index)：Results of empirical and theoretical research. In P. A. Hancock & N. Meshkati (Eds.)，Human mental workload (pp. 139 – 183). Amsterdam：North Holland.

[2]　Roscoe，A. H. (1987). Inflight assessment of workload using pilot ratings and heart rate. In A. H. Roscoe (Ed.) The practical assessment of pilot workload (AGARD – AG – 282) (pp. 78 – 82). Neuilly – sur – Seine，France：Advisory Group for Aerospace Research and Development.

[3]　Roscoe，A. H.，& Ellis，G. A. (1990). A subjective rating scale for assessing pilot workload in flight：A decade of practical use (Technical Report TR 90019). Farnborough，UK：Royal Aerospace Establishment.

[4]　Sheridan，T. (2002). Humans and automation：Systems design and research issues. New York：Wiley.

4.4　人因失误分析

4.4.1　概　述

人因失误含义宽泛，是指航天员或作业人员在控制航天器或飞行系统时操作或不操作所引起的错误的结果。导致这类失误的原因有多种，可能是偶然的行为或误操作，也可能是界面导致的失误，还可能是疲劳和各种不适导致的失误，这些因素都是人误因素的一部分。进行人因失误分析（HEA）是为了确定操作航天器、系统、组件时可能出现的失误，这样可以修改设计，减少或消除失误，把人误发生的可能性降低到可接受的范围。

4.4.2　适用要求

NASA 关于飞船系统 HEA 的理念是：迭代进行人因失误分析，分析结果用于确定设计方案。这些分析涵盖任务的所有阶段，包括对系统出现故障时做出的反应。NPR 8705.2B 标准《航天系统适人性要求》就最准确地体现了这个理念，最明显的是 2.3.11

条款和 2.3.11.1 条款，其次还有 2.2.3 条款、2.3.1 条款、2.3.12 条款以及 3.2.4 条款。与 HEA 有关的额外要求都包括在 NPR 8715.3《NASA 一般安全计划要求》以及 NPR 8705.5《NASA 计划和项目任务成功和安全的技术概率风险评估程序》中。

4.4.3　人因失误分析方法

本文档试图在人-系统整合（HSI）的框架内，将 HEA 与工业标准方法相结合。航空领域已成功将 HSI 用于人因失误分析。相关文献描述了许多人因失误分析方法。航天器、系统或组件研发人员必须使用最合适的方法来进行分析。许多工具与人因失误分析有关联，这些工具是由多种原因所驱动而开发的，包括人与人之间作业能力差异、在发生失误之前的难预测性、事故调查人员追溯性推断事故的能力等。

请注意人因失误分析与其他人的因素高度相关，如工作负荷和可用性等。严重的可用性问题或过高的工作负荷要求，常常和人因失误发生率上升有关。实际上，在可用性方面的错误是人因失误的特定种类，被归类为"界面导致的失误"，意味着差的人机界面设计直接导致了失误。

4.5　乘员物理特性和能力设计

4.5.1　简　介

NASA-STD-3001 第 2 卷的第 4 章涉及了为确保所有乘组人员身体能适应飞船和人-系统界面整合而提出的要求。这部分内容描述了设计过程中应用所需的人体参数、运动可达域、操作力、人体表面积、人体体积、体重的方法和步骤，以及如何针对要求去评估飞船的设计。此外，还详细描述了在飞船设计中确保人群适应性的各种影响因素，以及如何评估这些影响因素。同时也讨论了在设计过程中，为实现对工程全生命周期评估情况的追踪所需要的技术的产品。任何飞船设计中应用的人体参数、运动可达域、操作力、人体表面积、人体体积和体重的每一个参数，都是为了确保将乘员的空间和具体特征整合进设计，由此保证所有乘员能身体可达，能安全、圆满完成任务。人体测量学、生物力学和操作力方面的其他信息，可以参考 NASA/SP-2010-3407《人整合设计手册》第 4 章的内容。

4.5.1.1　如何使用这些指南

4.5 节描述了使用基于人体参数、运动可达域、操作力、人体表面积、人体体积和体重参数的方法评估每项设计的过程。概述了每种设计方法的最初设计概念到最终的验证过程。多数的设计过程都是可迭代的，并综合使用了基于解析的、计算机辅助的和/或人在回路（HITL）的任务评估方法。最终目的就是提供一个基本框架，其可以作为航天飞行项目和研发人员的指南，以识别人群特征、做出合适的假设、指导实验和分析，并概述了工程设计周期的预期的技术产品。

4.5.1.2 一体化方法

在设计过程的各阶段，一体化方法包含了设计中所牵涉到的所有可能的身体特征和评估方法。建议使用一体化方法主要是为了了解设计中人的基本身体和能力特征及其相互关系，以确保设计的每一方面都能满足所有乘员人群适应性需求。更多关于使用一体化方法方面的信息可参考 4.5.7 节的内容。

4.5.1.3 其他注意事项以及 NASA 的支持

对于航天飞行任务，在航天服设计及舱室设计方面 NASA 有着独到的经验。可以预料到，飞船设计者研制会涉及到乘员在发射、入轨，以及任务终止时必须穿着服装的情况，因此他们会关心服装设计和研制标准的问题，尤其是如何综合考虑服装对他们设计的影响。另外，更重要的是设计时需要考虑乘员的姿势和动态活动与地面上通常的标准是不一样的。针对应用中涉及的这些情况和问题，如航天服的影响、着服后的适应性问题，NASA 可以给研制人员提供便利，帮助他们设计出满意的产品。

4.5.2 基于人体测量学的设计

4.5.2.1 简介

此类设计要求的目标是确保所有的航天器、航天服、硬件设施以及各类操作界面可供所有参加飞行任务的乘员操作。NASA 要求并希望提供给乘员能够使用和操作的硬件设施，以支持任务的成功和乘员的安全。所以，设计研制人员有必要通过分析、建模和人体测试，验证每一项设计是否满足 NASA - STD - 3001 第 2 卷第 4 章中人体测量学要求。

4.5.2.2 适用要求

NASA - STD - 3001 第 2 卷适合人体测量学要求如下：
- 数据集 [V2 4001]；
- 数据集特征 [V2 4002]；
- 人群定义 [V2 4003]；
- 基于数据集的假定 [V2 4004]；
- 身高数据 [V2 4005]；
- 身高变化 [V2 4006]。

4.5.2.3 人体测量学数据集的选择

NASA - STD - 3001《航天飞行人-系统标准》（第 2 卷《人因、适居性与环境健康》）[V2 4001] 规定，设计时必须选择和使用乘员人群的人体测量学数据集；[V2 4004] 要求规定了这个数据集中还应包括年龄、性别及身体状况；[V2 4003] 还规定了数据集中应包括系统打算满足的人群范围的身体尺寸的定义。

选择能准确代表航天员人群的数据集非常重要。第一，数据集本身必须涵盖航天员人

群的人体参数范围。如果设计用于大众人群，则必须选择代表大众人群的数据集。对于
NASA 航天员，该人群类似于军队人员，相比于普通群体，各项数据的限制会更多。对于
NASA 航天飞机、空间站、星座计划，以及商业载人等任务，其航天员数据集是基于军队
人体测量学调查（Anthropometric Survey，ANSUR）的数据制定的。每个工程项目的要
求（如人体参数限制，力量限制）都依据 NASA 数据集选择，并根据任务需求适当修改，
如未来乘组选拔标准的变化。第二，选择的数据集必须包括确保设计满足人群适应性所需
关键参数。[V2 4005] 特别列出了身高参数，它作为人体测量参数数据集的关键一项被纳
入。如果数据集只有身高和体重，那么就可能导致设计所需的关键参数不完备或者人群变
化特征考虑不全，例如，具有相同身高的人，有些可能躯干长而腿短，有些可能躯干短而
腿长，在设计复杂和高约束的空间时必须将体段参数和它们的变化作为关键设计参数。选
择了合适的数据集，才能保证航天器和航天服设计中整合了关键尺寸，才能说明其能满足
航天员人群范围。

　　航天员人群数据集不仅仅用于选择尺寸和人群适应的范围，也可用于人群各方面特征
的分析。因为受试人群不可能代表所有乘组人群，所以，可以对数据集进行分析，确定该
人群适应的程度，并且将受试者在人群中进行归类，并定量分析空间设计的余量和人群适
应性。

4.5.2.4　人体测量学总体概述

　　对设计的评估基于设计周期分多阶段进行，在设计的最初阶段，至少需要鲁棒性分析
以及计算机辅助设计（CAD）建模来识别最坏工况和重要尺寸参数，确定设计的适用性。
还需用文档记录姿势、航天服影响，以及人‐系统界面变化的假设，方便在后续的 HITL
试验中进行验证。HITL 试验将验证或否定这些设想。如果假设被否定，那么解析法和
CAD 建模就需要使用正确的信息重新进行，这样就可以迭代地进行设计并使用 HITL 试
验进行验证。在设计周期内随着设计的不断成熟，针对所选择的人体参数数据集的设计的
评估必须从理论分析转移到实际的 HITL 试验进行验证。

　　更多的使用 HITL 试验进行的人体测量学、生物力学和操作力评估的讨论内容可参阅
HIDH 的 4.2.4.2 节。

　　总的来说，与航天飞行有关的任何一项基于人体测量学的设计评估流程，无论是低逼
真度的理论分析，还是高逼真度的 HITL 试验，其主要步骤相同：

　　1）明确试验目标包含但不限于着服和不着服的作业，重力条件（1g、微重或超重），
乘组人群影响，试验逼真度的设置等。

　　2）明确本任务乘员人群的关键测量指标，这些指标关乎人与设计及周围环境的交互
能力，这些指标可能是基于人群的，和/或从其导出的尺寸。

　　3）考虑服装、姿势和微重力因素。

　　4）基于关键操作任务明确与尺寸相关的最坏工况。

　　5）在设计的恰当阶段，使用解析性分析、CAD 建模，和/或 HITL 试验法评估设计，
明确哪部分人群不适应，为满足整个用户人群需做哪些调整。

6）改变设计以提高人体参数适应性。

7）重复步骤1）～6），直到设计能满足所提出的人群数据集并且设计已经是设计周期最终阶段。

4.5.2.5 方法论

4.5.2.5.1 识别测试目标

开始准备评估时就要非常清楚测试目标，这一点对于设计的评估工作顺利完成非常关键。测试目标的建立是通过识别乘员要执行的任务、设计保真度和/或操作概念相关的假设、周围环境的描述，以及任何关注的区域实现的。例如，如果设计评估的关注点是假想坐在控制台前的航天员，则首要目标就是确保这个座椅适合所有乘员，以及控制台是对所有乘员都伸手可及的，无论乘员是否穿着航天服。第二个目的就是检测座椅在整个航天器全配置下是否适合乘员人群，例如，在有其他航天器组件作为障碍物时，既定的座椅配置是否影响航天员出入。在设计全周期的各个阶段，无论将座椅作为独立的部件还是作为航天器的组成部分和接口进行设计检查，都非常关键。

4.5.2.5.2 确定关键的测量参数

根据设计和评估的需要，在整个设计周期内，应该对各种不同的人体参数测量数据进行评估。针对特定设计的测量结果的正确评估可能是十分关键的。这类测试数据诸如，用于重建人体姿势的功能性测试数据，或是来自于2个或更多的已有测试数据的组合型数据，或者人与硬件之间的间隙数据。选择的测量参数应该根据任务裁剪。这些测量参数应能够表征待测人群所有关键姿势测量结果。至少应选择不着航天服乘员的任务相关测量参数，将这些参数应用于待测人群，以了解姿势对设计的影响；选择着航天服乘员符合任务的相关测量参数用于描述航天服的影响。必须要求一个设计满足由人体参数数据集所决定的上限和下限。但是测量数据可能对于特定的任务和特定的姿势不可用。因为测量数据还要经过解析性的分析，然后通过HITL进行验证。例如，如果一项设计评估关注的是一名假想的、没有着航天服坐于控制台的航天员，那么坐姿将会影响臀部角度。座椅必须适应臀部到膝盖最大距离和最小距离，然而，在评估座椅到控制台的距离时，为了准确预测人和界面的间隙，必须考虑臀部角度对臀部到膝盖长度的影响。

4.5.2.5.3 服装，姿势和微重力因素

4.5.2.5.3.1 服装因素

穿着服装引起乘员整个体型的变化，称为服装因素。此因素对设计各阶段都产生影响，因此分配空间时必须要加以考虑和注意。NASA-STD-3001［V2 4002］数据集特征中包括了服装及服装增压后的特性数据。服装因素可以根据个人穿着和不穿着时人体测量数据的比值进行考虑，还需要考虑增加的服装材料及组件，以及身体着服后由于服装固有属性引起的姿势的细微改变。

依据对服装的测量结果，通过服装因素去修正不着服测量结果，从而推断出着服的人体测量参数。每个受试者个体参数都有相对应的一个航天服因素，因为服装以不同的方式

影响着人体的不同部位，每种服装不同的设计属性影响姿势、身长，以及体型的其他方面。理论上，服装因素与特定服装、特定的配置、标准化的基本姿势相对应，只在相同或非常相近的情况下才适用。例如，舱外机动航天服（Extravehicular Mobility Unit，EMU）的服装因素对身高影响就和 ACES 航天服的影响不一样。同样的，硬件也会影响服装因素。ACES 航天服上有无 bailer bar 时服装对身高因素不同。bailer bar 是一种头盔的外部锁定装置，当头盔面窗打开时它会旋转到头顶，当关闭或锁定时，它位于下巴附近。

服装对人的尺寸和姿势都有影响，必须考虑到设计中，以确保设计能满足人群适应性。这些服装因素为相应的服装提供了一定的设计冗余和空间，并给服装设计人员提供了一个必须遵循的标准，航天器和硬件设计人员在做相应的设计时也应考虑。理想情况下，服装因素是已知的，每一个参数都被明确定义。然而实际并非如此，在全方位验证之前，必须量化服装因素，设计必须证明考虑了服装因素的影响。这时会出现以下问题：如何处理服装因素让受试者的人体参数测量结果落于最大值和最小值的中间范围。这类问题的解决必须置于特定场景，让最差的身体姿态配置下也不会出现极端情况，而是保证其处于人群数据中间位置，或者位于具有不同体参数受试者测试数据中间位置。

例如，一个假设的试验受试者具有男性第 25 个百分位数身体形态特征，或者女性第 96 个百分位数形态特征，是应该用根据最小人体测量参数对应的服装因素还是用最大人体测量参数对应的服装因素，去评估受试者在航天器内的适应性？如受试者为男性，分析人员则应使用人体参数测量最大值对应的服装因素；若为女性，则应使用人体参数测量最小值所对应的服装因素，而臀部宽度的选择则相反。对于人体测量参数数据集内极限值之间的更加复杂的例子，建议研发人员向 NASA 寻求帮助。

4.5.2.5.3.2　姿势因素

测量参数通常也会受到姿势的影响，由于硬件设施的设置可能会改变标准的人体姿态，进而使得测量结果受到姿势的影响。NASA - STD - 3001［V2 4002］的要求包括外部接口设备和重力环境特征影响的参数数据集，［V2 4006］说明了低重力环境导致人体姿势的改变。本质上姿势因素主要考虑基本的不着服装的姿势和特定任务不着服装姿势之间的变化。NASA 航天员的人体参数数据集是在实验室条件下以标准的姿势进行采集形成的。航天器或系统设计以及重力的影响是必然的，因此会呈现出乘员明显不同于要求中给出的标准的测量姿势。当分析设计对整个人群适应性影响时，需要量化和考虑姿势的影响。

在设计的初级阶段，可通过身体姿势解析分析或 CAD 建模方法来评估姿势因素。最初运用三角学计算姿势因素，量化人体关节角度对人体测量学的影响，然后确定调整后姿势和标准姿势的比值。这个阶段可综合服装和姿势的影响因素，探讨人穿着服装与界面接口之间的相互作用。姿势因素的估算有一定的误差，服装和姿势因素的交互影响会产生二级误差，它们都将影响结果的鲁棒性。关于姿势因素对人体影响的假设的不确定性，在 HITL 测试时必须对其进行验证，以确保各种假设的有效性或进行必要的修改。在 HITL 测试阶段，可以确定人-系统界面中的标准的不着服装人体测量参数和考虑姿势影响的不着服装人体测量参数的比值，和服装因素一样，与之前预估的因素相比较，再一起整合到总体分析中。

4.5.2.5.3.3 姿势和航天服的共同影响

在设计的最初阶段，通过人体测量数据集以及使用身体姿势的解析分析或 CAD 建模方法，可以评估姿势和服装的影响。这些评价结果可以用来确定设计的适应性，但是它们固有的误差必须在 HITL 测试中进行修正。随着设计进行到 HITL 测试阶段，就应该考虑姿势和服装的交互作用是否正在影响人-系统界面，因此必须采集具体的数据并和预测值进行比较。最简单的方法就是受试者在非着服标准设置条件下以及着装特定姿势下接受测量。那么着装特定姿势下的测量值和非着装标准值之间的比率成为一个综合的服装因素，包含姿势和服装影响。当这个因素反复地在解析分析或 CAD 建模中迭代时，这种姿势和服装的共同影响就可以自动地应用于非着装的标准值。另外，这种复合因素影响可以量化为对应的数值，但需要额外采集非着装标准的、非着装特殊姿势下的，以及着装特殊姿势下的数据来量化对应每一类数据集中不明确的部分。

4.5.2.5.3.4 微重力脊柱伸长量

在分析微重力（或受微重力影响）下进行的任务时，也要一并考虑脊柱伸长的影响。NASA-STD-3001 [V2 4006] 明确提出了微重力环境条件下身体长度的变化。微重力导致的最显著的记录完备的长度变化就是脊柱伸长量。在微重力下，由于脊柱纵向压力缺失、骨质疏松以及体液转移，使得脊柱曲线变直伸长。已有研究发现，微重力下脊柱伸长可使身高增长 3%。脊柱伸长影响了涉及脊柱的人体测量学参数，如坐高和眼高。在微重力条件下，这些参数必须增加 3%。例如，在分析适应性以确定航天员微重力暴露后返回地面时座椅是否满足需要时，就需要考虑脊柱伸长的问题。要正确判断座椅对航天员是否合适，就需要将座椅高增加身长的 3%［公式（1）］。对于从低地球轨道任务（如 ISS 任务）返回的所有航天员都应增加座椅高度。

$$测量尺寸_{0g} = （身高_{1g} \times 0.03） + 测量尺寸_{1g} \qquad (1)$$

以单个受试者为基础，计算航天员人群的脊柱伸长。所计算的脊柱伸长不能通过数学计算应用于所选择的人体测量数据集的最大/最小值，因为这些数据设置了域值以应用于整个人群。从数学的观点，最大身高和最大坐高不能放在公式（1）推算出脊柱伸长后的最大坐高，因为它不代表"现实中的"人，必须根据单独的个体来计算。建议设计人员将脊柱伸长应用在以每个受试者为基础的测量数据，然后统计性地检测对人群数值产生的影响，评估其可信度。

4.5.2.5.3.5 微重力体液转移

受体液重新分布的影响，航天员身体经历显著的变化，尤其是手、腿、躯干和脸部区域。迄今为止，关于这些区域体液流动的量以及如何影响乘员的人体测量数据，还没有经验数据。NASA-STD-3001 [V2 4006] 明确指出对于低重力环境要考虑环境变化，建议设计人员考虑环境变化对设计带来负面影响的可能性。

4.5.2.5.4 确定最坏工况

最坏工况的确定主要关注受设计影响最多的那部分乘组人群。最坏情况不总是男性最

大值或女性最小值，人体测量学多变量的性质使我们不能仅仅依靠粗略的设计概要就判定
最坏工况。最好的解决办法是通过对所选择的人体参数测量数据集中的全部人群进行模
拟，分析眼前的问题，以识别人群中哪个个体因为设计而导致活动受限；或者从人体测量
学应遵从适应性角度，判断谁在"风险"组内。这些个体的人体测量学包络表明了最坏工
况。最坏工况的确定很重要，原因有 3 个：1）以乘组人群为一个整体的角度去考虑和检
查，可迅速地标识出设计中需要改变的地方。2）通过建模和测试确定人群中的"风险"
组人群，他们是潜在的需要更大冗余设计的人群；3）对于设计的当前阶段，帮助确定有
问题的测量数据，需要通过建模或 HITL 测试进行验证。

　　注：用上面提到的推导方法得出实际最坏工况时，通常用"大"男性或"小"女性作
为分析数据。对所有尺寸都使用最大男性或最小女性的数据来分析是不恰当的。例如，人
群中某个体同时具有最大的胯部高度、最大的坐高，以及最长的身高，这在生理上和数值
上都不可能。对待定人群的特定属性的百分值进行数学操作也不可行。例如，如果把人群
中所有最大体段的长度加在一起计算身高，则身高值将超过该人群的最大的人体高度。这
样的配置是不切合实际的，扭曲了分析结果，掩盖了群体中真正影响设计的部分人群。尽
管模拟"大"男性或"小"女性，对于可视化目的有用，但是验证还是应使用经过上述最
坏工况分析的人体测量数据作为输入，用于建模或解析性分析。

4.5.2.6　通过人群分析评估设计

　　一些因素影响人体测试数据的结果解读，解读的方法主要根据试验的最终目的来确
定。任何人体测试数据分析结果解读的主要原则如下：

　　**人群分析，至少是在整个相关人群的背景下考虑设计因素，人群分析应该用于所有的
人体测量数据评估。**

　　人群分析包括基于百分位分析确定测试受试者，比较所选人群的极限值，或将硬件尺
寸与潜在用户人群数据集的大样本进行比较。无论哪种方法，最终结果都是针对评估目的
量化受试者适应性。没有放之四海皆准的人群分析方法，因此，选择适合解决问题的方法
尤为重要。下面详述了各种不同的人群分析方法和相关的利弊，以及在不同阶段综合运用
多种方法的优势。

4.5.2.6.1　分析评估法

　　分析评估法是最简单的用于比较人的要求与设计的关系的"纸上"分析的方法。这种
分析法的复杂性取决于测量相关的数据量、姿势，以及分析的具体的关注点。这种分析法
的优点在于可快速提供数据的分析结果，确保设计符合标准及确定最坏工况，其相对快捷
且简单易行。为进一步了解这种方法，以一个基本的座椅为例进行介绍。

　　对于单个数据采用在要求尺寸和同一姿势之间直接进行一对一的匹配，分析很简单：
满足着装时和非着装时设计的最大和最小要求。以座椅为例，座椅面的深度必定不能超过
臀部到腘的最小长度，座椅面宽度必须满足最大臀部坐宽值，座椅靠背长度必须满足最大
坐高，以适合要求中规定范围的所有人群。所以，推荐简单测量数据分析案例使用这种分

析方法，将设计的数据和最大最小值进行比较，确保设计规范满足整个人群。这是可能遇到的最简单的情况，且没有考虑航天器/服装接口导致的姿势变化。

对于受姿势影响的单一测量数据，必须调整分析法，以考虑到姿势的变化对相关人体数据影响的差异。为反映人体姿势的变化，必须将数据进行数学意义上的调整。推荐的分析方法是将人体分成几个体平面（矢状面、额面、横断面），应用三角学将身体姿势调节成预期的姿势变化，并评估测量结果。以座椅设计为例，如果座椅的髋关节角度从 90°调整成 75°，座椅面深度依然不能超过臀部到腘的最小长度，然而，人和周围环境的空隙已发生了变化。这种情况下，椅背到膝盖的距离就不是臀部到膝盖的长度，而是髋关节呈75°时的长度。对于单一测量值和简单的身体姿势变化，这些转换能够直接用于最大值和最小值，计算出来的数据信息可以与设计进行比较。针对这种解析性分析的限制条款是所估计的实际身体角度的值必须通过 HITL 进行验证，以确保结果的可信度。

对于受姿势影响的多元测量数据，应该使用基于整个身体姿势的分析法（WBPBA）。使用这种分析方法可得出由其他几个跨体段的测量数据组合成的数据。WBPBA 分析使用的方法包括使用固定关节角度或体段的位置，以及形成相关姿势的多种测量数据，使用所选择的人体测量数据集中的每类数据进行一次仿真，去计算满足人群适应性要求的各体段尺寸的范围。一个假设的例子就是计算一名坐着的人从脚到头顶的距离，即计算坐姿的容身空间。最坏情况是计算最小（女性 1％百分位数）和最大（男性 99％百分位数）乘员的坐姿容身空间值。进行这种分析时，建议首先确定正确的坐姿，包括坐姿时臀部和膝盖的角度。使用臀部和膝盖的角度、膝盖高度、大腿长、坐高的组合，那么个体的坐姿几何构型可以在 2D 矢平面表示，然后针对人群的所有成员解析计算坐姿容身空间。这样计算出来的结果平均值和标准值将产生百分位值，可用来验证设计限制是否满足 NASA 航天员群体的需要。

以上讨论的分析性模型也能用来检测群组影响。群组影响就是周围环境对容纳多个乘员能力的影响。理想情况下，设计人员应该考虑到设计中多乘员所占用的空间，但设计受限让人望而却步。例如，2 个座椅之间的最小空间可根据着服男性前臂间宽度的最大值来设定，这样就确保了坐着的航天员有足够的肘部空间。而不同于理想状态的是空间资源非常有限，设计的约束使得空间需要比理想的情况下设计得更小。可以断言，前臂间宽度最大的 2 名男性同时进行飞行任务的情况非常罕见。使用蒙特卡洛仿真量化群组影响，可以在统计学意义上确定有多少人能适应比较受限的空间，也可以评估随机选择的 2 名航天员出现适应性问题的可能性。蒙特卡洛仿真是数值模拟技术，它依靠大量重复随机的样本来计算结果。在人因设计中，蒙特卡洛可解决多乘员、单一人体测量数据的设计问题。标准的或推算的尺寸数据经过蒙特卡洛仿真，可以输出基于分组测量数据的新的人群特征数据。对于上面例子中前臂间宽度，可以从性别加权的人群中随机抽取 2 个样本，统计这两个样本前臂间宽度。数千次地随机抽样加迭代计算产生了表征 2 个人的前臂间宽度集合的新群体。将设计限制和新群体进行比较，可以确定哪些百分数位不适应，以及要适应群体的大多数还需要多少空间，甚至可以推算从测量数据来看重新选择乘员的可能性有多大。

需要注意的是，尽管蒙特卡洛可用来评估受限空间人群的适应性，但它不能解释绩效。HITL 测试才是评估受限环境影响和群组影响的手段。

4.5.2.6.2　CAD 建模和仿真

建模是在周围环境中以 3D 的方式表示人体的方法。使用建模进行验证，取决于人体模型的可配置性，以及建模人员通过模型准确表达人体真实姿势的能力。建模的优势在于将特定的脚本可视化，明确某项设计最初的限制。建模的缺点就是仅能表示整个人群范围的一小部分和所有测量数据的多元相互作用。建模依据的是旧编程原理"无用输入，无用输出"，因此必须慎重选择评价模型以确保整个人群都被考虑进去了。建模类似于最初的解析分析，都涉及对服装因素、姿势，以及人体测量值的假设。和解析分析结果一样，预估值和 CAD 建模得出的结论都要通过 HITL 测试进行评估。

理想情况，CAD 模型可以将人体模型的任何测量数据调整到用户设定的任何值，允许对服装的影响进行建模，并解释姿势变化引起的人体测量数据变化的原因。不幸的是，现成的 CAD 建模程序还不够高级，不能作为人因分析的单一工具。认识到 CAD 程序的局限性，使用合适的分析方法很重要。CAD 模型必须考虑到服装对人体测量参数的实际影响，不是仅仅通过修改人体模型的尺寸，而是把服装作为外壳或增加服装对模型的影响来进行考虑。如果模型不能加载服装对模型的影响，那么当计算容身空间或 CAD 模型的空间干涉问题时就必须在数学计算中加以考虑。另外，必须考虑解析分析和建模之间模型姿势变化的差异，以及人体测量数据的差异。

建议设计人员在基于 CAD 建模分析之前，使用解析分析方法验证最坏工况的情形和设计的基本问题。使用建模时，应该已经明确了设计是如何适应或不适应人群特性的。CAD 建模只是将解析结果可视化的初级工具，以提供设计对周围环境结构影响的 3D 概况。

CAD 建模试验方法包括利用解析分析识别最坏工况以及形成与测量数据相配的人体模型。对于单个的人体测试数据，人体模型只要和关注的相关数据匹配就足够了。对于多乘员的群组影响只要增加第二个类似的人体模型就可建模仿真了。然而，当分析涉及受姿势影响的多元测量数据时，应使用 WBPBA 获得最坏工况的个人人体测量数据，并使用获得的值驱动 CAD 人体模型的尺寸改变大小。通过这种方式，就可以使用定制的人体模型对设计进行三维分析。如同 4.5.2.5.4 节介绍的，不要使用"最大"或"最小"的人体模型去识别最坏工况的情形，这种人体模型使用人体模型各体段尺寸的最大值或最小值去驱动。百分位值不是加法或减法，最大和最小的人体模型不代表人体的实际结构。评估设计时，依靠 1 或 2 个不正确的人体模型来验证整个人群的适应性是不恰当的。

通过使用解析性分析得到的最坏工况的人体模型，设计者就可以开始使用能够表征人机接口关系的 CAD 模型去验证解析性分析假设的正确性。例如，可以计算硬件之间的距离或人与硬件之间的距离，并与解析分析结果进行比较，这样有可能弥补前期没有全面了解整个设计的复杂性造成的缺陷。一旦证实了解析性分析得出的潜在的干涉和容身空间问题，就可用 CAD 模型解决这些问题：或改变周围结构的设计，或改变人体模型的姿势。

如果做出调整，就需要重做解析性分析，确保修改后的设计没有影响到其他部分的人群。

这种迭代过程是一种设计优化方法，此方法使用解析性分析识别问题区域，使用建模去发现其中的问题并修改设计，直到设计进行到原型产品阶段结束。不单独依靠一种方法，而是使用两种方法去验证设计假想，设计人员能确保整个人群在数学意义上适应整个人–系统界面的复杂性。只对最坏工况建模可降低开发和优化人体模型的费用，并确认设计考虑到了人群的每一个体。

4.5.2.6.3　人在回路测试

NPR 8705.2B 标准 2.3.10 条款要求做人–系统界面的 HITL 评估。在本文档中，HITL 测试就是包含人员操作的实体仿真。HITL 测试的优点就是设计人员可以在有人参与的情况下测试实物模型或原型，以判断姿势的假设和/或硬件是否一致。HITL 测试的主要不足就是耗时长，受试者资源有限，依赖实物模型的仿真度。HITL 测试可以在整个设计过程迭代进行以及在最后的环节验证设计是否满足要求。提供给 PDR 和 CDR 的技术文件应该包括如何使用 HITL 评估来验证系统的设计。

HITL 测试数据取决于对预想模型的仿真度。模型仿真度越低，越多的数学推算结果就要被整合到分析中以考虑模型和实际设计的差异。以人体测量评估为目的开展的 HITL 测试需要一份采集测量数据的具体计划，受试者人体参数的量化，以及对数据的分析，这些都是验证设计必不可少的。

如前面讨论，在 HITL 测试中，需要利用解析性分析识别最差的人体构型，需要准确的测量数据去驱动建立的模型。这些方法应同时考虑姿势、服装，以及微重力因素。

理想情况下，参加 HITL 测试的受试者对于每一个重要的相关测量数据应能覆盖整个人群。然而，实际中，所选择的受试者常常不能代表整个人群人体参数测量范围。无论如何，涉及特定任务的关键人体参数尺寸必须从每一位受试者中采集。

用于人体测量评估的 HITL 测试相关的数据分析有几个基本目的。第一个目的是验证解析性分析和建模分析的假设值。验证内容包括：真实的姿势是否和假想的姿势一致，实际人体尺寸的限制和约束是否和基于解析性分析和建模分析的估值一样，人在人–系统界面中是否会面临其他的问题。如果发现实际和预期有不同，前期的解析分析和建模必须更新，以便能反映所观察到的差异，然后再次进行适体性评价。例如，在椅背和膝盖的容身空间，座椅的髋关节角度为 85°的场景下应用 HITL 测试，观察到人髋关节角度和座椅的角度不匹配，其范围应该是在 80°～90°之间。之前的分析需要依据新的数据范围进行更新，并确定对人群的影响。

理想的情况是基于前期背景解析分析和建模分析，在 HITL 测试期间使受试者应该不会被观察到有容身空间或受限的问题。数据分析的第二个目的是识别这些非预期的限制，从整个人群来考虑量化，从具体的受试者、具体的姿势或具体的设计来确定问题的根源。量化受试者人群的一种方法是百分位分析。这种分析的基本步骤是：确定受试者在具体性别人群中的百分位数值，评价受试者的数值处在人群的什么位置，确定人群中有多少人受到对应于该测量数据产生的具体问题的影响。根据公式（2），可以用每一个测量数据的均值（μ）、标准误差（σ）和 z 值（k）来确定每一位受试者的百分位数值（X）。

$$X = \mu + k \times \sigma \tag{2}$$

如果某位受试者出现问题而其他受试者没有，那么百分位数的评价可帮助找到问题的根本原因，以及对人群适应性的影响。以人坐在椅子上为例，若解析分析和 CAD 建模都指出所有的受试者都应适应这把椅子，然而，HITL 测试期间一名女性受试者抱怨坐板的边缘顶到她膝关节后面。随后的百分位分析发现，她的臀部到腘的长度位于第 20 个百分位数，在 HITL 测试的所有受试者中数值最小。这表明，处于百分位数 1～20 之间的女性可能会遇到坐板边缘类似问题。这可能是小个女性和人群的其他人之间姿势的差异所导致的，也可能是小个女性适应坐板的能力不同，或是脚休息时大腿距离坐板更近。不管怎样，若人群中的一部分被确定为"存在风险"，则需要进行随访和分析。

HITL 测试数据分析的第三个目的是：通过 HITL 测试中那些人群适应性和绩效方面都不是最坏情况的受试者结果，去推演现在的设计在最坏的情况下是否能够满足人群人体参数的要求。在理想的情况下，HITL 研究中的受试者即使没有被发现有人机界面容身空间或约束的问题，也必须使用百分位数对所有人群进行分类。这种分类的目的是确定人-硬件容身空间的大小，推演到测量数据为"最坏工况"的受试者是否会遇到问题。举一个推演人群分析法的例子，假定身着航天服穿过入口通道的任务场景。假定，这次任务所关心的关键维度确定为上臂间距和身长，2 种最坏工况的情况取其最大的数值（即 99% 具有最大上臂间距和身长的男性人群）。在进行测试之前，这个场景可以采用解析性方法被解释为，入口需要能通过 99% 具有最大上臂间距和身长的男性，但是这个结论在这个阶段还未被验证。人体行走运动涉及两个方面：上肢的摆动运动需要较大的宽度要求，行走时高度的变化会增加头上高度空间的需求。比如，我们选用具有 20%～80% 上臂间距和 60%～95% 身长特征的男性受试者。在进行测试时，所有受试者均能穿越门框，但是对于具有最大上臂间距的男性而言，宽度总冗余只有 2 英寸，身长只有 1 英寸的冗余。从受试者人群中收集未穿航天服的体态数据，通过对比每一受试者的数值和实际观察的容身空间的情况，有助于在分析中考虑预期姿势对设计的影响。将观察到的姿势对设计的影响推演到具有 99% 上臂间距和身长特征男性人群上，设计师就能确定需要的入口尺寸，将其与实际模型或设计相对比。因此，鉴于针对特定任务的最糟情况，这种推演人群的分析方法能确定设计必须满足的要求。

采用 HITL 试验验证解析性分析和 CAD 建模识别出的最糟人体模型，验证前期分析假设的正确性，明确设计中任何不能预见的问题。假如前期的假设被认定为不正确，则必须依据新的假设重新进行解析性分析和 CAD 建模以确定设计的可信性。如果该设计不符合人体测量数据，那么这个问题必须通过合理的设计更改来规避。假如设计进行更改变化，则应采用解析性分析和 CAD 模型重新进行验证，以保证不同分布的人群不受设计调整的影响。总之，假如按照 HITL 试验该设计的吻合度良好，设计师应继续采用更高仿真水平实物模型进行 HITL 试验，以达到最终的设计定型。从策略上讲，迭代式的 HITL 试验确保低仿真和高仿真设计之间的差异不会导致人群适应性问题，同时能确保每次设计的微小变化不会导致正样产品出现大问题。

迭代式的处理是一种优化的方法，HITL 试验用来检验设计的假设并确定问题的范围，采用建模和解析性分析去发现这些问题，评估使用人群，调整设计，重复以上过程，直到设计出原型产品。鉴于人-系统界面的复杂性，设计师不能只依靠一种方法来保证整个人群从数学模拟和功能要求上都能适应，必须使用实际的人体数据检验假设的真伪。

更多的关于人体测量学、生物力学和操作力评估的 HITL 试验的讨论参见 HIDH 中的 4.2.4.2 节。

4.5.2.6.4　百分位分析法

在所有层次的解析性方法、建模、HITL 分析方法中，均可以使用百分位分析法。最简单的情况是针对关键尺寸的最大及最小关键值与设计值进行对比来验证人体参数适应性设计的有效性和正确性。随着分析的复杂度增加，百分位分析法成为评估设计的一种重要工具。在本节讨论中，通过选择人体参数数据集和百分位法得到非典型的测量数据，然后针对基于姿势的多变量的体段结构和组间效应进行评估。同时可以应用百分位分析法确定对于人群的设计限制，评估最坏条件下的受试者与 HITL 试验受试者的关系，将评价结果推演到最坏工况下，得到设计的人群适应性限制。在设计过程中强烈建议设计师使用该工具，使用基本数学方程式［公式（2）］或使用有更多的复杂变量、增加微重力影响参数的方程式［公式（1）］及考虑航天服参数，这有助于检验和证实设计的合理性。

4.5.2.6.5　应用人群最大及最小适应性数据

一种设计可能不需要满足具有最大及最小参数尺寸的人群，但是在进行航天器总体设计时应仔细考虑这两个数值。尽管设计只使用一个关键数据，但是也必须考虑到人群最大及最小数值。使用设计基本座椅的例子，座椅底座必须满足髋部的最大宽度，这样才能足以适合所有的航天乘员，但是依据乘员的安全性或舒适度，应考虑检查其最小数值。假如乘员在发射和着陆时受到推挤，则较小的女性乘员可能会在座椅上滑动，这样就会导致不适和损伤。因此，尽管座椅底座宽度按照最大数值设计考虑能支持所有的乘员人群，但是也应结合最大和最小数值调节大小，这是为了满足所有乘员的舒适性和安全性。

4.5.2.7　人体测量学技术文件

验证和确认设计的有效性和可用性，要求设计时应考虑到整个人群的范围。至少，设计必须满足与选择的关键人体数据有关的最大值和最小值，这些关键数据由［V2 4003］要求提出，使用［V2 4001］的数据集。必须经过解析性分析、建模分析及 HITL 试验验证该设计，以证明整个人群的上限和下限都在设计范围之内。在设计时，多个关键数据有交互作用，如某种姿势的容身空间测量数据，则必须使用相关的分析方法把整个人群看作一个整体。对于多变量场景设计的有效验证，意味着要考虑到所使用人群数据集中所有关注的测量数据的上限与下限数据之间的范围。

对于设计生命周期的每一主要里程碑节点，NASA 使用者推荐的技术文件见表 4.5.2.7-1。

表 4.5.2.7-1　人体测量技术文件

技术文件	阶段 A		阶段 B	阶段 C	阶段 D	
	SRR	SDR	PDR	CDR	SAR	FRR
对操作概念、功能分配、乘员相关任务列表、选择的人体测量数据集及其有关的关键测量范围进行描述,包括在提出设计需要的人体测量要求和确定影响人体测量因素时的任务目录	I	U	U	U		
依据 NPR 8705.2B 标准及其 2.3.10 条款,对目前开展的建模、分析、评价(即 CAD、人体模型、人群分析)进行总结,并以链接的形式给出对系统设计影响的分析结果			I	U	U	
系统结构图(结构、仪器等)、材料说明、接口需求						
验证计划			I	U	U	

X 为一次性发布的项目
I 为初始发布的项目
U 为更新发布的项目

操作概念和乘员任务列表

3.2.3.1.2 节所述的操作概念提供了诸如识别乘员活动以及判断哪一子系统受乘员活动影响等信息。3.2.3.1.3 节所述的功能分配确立了具体活动实现方式(自动化还是人工控制)。4.1 节用户任务分析中描述的乘员任务列表给出了包括用户与系统间的功能分配、乘员活动序列的定义、关键任务的识别等方面的详细信息。随着设计周期中乘员任务列表的发展,其最终迭代设计结果即是乘员程序。

对于人体学测量要求,重要在于确定哪些任务用于驱动设计。对人体参数极限具有挑战的那些任务或硬件操作,对系统级的分析和试验尤为重要。影响人体学测量的因素包括航天服状态、姿势、重力环境、群组影响等。

建模、分析和评价总结

建模、分析和评价的迭代结论为 NASA 提供贯穿设计流程的人-系统整合方面的技术细节。如 3.2.3.3 节设计评估和迭代改进所述,随着设计的不断成熟,建模、分析和评价应当逐步使用高保真的输入和实物模型。很重要的是,总结中要给出如何对关键设计决策进行评估。按照 NPR 8705.2B 标准,SAR 全阶段均应为每个设计审查提供更新后的结论。此外,在 NPR 8705.2B 标准 2.3.10 条款中介绍的人在回路的评价方法,可使操作概念逐步达到系统所设定的目标,即满足操作安全、高效和用户界面设计人性化的系统要求。

对于人体测量学分析,在每一设计阶段应被合理应用,除了 HITL 评估分析外,结论报告还应详细描述 CAD 建模工作以及渐进性高仿真人体建模工作。人群分析保证设计能满足整个乘员人群,并考虑极值情况。

结构、材料和界面规范

图纸、材料及界面规范，为 NASA 提供了在整个设计过程实施人-系统整合技术的详细信息。

验证计划

验证计划是一个正式的文档，描述了可供使用的满足每一项要求的验证方法。

系统要求评审（SRR）

建议研发人员提供以下技术文件：

· 所选择的人体测量数据集及其关键的测量范围；

· 满足人体测量设计适应性的总体计划；

· 确定与人体有关的主要系统和哪些人体测量学要求是可应用的；

· 采用高层级解析性分析以检查人体测量学要求对设计的影响；

· 当高层级的分析提示设计不能满足设计要求时，制定应对计划。

NASA 参与：

· 评审总体计划，给予反馈；

· 评审主要系统和应用要求，给予反馈；

· 评审分析结果一致性、分析方法及改进计划，给予反馈。

系统定义评审（SDR）

建议研发人员提供以下技术文件：

· 为了验证概念设计满足人体测量要求和假设，应提供所有主要分系统的详细解析分析报告；

· 如果可能，提供基于以往解析分析工作所进行的初步 CAD 模型工作的详细报告，证明概念设计满足人体参数要求和假设；

· 分析表明设计不符合要求时的改进措施计划。

NASA 参与：

· 评审报告和改进计划，提供反馈。

初步设计评审（PDR）

建议研发人员提供以下技术文件：

· 人体测量要求对人-系统界面设计影响的分析检查，对任何限制因素和假设的处理情况的详细分析报告（解析分析、人体建模和 HITL 评估）；

· 分析表明设计不符合要求时的改进措施计划；

· 要求验证计划。

NASA 参与：

· 分析结果的一致性和方法学详细报告评审，提供反馈；

· 审查计划，提供反馈。

关键设计评审（CDR）

建议研发人员提供以下技术文件：

• 检查人体测量要求对设计影响的 HITL 详细测试报告；如果分析表明设计不符合要求，则要提供改进计划；

• 基于 HITL 测试结果的最新分析报告（解析分析和建模），检查人体测量要求对人-系统界面设计的影响，如果分析表明设计不符合要求，则要提供改进计划；

• 人体测量验证的最终计划。

NASA 参与：

• 评审报告，提供反馈；

• 评审验证计划，提供反馈；

• 评审设计的一致性和方法论，提供对最终原型设计的反馈。

测试准备评审（TRR）

建议研发人员提供以下技术文件：

• 证明遵从人-系统设计规范的总体计划，以及为必要改变而做出的计划调整；

• 所有的测试，改进措施已经纳入设计。

NASA 参与：

• 报告评审，提供反馈。

系统验收评审（SAR）

建议研发人员提供以下技术文件：

• 设计符合和满足人体测量要求的证明。

NASA 参与：

• 评审与人体测量要求有关的设计。

4.5.2.8　人体测量学参考文献

[1]　Churchill, E. & McConville, J. (1976). Sampling and data gathering strategies for future USAF anthropometry, Appendix II-A. Air Force Systems Command, Wright Patterson Air Force Base, OH.

[2]　Gonzalez, L. J., & Rajulu, S. L. (2003, June) Posture-based whole body anthropometric analysis - A case study, Paper presented at the meeting Digital Human Modeling for Design and Engineering Conference and Exhibition, Montreal, Canada.

[3]　Gordon, C. C., Bradtmiller, B., Churchill, T., Clauser, C. E., McConville, J. T., Tebbetts. I., & Walker, R. A. (1989, September). 1988 Anthropometric Survey of U. S. Army Personnel (ANSUR): Methods and summary statistics (NATICK/TR-89/044). Natick, MA: U. S. Army Natick RD&E Center.

[4]　Margerum, S., & Rajulu, S. (2008). Human factors analysis of crew height and weight limitations in space vehicle design. Human Factors and Ergonomics Society Annual Meeting Proceedings, 52 (1), 114-118.

[5]　McConville, J., & Tillman, B. (1991). Year 2015 astronaut population anthropometric

calculations for NASA – STD – 3000. Houston，TX：Johnson Space Center.

[6]　U. S. Department of Health and Human Services. （2004，October）. NHANES
（National Health and Nutrition Examination Survey）Mean Body Weight，Height，
and Body Mass Index，United States 1960 – 2002. Rockville，MD：Author.

[7]　Rajulu，S.，Margerum，S.，Young，K.，& Blackledge，C. （2010）.
Anthropometric processes for population analysis，suit factor generation，and a
NASA recommended set of practices essential for data collection and analysis for
verification and validation of vehicle，suit，and vehicle – suit interface requirements.
（JSC 65851）. Houston，TX：Johnson Space Center.

[8]　Thaxton，S.，& Rajulu，S. （2008）. Population analysis：Communicating about
anthropometry in context. Human Factors and Ergonomics Society Annual Meeting
Proceedings，52（1），119 – 123（5）.

4.5.3　活动范围设计

4.5.3.1　简介

NASA – STD – 3001《航天飞行人–系统标准》（第 2 卷《人因、适居性与环境健康》）
第 4 章包括乘员活动范围（ROM）和可达域的人群适应性要求。活动性设计要求的目的
是确保所有开发的硬件对于 NASA 所有的潜在的乘员都是可操作的。

因此，航天系统所有的设计人员和开发人员要求使用解析分析、建模和 HITL 测试等
各种方法，以确保设计方案满足适应性要求。

4.5.3.2　适用要求

以下为 NASA – STD – 3001 第 2 卷适用于活动范围的要求：
- 数据集 [V2 4001]；
- 数据集特征 [V2 4002]；
- 人群定义 [V2 4003]；
- 基于数据集的假定 [V2 4004]；
- 活动范围数据 [V2 4007]；
- 可达域数据 [V2 4008]。

4.5.3.3　活动范围的数据集选择

NASA – STD – 3001 第 2 卷 [V2 4001] 详细列出了一个待选乘员人群的生物力学数据
集，以及设计中必须满足的活动范围 [V2 4007] 和可达域 [V2 4008] 要求。[V2 4004] 要
求规定了这个数据集中还应包括年龄、性别和身体条件。此外，[V2 4003] 要求给出了系统
能满足的人群范围的定义，[V2 4002] 要求给出了着装条件下的上述尺寸的具体值。

关节的活动范围利用规定任务或姿势过程中关节的最大观测角来测量。ROM 参考了

相关的针对父实体的子实体的旋转术语，准确的旋转定义取决于程序使用的坐标系类型（如笛卡儿、球面）或转换类型（如欧拉、固定）。对于着装和不着装的乘员人群代表性的 ROM 可通过文献调查和数据收集的方法得到。没有针对人体测量学可用的 ROM 值数据集，但是许多技术论文详细研究了特定任务的 ROM 值。每个要求选中的特定的关节是那些通过任务分析认定是重要的关节，例如，对某些任务仅上半身、仅下半身或整个身体。如果工程项目使用数据集来获取 ROM 数据，应该利用测试对象群最大 ROM 数据中的最小值确定其边界值。基于公开的或者从着服或不着服受试者采集的数据资料，设计者能够确定人群的 ROM，以及服装对 ROM 的影响，并使用乘员任务驱动对要求限值的选择。HSIR 和 CHSIR 中 ROM 要求是通过对任务的研究、航天员具体着装来确定的，更关注功能性 ROM。所有着装和不着装的运动数据会在多名受试者之间进行比较，并且首先按任务来概括，然后所有任务都汇编到一套完整的采用关节方式约束的要求中。

4.5.3.4　ROM 一般概述

不幸的是，没有单一而简单的测试能够验证设计是否满足任一乘员的活动性要求。必须采取系统的方法逐步进行更强有力的测试，以确保乘员在最坏情况的配置（请参阅 4.5.3.5.2 节）（例如，乘组全体人员在不同重力状态下被束缚、坐着且着装时）仍然可以执行所有规定的操作。解析分析和基于 CAD 的建模可以作为初步概念测试的一部分进行实施，以识别出关注的重点领域。

可以逐渐利用更高保真度的硬件进行 HITL 测试，以确保满足所有活动性要求。开始的 HITL 测试可能只在 1 g 状态利用低保真硬件样机测试 1 名受试者。最后的测试阶段应在飞行配置下（如果有计划，应包括高保真飞行硬件和压力服）测试受试者全配置情况下，执行所有必需的操作，并在可能和适当情况下模拟相关重力状态。相关的正常和应急操作也应进行测试。随着测试硬件发展到更加接近飞行硬件，必须在各个方面作出更大努力，包括代表整个乘组人群并配备保护装置（如压力服、座位安全带）的测试受试者。

像其他有关人的因素驱动的评价一样，应从低保真到高保真试验条件合理地和迭代地作出评价。通常涉及以下步骤：

1）整理目标——根据项目生命周期的阶段，目标可能集中在评估硬件、乘员人群适应性、应急操作或其他高度专业化的测试。

2）识别关键指标——这些关键的测量数据决定测试如何安排，可能涉及哪些具体要求。

3）合适的试验条件的确定和弥补——最初的测试应该能接受一个单一模型的测试受试者，证明受试者能基于可接受的 ROM 情况下完成硬件操作，而最终测试应考虑重力状态、服装条件（如果可能）、可能未受训练的乘员和任何其他相关条件。

4）识别关键操作——一些综合测试，可能需要测试硬件每一种可能的配置，或较早的测试可能只能针对最坏的情况测试。

5）评估设计——利用适当保真度的测试评估硬件设计。

6）评审和必要时重新设计——说明测试结果，验证该设计满足指定的要求，如有必要，改进设计以增加人群适应性。

重复和定稿——重复步骤 1）～6），逐步提高硬件保真度，逐步扩大测试受试者代表的范围，直到所有要求得到满足，设计最终定稿。

4.5.3.5　方法

4.5.3.5.1　确定目标

对于飞行器硬件设计中的活动性约束的人群适应性评价是比较困难的，其高度依赖被评估硬件的成熟度。在项目设计早期，设计可能仅以 CAD 模型形式存在，随着设计的成熟，提供从低到高保真实物模型成为可能，最终飞行硬件也可用来测试。初始目标应该集中在确保任务成功执行，从 ROM 方面判断人-系统交互作用。初始目标还应包括与人-系统整合的活动性相关的常见问题，如硬件可操作性，乘员对转移路径的使用等。最终的人体试验硬件样机可以识别被试人员多样化有关的问题。人体模型通常创建一个理想化的测试对象，但真人测试对象具有许多特质，如人体双侧不对称性（优势侧肢体的关节活动范围与非优势侧肢体的活动范围不同）、被试动机和训练情况等。在设计早期可利用模型适当节省时间，但为验证成熟的设计方案能否满足所有要求，HITL 测试必不可少。

4.5.3.5.2　确定关键指标

在设计一个实验之前，要重点考虑的是研究的目标是什么，根据目的设计相应的测试。典型的运动由针对特定任务的关节角度的 ROM 来描述。必须进行任务分析以确保 ROM 与计划的操作相关。任务分析的结果应该与从 ROM 数据集中选择的相应的 ROM 要求进行比较和校准。最终，我们的目标是证明结构布局设计能保证飞行中所有的任务成功，而不是证明身体运动只是在要求的范围内。认识到这些影响乘员成功完成任务的能力的关键活动性指标，可以使测试设计满足需求。

4.5.3.5.3　确定测试条件

随着测试范围变得清晰，预测可能会影响测试准确性和保真度的问题是十分重要的。活动性和其他生物力学调查很复杂，因此本文档中详细说明的问题并不是全部。将对测试的保真度造成不良影响的测试因素可能会引出新的问题和新的解决方法。

4.5.3.5.4　人体建模

例如，如果测试的目的是确保坐姿束缚状态的乘员能够操作紧急控制器，那么利用一个精心设计的人体模型就足够了。然而，必须注意确保所有约束都是实际应用的，并且模型没有明显错误，如表面穿透，或仅适用于某些人的身体姿势。例如，必须注意人体模型应用通用的 ROM 限制。如图 4.5.3.5.4 - 1 所示，两个具有相同 ROM 限制的人体模型，其人体测量学方面是不同的，由此产生一个是较高的男人可能的手臂位置（左），而对于较矮的女人手臂就穿透到胸部表面（右）。

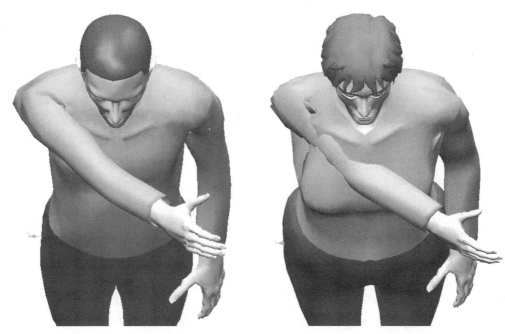

图 4.5.3.5.4 - 1　RAMSIS 中依赖于测试对象人体测量学的表面穿透示例

　　虽然大多数人体建模包具有调节受试者人体尺寸和 ROM 限值的功能，但这一过程可能非常耗时，因为需要为不同尺寸的被测对象进行大量模拟操作过程。任何着装状态下的操作必须解决的一个关键问题是，大多数人体建模包没有办法处理运动约束、可见性和航天服引起的不舒适。一些软件允许编辑某些参数，这可部分模拟航天服，但目前这种模拟的保真度还存在疑问。尽管有这些特定的限制，在设计的早期，当设计不成熟时建立所有可能设计方案的物理样机会非常昂贵，此时人体建模具有十分诱人的前景。此外，一旦获得一些 HITL数据，在初步输入采集后、新硬件制造之前，人体建模可能是一个合适的中间步骤。

4.5.3.5.5　人在回路的测试

　　人体建模硬件设计的初步评估后，一般下一步是创建适当保真度的航天器和硬件的物理模型来确定设计的性能和适应性。这些模型可能是泡沫芯材和纸板制成的简单模拟，也可能是精心设计的原型，这些原型由具有飞行级别的材料建造并可与微重力模拟装置连接。

　　在设计的相对晚期，由于 HITL 测试需要更高的逼真度，可能需要使用各种方法来模拟重力变化状态。这些模拟器包括 NASA 抛物线飞行失重飞机（Parabolic Flight Reduced - Gravity Aircraft）、中性浮力实验室（the Neutral Buoyancy Lab ，NBL）、液压卸载部分重力模拟器（POGO）、精密气浮平台（the Precision Air - Bearing Floor，PABF）等，代表不同程度的微重力模拟逼真度，与测试所需的成本和定制硬件的限制有关。每种模拟器的条件不同，因此应该根据具体情况处理。

　　一旦飞行器硬件的物理模型或组件已经组装测试，HITL 测试就可以在两个详细的层次上进行。第一个层次要求针对问题 "受试者可以圆满完成任务吗？" 回答 "是/否"，并伴随测试受试者可能的主观反馈。第二个层次详细提供量化数据的收集，主要是通过动作捕捉或一些类似的技术，作为确定设备是否达到要求的客观手段。HITL 测试的这种定量方法实现对要求的适应性进行非常明确的验证，但是收集和分析数据的过程可能相当复杂。

活动性数据可以通过各种各样的方法得到，它们在标记点、分析技术甚至物理原理上不同，都将影响运动数据收集方式。例如，基于图像的方法（立体摄影测量）、简单视频分析工具、多幅相机视频系统、被动标记运动系统、主动标记运动系统、电测角计系统，甚至基于加速度计和惯性的系统，都是运动数据收集方式。由于周围环境、测试设置、遮挡问题、运动数据输出的具体方法不同，因此每个系统都有其优点和局限性。收集活动性数据时，必须确保数据采集硬件可以在所需的测试设置下操作。许多基于摄像头的主动和被动运动捕捉系统有最小的使用空间需求，这限制了其在某些模拟乘员舱密闭狭小空间内的数据收集。

基于电测角计的系统经常遇到漂移和电子或磁场干扰的问题。这些问题通常可以通过制订适当的计划加以改进，但是它们会增加飞行系统活动性要求验证的技术难度。

活动性研究中的受试者数量一直是个问题，其取决于所研究系统的成熟度和要求验证的程度。在项目早期，对概念证明研究相比于最终要求验证更紧迫时，受试者数量可以相对较少，不论是通过模型还是 HITL 测试，可以证明硬件或系统的有效性即可。人体建模为验证某些人体参数极端情况的设计提供了建立特定受试者的方法，但是必须注意改善此前提出的问题。对于 HITL 测试，必须在收集大量测试对象数据所需时间和可靠结果之间平衡。必须考虑相关人群；如果要验证是否满足全体乘员的需求，则测试中应尽力囊括可代表全体乘员的测试对象。在不穿服装的测试中这可能是困难的，但对于穿着航天服时这几乎是不可能的，因为设计验证极端尺寸的测试对象的航天服尺寸可能没有办法获得。在这些情况下，可能需要提出一个性能差异的指标，例如航天服允许的不着服装状态下活动性百分率。在最初验证设计是否成功时，将这一比率将应用至人体测量学极端的不穿服装的数据可能是一个必要步骤。然而，系统仍然需要评审这些极端测试对象穿着的航天服的最终设计，性能差异指标可能会随服装的尺寸而改变。

HITL 测试中人体测量学、生物力学和操作力评估的其他讨论可以在 HIDH 中4.2.4.2 节找到。

4.5.3.5.6　识别关键操作

识别关键操作本质上研究哪项乘员任务可能会导致受试者无法完成任务。虽然应调查附加条件，但重要的是确保最可能的失败模式被明确地核实和研究。要注意，最小尺寸受试者在最差情况下的活动性并不总是故障点。

活动性的最坏情况并不等同于人体测量学的最坏情况，它们是两个不同的场景。干涉点可能是在较高或中等身材的受试者以没有预期的方式完成任务时出现。应该分析检查一系列与"最坏"的活动性匹配的人体测量学来验证设计。

4.5.3.6　评估设计

在设计的初始阶段，将要求中的 ROM 值输入到 CAD 模型，以评估乘员模型对各种设备和控制器的可达能力。这首先能确保理论上乘员的活动是在要求的 ROM 范围内。CAD 模型可以迭代更新 HITL 测试的结果，捕获建模和实际性能之间的差异，并根据需要逐步改善设计。

为了评估活动性要求，必须针对整个人群所有条件，通过 HITL 测试收集多个受试者的运动学数据。随着设计保真度的增加，HITL 测试应用来收集受试者超出设计之外不穿服装的 ROM、设计之内的不穿服装的 ROM 以及穿服装的 ROM。最初通过 HITL 测试的评估硬件设计可能会在数据处理前提供一个活动性信息的初步评价。例如，如果一个测试受试者可以成功完成一项任务，那其活动性水平应该是可以接受的。然而，我们必须注意评估的范围，因为它仅应用于具体完成试验的受试者所代表的那一小部分人群。

在设计的初步阶段，HITL 测试中利用小范围受试者推断整个人群是可接受的。为了将收集的数据外推到其他条件和测试受试者，需要收集很多测试样本，并利用一个性能差异度量指标来确定由于测试条件（假设理想情况是不穿服装、1 g 下的活动性）引起的性能减退。这个指标是无约束、不穿服装时的活动性与设计硬件或系统完成特定任务时要求使用的 ROM 的百分比。对不穿服装的人体测量学极值数据应用这一性能指标，可能是评估设计是否成功的一个最初必要步骤。

例如，如果飞机驾驶舱设计证明已满足不穿航天服的所有身高乘员的活动性要求，然后以平均身高的乘员穿着压力服进行设计测试，那么合理的做法首先应使平均身高乘员穿着压力服的活动性下降率与非常矮小的乘员穿着压力服活动性下降率比例相同。然而，对于所有穿着压力服的测试对象，直到穿着压力服的非常矮或非常高的受试者通过 HITL 测试且满足要求时，驾驶舱设计才能得到验证。

硬件设计到最终阶段，测试受试者的范围应该增加至完全涵盖整个人群，特别包括那些由 CAD 建模工作确定为有问题的人群。性能下降率可应用于输入到不同人体模型的数据，以确保设计不偏离正轨，但必须进行验证来确定 HITL 测试在相关条件下的整个人群中成功实施。

4.5.3.6.1　评审和重新设计必不可少

设计评估完成后，基于活动性测试的结果，还是有机会积极调整设计，以增加硬件的人群适应性。在进行下一步操作之前，应该识别硬件验证存在的附加危险，对收集的数据完成所有必需的额外分析。特别要注意设计评价中潜在的性能局限性。例如，在微重力或超重力环境中测试硬件（如失重飞机或离心机），来评估减重力状态下性能的局限性可能需要付出大量努力。同样，应急情况下可能需要额外关注硬件的关键操作。

4.5.3.6.2　重复和定型

利用之前确定的迭代过程，以及高保真度的硬件、测试受试者、测试环境，持续进行周期性的设计和测试，直到硬件满足所有的需求。

4.5.3.7　ROM 技术文件

开发团队必须能够证明他们已经通过仔细选择数据集、测试条件和关键操作，能做到很好地满足活动性要求。最初，设计师可能会报告基于人体建模的硬件操作需要哪些活动性，但最终的高保真 HITL 测试验证必不可少。

对于设计生命周期的每一主要里程碑节点，NASA 使用者推荐的技术文件见表 4.5.3.7-1。

表 4.5.3.7-1　活动范围技术文件

技术文件	阶段 A		阶段 B	阶段 C	阶段 D	
	SRR	SDR	PDR	CDR	SAR	FRR
对操作概念、功能分配、乘员相关任务列表，以及选择的活动范围数据集临界极限进行描述，包括提出设计需要的活动范围要求和确定影响活动范围的测试条件与关键操作	I	U	U	U		
依据 NPR 8705.2B 标准及其 2.3.10 条款，对目前开展的建模、分析、评价（即 CAD、人体模型、人群分析）进行总结，并以链接的形式给出对系统设计影响的分析结果			I	U	U	
系统结构图（结构、仪器等），材料说明，接口需求			I	U	U	
验证计划			I	U	U	

X 为一次性发布的项目
I 为初始发布的项目
U 为更新发布的项目

操作概念和乘员任务列表

3.2.3.1.2 节所述的操作概念提供了诸如识别乘员活动以及判断哪一子系统受乘员活动影响等信息。3.2.3.1.3 节所述的功能分配确立了具体活动实现方式（自动化还是人工控制）。4.1 节用户任务分析中描述的乘员任务列表给出了包括用户与系统间的功能分配、乘员活动序列的定义、关键任务的识别等方面的详细信息。随着设计周期中乘员任务列表的发展，其最终迭代设计结果即是乘员程序。

对于 ROM 的要求，重要的是确定哪些任务是驱动设计的。需要大运动范围的任务对于系统层次上的分析和测试将是特别重要的。可能影响 ROM 的因素包括着服情况、姿势、重力条件和群组影响等。

建模、分析和评价总结

建模、分析和评价的迭代结论为 NASA 提供贯穿设计流程的人-系统整合方面的技术细节。如 3.2.3.3 节设计评估和迭代改进所述，随着设计的不断成熟，建模、分析和评价应当逐步使用高保真的输入和实物模型。很重要的是，总结中要给出如何对关键设计决策进行评估。按照 NPR 8705.2B 标准，SAR 全阶段均应为每个设计审查提供更新后的结论。此外，在 NPR 8705.2B 标准 2.3.10 条款中介绍的人在回路的评价方法，可使操作概念逐步达到系统所设定的目标，即满足操作安全、高效和用户界面设计人性化的系统要求。

对于每个设计阶段的 ROM 分析，报告应该详细分析 CAD 建模工作、保真度逐步提高的人体建模工作，以及 HITL 评价分析工作。人群分析确保研究结果扩展到整个乘员人群，并考虑到最坏的情况。

结构、材料和界面规范

图纸、材料及界面规范，为 NASA 提供了在整个设计过程实施人-系统整合技术的详细信息。

验证计划

验证计划是一个正式的文档，描述了可供使用的满足每一项要求的验证方法。

系统需求评审（SRR）

建议研发人员提供以下技术文件：

- 选择任务列表适用的 ROM 限值；
- 满足人-系统设计活动性规定的总体计划；
- 与人有关的主要系统的定义和可应用的活动性要求；
- 采用高层次解析性分析检查活动性要求对设计的影响；
- 如果高层次分析发现设计存在不能满足所有条件要求的风险时，制定改进计划。

NASA 参与：

- 评审总体规划，提供反馈；
- 评审主要系统和实际应用需求，提供反馈；
- 评审分析方法、分析结果和改进计划，提供反馈。

系统定义评审（SDR）

建议研发人员提供以下技术文件：

- 所有主要子系统的详细分析报告，证明概念设计满足指定的活动性要求和假设；
- 如果可能，提供基于以往解析分析工作的原始 CAD 模型或低保真度人体模型的详细报告，证明概念设计满足活动性要求和假设；
- 分析表明设计不符合要求时的改进计划。

NASA 参与：

- 评审报告和改进计划，提供所关注领域的反馈，尤其是对乘员活动性的预期影响。

初步设计评审（PDR）

建议研发人员提供以下技术文件：

- 检验选定的活动性要求对人-系统界面设计的影响，对任何限制因素和假设进行处理的详细分析报告（解析分析、人体建模和 HITL 评估）；
- 分析表明设计不符合所有乘员配置（例如，整个人群，在所有设计约束情况下）要求时的改进计划；
- 需求验证计划。

NASA 参与：

·评审人群适应性的详细分析结果以及分析结果整合的问题，提供反馈；

·评审计划，提供反馈。

关键设计评审（CDR）

建议研发人员提供以下技术文件：

·先进的人体建模和验证活动性要求对设计影响的 HITL 测试的详细报告；如果分析表明设计不符合要求，则要提供改进计划；

·基于 HITL 测试结果的最新分析报告（解析分析和建模），检查活动性要求对人-系统界面设计的影响，如果分析表明设计不符合要求，则要提供改进措施计划；

·验证活动性要求的最终计划。

NASA 参与：

·评审报告，提供反馈；

·评审验证计划，提供反馈；

·评审设计人群适应性与结果整合的问题，提供对最终原型设计的反馈。

测试准备评审（TRR）

建议研发人员提供以下技术文件：

·证明遵从人-系统设计规范的总体计划，以及为必要改变而做出的计划调整；

·证明准备执行 HITL 测试来验证活动性要求满足应急操作和多点故障，或适合的计划；

·完成所有要求的测试，改进措施纳入设计。

NASA 参与：

·评审总体报告，提供反馈；

·评审潜在的应急计划，提供反馈。

系统验收评审（SAR）

建议开发人员提供以下技术文件：

·所有活动性要求在所有条件下满足所有乘员的设计规范论证。

NASA 参与：

· 评审征集的设计相关要求。

4.5.3.8　活动范围参考文献

[1]　England, S. A., Benson, E. A. and Rajulu, S. L. （2010，May）Functional mobility testing：Quantification of functionally utilized mobility among unsuited and suited subjects（NASA/TP - 2010 - 216122）. Houston，TX：Johnson Space Center.

4.5.4　操作力设计

4.5.4.1　简介

NASA - STD - 3001《航天飞行人-系统标准》(第 2 卷《人因、适居性与环境健康》)第 4 章包括适应航天员操作操作力和生理功能减弱的要求。请查阅 HIDP 中 4.15 节生理功能减弱的航天员的肌肉萎缩及其对操作力影响的探讨。提出人体操作力要求的目的是确保设备可以被所有航天员操作。因此,航天系统所有设计人员和开发人员必须通过分析、建模和 HITL 测试等手段,确认设计可以满足要求。

这一设计过程的目的是为用户提供方法策略和最佳实践手段,确保 NASA 提出的人-系统整合要求在人体操作力方面是令人满意的。硬件设计应认真考虑执行任务时,人与界面之间的交互作用,包括乘员身体虚弱情况、硬件完整性,以及航天飞行导致的生理适应性下降等。

4.5.4.2　适用要求

以下为 NASA - STD - 3001 第 2 卷适用于操作力的要求:
- 数据集［V2 4001］;
- 数据集特征［V2 4002］;
- 人群定义［V2 4003］;
- 基于数据集的假定［V2 4004］;
- 操作力数据［V2 4012］;
- 肌肉影响［V2 4013］;
- 操作力［V2 4014］。

4.5.4.3　操作力数据集的选择

NASA - STD - 3001《航天飞行人-系统标准》要求［V2 4001］指定了必须针对所有乘组人员选择操作力数据集,［V2 4012］指明该操作力数据集必须被应用到设计中。此外,［V2 4004］指明的年龄、性别、身体状况也应包括在数据集中。特别是［V2 4013］要求指出,系统设计中应包括航天员生理功能减弱的影响。［V2 4002］要求航天飞行的典型特征也被列入设计考虑中。此外,［V2 4003］要求明确系统适合的操作力所对应的人群范围,［V2 4014］要求系统在最小预期操作力的情况下可以操作。

目前没有可用的人体测量学操作力数据集,然而,许多技术论文详细描述了特定任务的操作力值。利用公开的信息,设计师可以预测航天员的操作力极限。研究具体乘员运动相关的操作力,可以通过任务分析的方法,设计与典型在轨任务相似的运动开展研究。在 HSIR 和 CHSIR 中,操作力要求需要通过任务分析来决定,以确定对于乘员操作力比较重要的运动,然后通过文献调查,确定现有不穿航天服的操作力数据。通过比较一系列功能任务中穿航天服与不穿航天服工况的操作力,评估服装对操作力的影响状况。人体生理功能减弱与进入微重力环境的时间长短以及所采取的对抗措施有关。由于可用数据有限，HSIR 和 CHSIR 中对于生理功能减弱采取的应对措施体现为在指定运动中使用最小操作力，并且应用的安全系数为 2。

4.5.4.3.1　人的操作力定义

操作力涉及一个人产生力的能力。操作力要求的使用会引入用于操作和硬件设计的最小和最大的乘员负载。最小负载是身体最弱的人施加的操作力，而最大负载代表设备必须能承受的不发生故障的力。需要注意的是，这些定义是针对乘员人为施加的操作力。

硬件设计应以人为本，通过对乘组操作分析进行人机界面设计。分析应该根据临界姿势和所需要的姿势来评估并定义活动和任务。操作力极限的研究必须建立在考虑长期太空飞行生理功能减弱效应的基础上，这可能影响乘员执行任务的能力。

4.5.4.3.2　飞行工况的适用性

发射，飞行，再入轨

发射和再入轨期间的超重力，将影响航天员成功执行一个给定的任务（即超重可导致乘员完成给定任务的操作力下降）。硬件设计和超重任务场景设计时应认真考虑操作力数值的选择，因为在这些情况下假如无法执行给定任务，可能导致生命危险、航天器故障或任务失败。同样，在微重力条件下（即飞行）执行任务也可能导致乘员操作力降低。这可能是由于乘员的身体姿态不能够补偿使用工具或界面产生的反作用力（如扭矩扳手反作用力）。因此，为确保在微重力条件下成功完成任务，需要考虑身体姿势以及是否有支撑。此议题在 4.5.4.5.3.2 节中会进一步讨论。

空间飞行导致的衰退

衰退反映了乘员空间飞行时的生理功能减弱状态，需应用操作力极限。生理功能减弱状态包括骨质疏松、肌肉萎缩（包括强度和质量的损失）和其他长时间飞行的生理退行性变化。它可以显著影响乘员使用必要的操作力完成给定任务或操作的能力。由于生理功能减弱状态对每个人的影响方式不同，肌肉操作力衰减的程度也会因人而异。请参考 HIDP 中 4.15 节对乘员生理功能减弱的讨论。

4.5.4.4　操作力总体概述

设计的评估是一个多阶段过程，取决于在设计周期中所处的阶段。在设计的初步阶段，解析分析和建模应该主要被用于识别最坏的情况和感兴趣的姿势，以确定设计的人群适应性。任何姿势、疲劳和其他人-系统界面变量的假设都必须有文件记录，以便将来进行 HITL 测试验证。随着设计的成熟，对设计限值的评价必须从理论贯彻到 HITL 的实际使用中。

一般来说，任何设计评估，不论是低保真度的解析分析还是高保真度的 HITL 测试，其设计过程包含相同的基本步骤：

1）明确测试目标，包括但不限于以下内容：不穿和穿航天服操作，重力条件（如 1g、微重力、超重），姿势的影响，肌肉疲劳的影响，以及测试设置的保真度。

2）确定影响人与设计和周围环境之间交互能力的因素。

3）说明影响操作力的因素，如姿态变化、肌肉疲劳和重力环境。

4）确定最坏的情况（如临界状态、身体很差的乘员和生理功能减弱对操作力的影响）。

5）在设计周期的适当阶段使用解析分析、建模技术或 HITL 测试评估设计，确定哪一部分用户不适应该设计，以及需要开展什么样的调整使整个用户群体适应该设计。

6）基于评价结果进行设计的更改，以确保这些硬件适用于执行任务或操作。

7）重复步骤 1）～6），直到设计满足要求限制，直至设计周期的最后阶段。

4.5.4.5　方法

4.5.4.5.1　确定评价目标

设计的操作力特性评价很大程度依赖于硬件成熟度，并且需要非常明确的评价目标，二者对于设计的成功评估非常关键。设计早期的评价目标是确保设计对于所有乘员的可操作性，随着设计的深入，评价目标采用以人为本的策略，重在识别测试对象的多样化和姿势相关的问题。

例如，针对某个需要进行抓握操作和弯肘操作的舱口杆，评价的主要目标应该是确保所有乘员都可以成功操作，包括最强壮和最弱小的操作者。此外，即使乘员处于生理功能减弱状态，也要确保舱口杆在正常或紧急情况下仍然能够成功被操作。评价的次要目标可能是检查舱口杆是否便于乘员在航天器内开展操作，如身材高大的乘员是否需要弯腰、身材较小的乘员能否够到舱口杆，以及航天器内其他部件是否会产生障碍等情况。评价成功的关键在于，在设计周期所有阶段将待评价设计既作为一个独立部分，又作为整体人机交互设计的一部分进行检查。

4.5.4.5.2　识别影响因素

根据评价目标，下一步应将执行任务需要的姿势（如以倾斜角度推手柄，手抓握和屈肘）与操作力要求数据集对应的姿势进行匹配，进而将任务需要的姿势分解为可用的操作力组合。这种分析能帮助研究者辨别影响受试者执行给定的任务或操作的姿势因素。以上步骤将有助于确定某个姿势的设计是否合理且适用于人-系统界面，同时确定必要的评价指标和影响设计的因素。

4.5.4.5.3　服装、姿势和重力的影响

4.5.4.5.3.1　服装影响

对于星座计划和商业载人计划，NASA 已经评价了航天服对乘员操作力的影响。相关的乘员操作力数据集可以参见 HSIR 附录 B4 和 CHSIR 附录 D4，其中包括不穿服装、穿压力服、穿非压力服情况下的操作力数据。评价某个人-系统界面所需操作力的合理性，必须将操作力最小的乘员、各种压力差工况（如不穿服装、穿压力服、穿非压力服）考虑在内。

HSIR 和 CHSIR 指出，乘员执行特殊或不确定任务时的姿势可能与操作力数据表中

的姿势没有直接关系。在这种情况下，项目组应该与 NASA 商讨如何适当组合姿势和相关操作力，或者需要额外验证特定姿势和操作力的组合，以确保采取适当的措施保护乘员和航天器。

4.5.4.5.3.2　姿势变化

在测试过程中，操作力测量直接受到姿势的影响，因此由操作力数据集提出的操作力要求只在规定的姿势下是有效的。预测任务姿势取决于人和硬件在环境中的位置安排。对于相同的设计来说，身材较小的人采取的姿势可能与身材较大的人不同，这种差别必须说明并进行验证。虽然设计分析和建模阶段的数据是有限的，但执行时的变化可以通过仿真试验确定。因此，关键是利用各种类型的受试者进行 HITL 测试，确定不同人群的姿势变化情况及其对操作力的影响。对于 HITL 测试中姿势对人体影响的假设，必须明确验证以确保假设是有效的或需适当修改设计分析。

4.5.4.5.3.3　重力效应

当乘员执行任务或硬件接口操作需要施加操作力时，微重力条件给乘员提供了一个有趣的挑战。在微重力环境中，因为缺乏反作用力（即人施加力时反作用于身体的力），施加操作力要困难得多，因此这种条件下的任务应仔细评估，所用的操作力应适用于其他情况（例如穿航天服或不穿航天服的情况）。例如，应当应用考虑乘员姿势和可用支撑等情况下的操作力数值，这将确保操作者能够成功完成任何飞行任务。

超重条件下（例如，发射，再入轨），在最坏的情况下（例如，生理功能减弱的影响，安全因素，乘员身体最弱的情况）应确保系统人-系统界面的操作安全，排除任何可能导致乘员、航天器或任务失败的因素。应该仔细分析任务需要的最适合的操作力数值。

4.5.4.5.4　识别最坏的情况

有关人体操作力最差情况的研究主要关注特定人群在给定姿态下对于临界状态的最小操作力数值，用于保护可能会受到影响的乘员。

4.5.4.6　评估设计

收集的人体操作力数据中有些因素需要解释，解释的方法主要取决于评价的最终目标。例如，如果将硬件设计中的操作力要求与操作力数据集进行比较，则需要分析施展操作力过程中的姿势，并确定硬件在什么情况使用。

例如，如果设计的某个硬件用于各飞行阶段，包括正常或应急/紧急的情况，则必须考虑空间飞行的相关因素。硬件的操作力要求与给定姿势下的操作力标准值的比较将决定硬件设计的要求满足情况。

4.5.4.6.1　初步分析

初步解析分析方法是一种简单的"纸上"分析，用来比较硬件设计的操作力要求和人的操作力要求情况。使用自由体受力图（free - body diagrams）可以辅助分析硬件设计要求的操作力，进而与操作力数据集的人体操作力要求进行比较，来确定是否有必要开展进一步的检查、分析和测试。

4.5.4.6.2　建模

随着设计的成熟，有可能将设计放置到 CAD 模型中。设计师应该使用动态模型，或其他可靠的、经过验证的建模技术来确定硬件设计要求的力或力矩。将建模仿真结果与人的操作力要求进行比较，确定最弱的乘员是否可以施展硬件接口所需的操作力去执行任务或操作。

4.5.4.6.3　HITL 测试

本文档的 HITL 测试是一个涉及操作者的人体模拟测试。HITL 测试的好处是它允许设计师测试人体模型或原型，确定某种姿势的假设与执行任务和/或硬件需要的操作力是否一致。难点包括 HITL 测试的成本，时间消耗，受试者个体及参与情况，以及模拟的逼真度。HITL 测试是验证设计是否满足要求的最终步骤。

HITL 测试进行操作力评估时，需要多个对象来验证假设的姿势，如果情况发生变化，可以通过比较受试者确定性能提高或下降。测试必须包括一定范围的受试者，以在一定程度上覆盖人群。理想情况下，人-系统界面模型应该能利用仪表测量人施加的操作力，这可以将实际硬件操作力、估计值以及操作力要求进行一一对比。

其他情况，尽管可能不太理想，可能包括使用测力计获得不穿服装的功能性姿势操作力数据，以确定受试者属于哪部分人群并将测试数据与实际硬件操作力比较。然而，如果没有测力计可用，也可以在理想工况（即位于实际物理模型外面、穿着衬衫，没有束缚，与操作力要求匹配的姿势位置）下测试硬件设计，并将这种工况下得到的结果与受试者在实际物理模型中给定姿势下的任务完成结果进行比较，研究所有其他影响因素。应该使用适当的性能指标（例如，操作力衰退的量化、姿势分析）来表征两种工况之间的差异，最终提供人-系统界面设计的建议。

人体测量学、生物力学的 HITL 测试，以及操作力评价的进一步讨论可以参见 HIDH 的 4.2.4.2 节。

4.5.4.6.4　设计定型

利用解析分析、建模技术或 HITL 测试在设计周期的适当阶段开展评估，确定哪些人群不适合，必须做出哪些调整以适应整个用户群体（如最弱的乘员）。如果用户-界面交互整体失效（如最弱的乘员无力启动或完成任务的硬件操作），则设计需要重新评估，必须采取适当的测试步骤，以确保整个用户群体的适应性。

4.5.4.7　操作力技术文件

人的操作力测试报告应包括通过选取的数据集和相关测试条件确定的最坏情况，执行这些操作力的落实可以确保保护所有乘员、硬件、航天器以及确保任务的完成。在人的操作力测试领域，最坏的情况体现为最小值的形式。平均操作力值可以提供人群操作力的信息，但不能提供关于保护较弱乘员（即操作力值低于平均值）的信息。最小操作力值（即最弱乘员的操作力值）能够确保参与测试的所有其他乘员有效地运用最弱乘员的操作力。

总之，最小值报告为用户提供了保护最弱乘员正常使用给定的硬件部件或界面的系统设计指南。此信息也将应用于 HITL 测试，HITL 测试的关键是确定适当的受试者数量，以确保统计可信度和由此得到操作力要求及推荐值。

人-系统界面的最大操作力值报告提供了最强壮乘员操作一个给定的硬件部件或界面时，保护硬件的用户指南。

对于设计生命周期的每一主要里程碑节点，NASA 使用者推荐的技术文件见表 4.5.4.7－1。

表 4.5.4.7－1 操作力技术文件

技术文件	阶段 A		阶段 B	阶段 C	阶段 D	
	SRR	SDR	PDR	CDR	SAR	FRR
对操作概念、功能分配、乘员相关列表，以及选择的操作力临界极限进行描述,包括提出设计需要的操作力要求和确定影响操作力的因素	I	U	U	U		
依据 NPR 8705.2B 标准及其 2.3.10 条款,对目前开展的建模、分析、评价(即 CAD、人体模型、人群分析)进行总结,并以链接的形式给出对系统设计影响的分析结果			I	U	U	
系统结构图(结构、仪器等),材料说明,接口需求			I	U	U	
验证计划			I	U	U	

X 为一次性发布的项目

I 为初始发布的项目

U 为更新发布的项目

操作概念和乘员任务列表

3.2.3.1.2 节所述的操作概念提供了诸如识别乘员活动以及判断哪一子系统受乘员活动影响等信息。3.2.3.1.3 节所述的功能分配确立了具体活动实现方式（自动化还是人工控制）。4.1 节用户任务分析中描述的乘员任务列表给出了包括用户与系统间的功能分配、乘员活动序列的定义、关键任务的识别等方面的详细信息。随着设计周期中乘员任务列表的发展，其最终迭代设计结果即是乘员程序。

对于操作力的要求，重要的是要确定哪些任务是设计驱动的。对于较弱乘员带来挑战的硬件使用或任务进行对系统级的分析和测试尤其重要。可能影响操作力的因素包括服装情况、姿势、重力条件、群组影响等。

建模、分析和评价总结

建模、分析和评价的迭代结论为 NASA 提供贯穿设计流程的人-系统整合方面的技术细节。如 3.2.3.3 节设计评估和迭代改进所述，随着设计的不断成熟，建模、分析和评价应当逐步使用高保真的输入和实物模型。很重要的是，总结中要给出如何对关键设计决策进行评估。按照 NPR 8705.2B 标准，SAR 全阶段均应为每个设计审查提供更新后的结论。

此外，在 NPR 8705.2B 标准 2.3.10 条款中介绍的人在回路的评价方法，可使操作概念逐步达到系统所设定的目标，即满足操作安全、高效和用户界面设计人性化的系统要求。

每个设计阶段的操作力分析时，报告应该详细分析 CAD 建模工作、保真度逐步提高的人体建模工作，以及 HITL 评价分析工作。CAD 和 HITL 分析对于定义每个任务的姿势和动作必不可少。人群分析确保研究结果扩展到整个乘员人群，并考虑到最坏的情况。

结构、材料和界面规范

图纸、材料及界面规范，为 NASA 提供了在整个设计过程实施人-系统整合技术的详细信息。

验证计划

验证计划是一个正式的文档，描述了可供使用的满足每一项需求的验证方法。

系统需求评审（SRR）

建议开发人员提供以下技术文件：

- 任务列表适用的操作力阈值选择；
- 满足人-系统设计规范的总体规划；
- 与人有关的主要系统的定义以及适用的操作力要求；
- 检验要求对设计影响的高层次解析分析。

NASA 参与：

- 评审总体规划，给出反馈；
- 评审主要系统和实际应用需求，给出反馈；
- 评审解析分析结果的一致性和方法学，给出反馈。

系统定义评审（SDR）

建议开发人员提供以下技术文件：

- 所有主要子系统的详细分析报告，证明概念设计满足指定的操作力要求和任何假设。

NASA 参与：

- 评审报告，对于操作力要求以及设计过程中任何关于操作力的假设提供反馈。

初步设计评审（PDR）

建议开发人员提供以下技术文件：

- 满足人-系统设计合规的可持续发展的总体计划；
- 检验选定的操作力要求对人-系统界面设计（带有一些限制因素和假设）影响的详细分析报告（如建模）。

NASA 参与：

- 评审总体规划，提供反馈；
- 评审主要系统和实际应用需求，提供反馈；
- 评审分析结果的一致性和方法学，提供反馈。

关键设计评审（CDR）

建议开发人员提供以下技术文件：

· 满足人-系统设计合规的可持续发展的总体规划；

· 设计成熟度和准备制造最终设计原型的论证。

NASA 参与：

· 评审总体规划，提供反馈；

· 评审设计的一致性和方法学，提供对最终设计原型的反馈。

测试准备评审（TRR）

建议开发人员提供以下技术文件：

· 证明遵从人-系统设计规范的总体计划，以及为必要改变而做出的计划调整；

· 准备开展 HITL 测试的证明（用于验证和确认操作力要求）；

· 与人有关的主要系统的定义和适用于 HITL 测试的操作力需求。

NASA 参与：

· 评审总体规划，提供反馈；

· 评审主要系统和实际应用需求，提供反馈；

· 评审分析结果的一致性和方法学，提供反馈。

系统验收评审（SAR）

建议开发人员提供以下技术文件：

· 设计合规的论证。

NASA 参与：

· 评审征集的设计相关要求。

4.5.4.8　参考文献

[1]　Chaffin, D. B., Andersson, G. B. J., Martin, B. J.（1999）. Occupational biomechanics. New York：J. Wiley & Sons.

[2]　MIL-STD-1472.（1968 and ff.）Department of Defense human engineering design criteria for military systems，equipment，and facilities.（initial，with revisions through F）. Washington, D. C.：U. S. Department of Defense.

4.5.5　质量特性、体积和表面积设计

4.5.5.1　简介

运动范围（ROM）、人体测量学和操作力要求的规定，可以确保任何乘员安全地操作或操控选择的人-系统界面，但是在设计的直接适用性方面，对于质量特性、体积和表面积的考量是不同的。质量特性、体积和表面积是其他设计因素的输入，如航天器质量和转动惯量的动态计算、机舱的功能性容量设计，以及暴露的辐射计算等。这个过程的目的是为设计师提供方法和最佳解决方案，满足乘员身体质量特性、体积和表面积要求。

4.5.5.2　适用要求

以下为 NASA – STD – 3001 第 2 卷适用于质量特性、体积和表面积的要求：

- 数据集 [V2 4001]；
- 数据集特征 [V2 4002]；
- 人群定义 [V2 4003]；
- 基于数据集的假定 [V2 4004]；
- 身体表面积数据 [V2 4009]；
- 身体体积数据 [V2 4010]；
- 身体质量数据 [V2 4011]。

4.5.5.3　体积、质量和表面积数据集选择

NASA – STD – 3001《航天飞行人-系统标准》要求 [V2 4001] 指定了必须选择的所有乘组人员的生物力学数据集，特别是体积 [V2 4010]、质量 [V2 4011] 和表面积 [V2 4009] 必须在设计中应用。此外，要求 [V2 4004] 规定，年龄、性别和身体状况也应包括在这个数据集中，[V2 4002] 要求航天飞行独有的特征也要纳入设计考虑，[V2 4003] 要求明确系统适合的体积、质量和表面积所对应的人群范围。

目前没有可用的人体测量学体积、质量和表面积的数据集，然而，许多技术论文从细节上研究了不同人群的体积、质量和表面积值。利用公共领域的信息，设计师可以分别确定人群的体积、质量和表面积的预期极限值。

4.5.5.3.1　全身和体段质量特性

NASA – STD – 3001 对于全身和体段的质量特性数据集的要求 [V2 4011]，其目的是专门用于推进力计算，确保人-系统界面的结构完整性。关于乘员质量的全面准确的数据，对于分析在所有加速度和重力环境下乘员的潜在形成的力量至关重要。

由全身或体段施加的力根据质量特性产生反作用力。全身和/或体段质量、质心（COM）位置、转动惯量（MOI）极大影响加速时可能损伤的程度和严重性。因此，乘员的质量特性是影响乘员安全的一个重要部分。

4.5.5.3.2　全身和体段体积

NASA – STD – 3001 对于全身和体段体积数据研制和实施的要求 [V2 4010]，可作为开展分析的一种资源，用于舱室或服装体积置换。用户的定量体积值也可能在确定功能性体积设计的估算值时是有用的。

4.5.5.3.3　全身身体表面积

NASA – STD – 3001 对于全身和体段表面积数据研制和实施的要求 [V2 4009]，可作为开展分析的一种资源，可能应用于估算辐射暴露或热暴露。例如，身体表面积可能有助于估算机体产热量或估算辐射剂量。

4.5.5.4　质量特性，体积和表面积概述

不幸的是，一个给定的人的确切质量、体积和表面积并不能通过传统的方法直接测量。历史上，有学者通过开展尸体研究对质量、体积和表面积等的精确物理特性进行量化研究（DuBois and DuBois，1916；Gehan et al.，1970；Martin et al.，1984）。参考文献（McConville et al.，1980，Young et al.，1983）引用的回归方程是基于这一事实的折中解决办法，是确定个体体积、表面积和质量特性的一种方法。

由于缺乏便利可用的测量工具，所以重点强调质量特性、体积和表面积相关设计的分析和建模方面，但对于 HITL 测试的价值有限。

下面是一种建议方法，着重在大多数设计工作的分析和建模方面，利用基于人的测试来验证设计早期阶段做出的假设。一般来说，任何设计评价流程，无论是低精度分解分析或高精度的 HITL（人在回路）测试，都包含相同的基本步骤：

1）确定分析目标；

2）说明服装、姿势、群组和重力效应的任何影响；

3）确定目标可能出现的最坏的情况；

4）评价设计：在相关分析中使用体积、表面积、质量特性信息评价和修订设计，保证适应用户群体；

5）重复步骤 1）～4），直到达到设计要求和设计周期的最后阶段。

4.5.5.5　方法论

4.5.5.5.1　确定分析目标

对设计的体积、表面积和/或质量特性进行评价的必要性，要基于这些指标对设计、给定的相关航天器条件以及乘员暴露问题的适用性。

不是每个人-系统界面设计都需要这样的分析，所以第一步是确定，在给定的设计周期阶段分析体积、表面积或质量特性与设计的相关性。

例如，发射和降落情况下应着重分析与座椅相关的质量特性数据。评价人员需要对待评价的座椅设计和座椅组件的结构特性有一个非常扎实的理解。近地球轨道（LEO）可能涉及身体体积和身体表面积的特性，但直到航天器设计的布局已经完全确定，才需要在分析中包含这些特性。

相关性分析后，利用体积、表面积和质量特性信息的第二步是仔细研究突发情况以及乘员安全相关问题。例如，在不正常着陆的情况下，需要单独对质量特性相关信息进行动态分析。基本上，考虑乘员可能会面临到的各种不同情况，以及体积、表面积和质量特性要求的适用性，以确保乘员的安全和健康。

4.5.5.5.2　服装、姿势、群组和重力的影响

4.5.5.5.2.1　服装的影响

航天服相关的数据及其对人体积、表面积和质量特性方面的影响是有限的，但如果可

能，分析中应包含服装的影响。

例如，在对着陆进行动态评价时，如果一个乘员穿了航天服，头盔、靴子、生保设备以及其他传动装置将会影响对质量和惯性的分析结果。给身体附加的任何质量将对质量特性产生不利影响，并且在分析中必须进行说明。NASA 以前的研究显示了如何解释服装质量和受试者人体测量学对坐姿下乘员质心的影响（Blackledge，2010），同样的原理可以应用于身体转动惯量分析。

服装也会影响体积和表面积相关的分析。服装组件增加了全身体积，影响了功能性体积设计的计算。服装组件也影响身体的表面积，关系到辐射剂量学和辐射相关的防护。所有这些例子都是服装影响的潜在应用。如果可能的话，适当情况下尝试将服装情况纳入分析中。

4.5.5.5.2.2　姿势的影响

在大多数情况下，体积和表面积值与姿势无关，而质量特性分析需要对姿势信息进行动态计算。现有大部分文献都表明全身质量特性仅与站立姿势有关，并且偏离这一体位后，全身质量特性需要重新计算。

对于给定的任务姿势，在计算体段质量对全身质量特性的影响时，必须将用户体段位置纳入计算中，如质心和转动惯量的计算。如果研发人员需要获得基于姿势的质量特性，建议使用 4.5.2 节人体测量学设计部分的人体测量数据集，以及文献中的回归方程。例如，Blackledge（2010）论文中，NASA 研究了在一个给定的坐卧姿势下服装和姿势二者联合对质心的影响。在这项研究中，McConville（1980）和 Young（1983）得出的回归方程，并结合服装质心（COM）的方法得到了整个人群 COM 变化的信息。在进行这种分析后，姿势和相关的身体角度的假设必须通过 HITL 测试进行评价，以确保计算的准确度。

4.5.5.5.2.3　群组的影响

一组用户可能影响质量特性和体积相关的分析，特别是群组质量和功能性体积设计。群组影响反映了多乘员的混合效果，需要识别对系统符合要求造成负面影响的任何情况。

群组质量的影响在过去使用蒙特卡洛仿真方法分析确定。正如先前在人体测量学章节所讨论的，蒙特卡洛仿真是数值仿真技术，依赖于计算结果的重复随机抽样。考虑乘员的总质量，可能不允许其他物体进入太空，因为受到飞行总质量的限制。例如，质量在第 99 百分位数的多个男乘员一起飞行的可能性是很低的。相反，对整个选定人群重力或质量的随机抽样可以用于确定乘员总质量。这些值的详细推导由 Margerum and Rajulu（2008）给出。总的乘员质量值可以用来确定个人的质量限值，在允许的个人质量限值范围筛选乘员。蒙特卡洛仿真也可以通过扩展用于计算发射和着陆时要求的乘员质量分布，以及对航天器动力学相关的影响。

群组影响还需要说明在执行任务时给所有乘员提供的功能性体积。由于乘员身体尺寸不同，他们的体积也不同，群组影响在体积上混合了这些变化。功能性体积计算时必须考虑乘员的身材尺寸；例如，考虑 4 个乘员的体积由 3 大 1 小组成，而不是由 3 名中等身材的乘员加 1 名小身材的乘员组成。人群的明显差异会影响计算结果，因此设计师在分析中应该考虑群组影响。

4.5.5.5.2.4　重力效应

重力减弱影响乘员的身体体积、质量和表面积。然而，这些身体参数的变化量没有实证数据。

4.5.5.5.3　确定最坏的情况

一般对于辐射暴露量分析或功能性体积设计的计算，最坏情况下的人体值通常是数据集中的最大值和最小值。然而，建议设计师审慎地通过评价设计和分析目标确定这些值是否要用于最坏的情况。确定最坏的情况必须谨慎，设计师不应该假设在给定体段中施加最大值或最小值就将产生最坏的情况。例如，利用质量特性检查最坏情况下的动态分布将受到姿势和体位的影响；此外，航天服或乘员救生设备也会对其造成影响。为了正确地确定特定姿态的 COM，建议设计师应通过 Blackledge（2010）论文中的方法确定最坏的情况。

4.5.5.6　评价设计

建议的方法集中在大多数设计工作的分析和建模方面，利用基于人的测试验证设计早期的假设。使用既定的分析目标，加入服装、姿势、群组和重力的影响，并重点关注最坏情况，这些将帮助设计师评价质量特性、体积和表面积相关的设计。最终的目标是确保设计中考虑到了所有用户人群。

4.5.5.6.1　分析评价

在设计过程早期，可以通过一种简单的解析分析方法将质量特性、身体体积和表面积纳入设计。

代表最坏的情况的质量特性可以被纳入设计的自由体受力图中，用于评价其动力学行为。例如，在超重情况下，施加在靠椅髋关节的力受到座椅底板、座椅腿、乘员的腿和脚的质量特性及其受力分布的影响。因此，具有最重最长腿的部分人群的质量特性，将对座椅的髋关节产生最大载荷。COM 位置和转动惯量的估计可以结合人体测量学及全身姿势分析（WBPBA），以获得整个人群腿部的质量特性和施加到椅子髋关节的力（Blackledge，2010）。体积可以提供设计有关的乘员要求的预期活动空间信息。同样，面积和体积可用于辐射剂量或其他相关分析的初步计算。群组和服装影响也可以作为分析因素，以确保设计中考虑到了所有用户人群。

4.5.5.6.2　CAD 建模与仿真

随着设计阶段转向解析分析中最坏情况的建模，模型可以被加载到相关的 CAD 建模工具中以实现评估和可视化。这些基于个体的、人体测量学的人体质量特性、体积和表面积的值，可以纳入进一步的分析设计。应利用手头可用的工具将整个人群纳入分析，不管分析是否涉及动态负荷的评价或辐射剂量的评估。

4.5.5.6.3　人在回路（human-in-the-loop，HITL）测试

质量特性、体积和表面积的 HITL 测试，可以用来验证解析分析和 CAD 建模分析中

所用的假设。这属于取决于姿势的质量特性工作。HITL 测试可以用来验证以前分析中假设的姿势是否正确；如果不正确，可以用实际值更新。对于体积、表面积和质量特性，HITL 测试可以把实际受试者的数据与以前分析工作紧密联系起来，并借此说明以前分析中没有说明的潜在变化。

群组、服装或姿势影响的假设，也可以通过 HITL 测试证实，以确保利用这些参数的分析中已经考虑到整个人群，并且所有的假设已经进行了验证。在 HITL 测试必须进行但不能保证安全的情况下，应该使用人体模型或碰撞测试假人作为真人替代品（即 mannequin - in - the - loop 测试）。mannequin - in - the - loop 测试将沿用 HITL 测试的参数和方法，只不过这些数据将从人体模型而不是真人身上收集。这方面的一个例子是在对载人航天器的重心进行飞行测试时，使用了有代表性的人体模型而不是真实航天员。

4.5.5.6.4　附加信息

建议开发人员按照 McConville（1980），Young（1983）和 Gehan and George（1970）论文所述内容，建立回归方程计算每个受试者的体积、表面积和质量特性。

4.5.5.7　质量特性、体积和表面积的技术文件

评价设计取决于设计周期的各个阶段。如前所述，在设计初期，应该用解析分析和 CAD 建模来确定最坏的情况、感兴趣的关键人体尺寸和设计的总体适应水平。HITL 测试对于验证分析和建模中使用的质量特性、体积或表面积的假设可能是有价值的。

对于设计生命周期的每一主要里程碑节点，NASA 使用者推荐的技术文件见表 4.5.5.7 - 1。

表 4.5.5.7 - 1　质量特性、体积和表面积技术文件

技术文件	阶段 A		阶段 B	阶段 C	阶段 D	
	SRR	SDR	PDR	CDR	SAR	FRR
对操作概念、功能分配、乘员相关任务列表，以及选择的质量特性、体积和表面积临界极限进行描述，包括提出设计需要的质量特性、体积和表面积要求，以及确定其影响因素	I	U	U	U		
依据 NPR 8705.2B 标准及其 2.3.10 条款，对目前开展的建模、分析、评价（即 CAD、人体模型、人群分析）进行总结，并以链接的形式给出对系统设计影响的分析结果			I	U	U	
系统结构图（结构、仪器等），材料说明，接口需求			I	U	U	
验证计划			I	U	U	

X 为一次性发布的项目
I 为初始发布的项目
U 为更新发布的项目

操作概念和乘员任务列表

3.2.3.1.2 节所述的操作概念提供了诸如识别乘员活动以及判断哪一子系统受乘员活动影响等信息。3.2.3.1.3 节所述的功能分配确立了具体活动实现方式（自动化还是人工控制）。4.1 节用户任务分析中描述的乘员任务列表给出了包括用户与系统间的功能分配、乘员活动序列的定义、关键任务的识别等方面的详细信息。随着设计周期中乘员任务列表的发展，其最终迭代设计结果即是乘员程序。

对于质量特性、体积、表面积的要求，重要的是要确定哪些任务是设计驱动的。可能影响这些性能的因素包括服装情况、姿势、重力条件、群组影响等。

建模、分析和评价总结

建模、分析和评价的迭代结论为 NASA 提供贯穿设计流程的人-系统整合方面的技术细节。如 3.2.3.3 节设计评估和迭代改进所述，随着设计的不断成熟，建模、分析和评价应当逐步使用高保真的输入和实物模型。很重要的是，总结中要给出如何对关键设计决策进行评估。按照 NPR 8705.2B 标准，SAR 全阶段均应为每个设计审查提供更新后的结论。

对于每个设计阶段的质量特性、体积、表面积分析，报告应该详细分析 CAD 建模工作、保真度逐步提高的人体建模工作，以及 HITL 评价分析工作。人群分析确保研究结果扩展到整个乘员人群，并考虑到最坏的情况。

结构、材料和界面规范

图纸，材料及界面规范，为 NASA 提供了在整个设计过程实施人-系统整合技术的详细信息。

验证计划

验证计划是一个正式的文档，描述了可供使用的满足每一项要求的验证方法。

系统需求评审（SRR）

建议开发人员提供以下技术文件：

- 选定的质量、体积和表面积的限值；
- 与人相关的系统定义和质量特性、体积和表面积适用的要求；
- 满足质量特性、体积和表面积设计的总体计划；
- 满足质量特性、体积和表面积要求的方法的高水平分析。

NASA 参与：

- 评审总体规划，给予反馈；
- 评审一致性分析的方法和结果，提供反馈。

系统定义评审（SDR）

建议开发人员提供以下技术文件：

- 所有主要子系统的详细分析和/或建模工作（表面积、体积、质量）报告，详细给出遵守了指定的设计要求的设计；
- 设计不符合要求时的改进计划。

NASA 参与：

· 评审报告, 提供反馈。

初步设计评审 (PDR)

建议开发人员提供以下技术文件:

· 设计的详细分析和/或建模工作 (表面积、体积、质量) 报告, 详细给出遵守了指定的设计要求的设计;

· 当分析表明设计不满足要求时, 应当实施改进计划以降低设计不满足要求的程度;

· 需求验证计划。

NASA 参与:

· 为了确保一致性和方法正确, 评审详细的分析结果, 并提供反馈;

· 评审计划, 提供反馈。

关键设计评审 (CDR)

建议开发人员提供以下技术文件:

· 针对所有主要的子系统, 提供详细的分析、建模和人在回路 (HITL) 技术报告 (表面积、体积、质量), 详细给出遵守了指定的设计要求的设计; 如果分析表明设计不符合要求, 那么需要给出对应改进措施, 降低不符合要求的程度;

· 最新的分析报告 (分析和建模), 分析报告基于人在回路 (HITL) 试验的结果, 检查人体测量要求对人机界面设计的影响; 如果分析表明, 设计不符合要求, 则提出对应的改进计划以降低不符合要求的程度;

· 关于表面积、体积和质量特性验证的最终计划。

NASA 参与:

· 评审报告, 提供反馈。

· 评审最终验证计划, 提供反馈。

测试准备评审 (TRR)

建议开发人员提供以下技术文件:

· 证明遵从人-系统设计规范的总体计划, 以及为必要改变而做出的计划调整;

· 完成所有测试, 并将改进成果纳入设计。

NASA 参与:

· 评审报告, 提供反馈。

系统验收评审 (SAR)

建议开发人员提供以下技术文件:

· 证明按照规范实施设计; 在表面积、体积和质量方面, 证明满足所有人体测量学的
要求。

NASA 参与:

· 与强制要求相关的设计评审。

4.5.5.8 质量特性、体积和表面积参考文献

[1]   Blackledge, C., Margerum, S., Ferrer, M., Morency, R., & Rajulu, S.

(2010). Modeling the impact of space suit components and anthropometry on the center of mass of a seated crewmember. Applied Human Factors and Ergonomics，Electronic Proceedings.

［2］ DuBois，D.，& DuBois，E. F.（1916）. A formula to estimate the approximate surface area if height and weight be known. Archives of Internal Medicine，17，863 –871.

［3］ Gehan，E. A.，& George，S. L.（1970）. Estimation of human body surface area from height and weight. Cancer Chemotherapy Reports Part I，54（4），225 – 235.

［4］ Margerum，S.，& Rajulu，S.（2008）. Human factors analysis of crew height and weight limitations in space vehicle design. Human Factors and Ergonomics Society Annual Meeting Proceedings，52（1），114 – 118（5）.

［5］ Martin，A. D.，Drinkwater，D. T.，& Clarys，J. P.（1984）. Human body surface area：validation of formulae based on cadaver study. Human Biology，56（3），475 – 485.

［6］ McConville，J.，et al.（1980）. Anthropometric relationships of body and body segment moments of inertia（AFAMRL – TR – 80 – 119）. Wright – Patterson Air Force Base，Ohio：Air Force Aerospace Medical Research Laboratory，Aerospace Medical Division，Air Force Systems Command.

［7］ Young，J. W.，et al.（1983）. Anthropometrics and mass distribution characteristics of the adult female（AD – A143096）. Oklahoma City，Oklahoma：FAA Civil Aeromedical Institute，Federal Aviation Administration.

4.5.6　商业载人航天人-系统整合要求（CHSIR）

4.5.6.1　人体测量学

在商业载人航天人-系统整合要求（CHSIR）中所包含的人体测量值和限值，是通过与 NASA 驾驶舱、座椅、服装设计人员合作，产生了一个服务于航天工程项目的整合硬件设计的统一的尺寸参数表。NASA 的 CHSIR 人体测量数据库基于美国陆军 Natick 人体测量学调查（ANSUR），是一个军用人体测量数据库（Gordon 等，1989）。与一般人体数据库相比，该数据库数据更加接近航天员群体的身体类型。该数据库按 30 至 51 岁分段，涵盖了航天员群体的年龄范围。同时，该数据库的人体身高与空军飞行员的身高比较匹配，并且能够适应 2015 年前的身高增长趋势［Churchill et al.，1976；McConville et al.，1991；2004 年《全国健康和营养检查调查》（NHANES）］。该数据库比通用数据库更具有适用性，原因在于它最大限度地缩小了预计的人体测量范围，同时确保了数据集与航天员群体的适应性。

商业载人航天人-系统整合要求（CHSIR）中的最小值为女性第 1 百分位数据，最大值为男性第 99 百分位数据。这个区间能够与航天员群体（2004 年）相适应，同时也减小了对未来航天员选拔的影响。第 1～第 99 百分位的范围最初可能看起来非常高，但这是一个依据年龄裁剪、专门定制的特殊人群数据库。已经分析探讨减小从女性第 1 百分位数据到男性第 99 百分位数据的可行性，但是人体测量范围的缩小会极大损害航天员对设计方案的适应性，因为在人体测量维度和实际需要的大量维度之间存在着相对低的相关性。为了适用于大多数乘员，载人商业运输（CCT）公司应该使用上述年龄段和身高调整的 CHSIR 数据库。在 CHSIR 中，与服装有关的人体测量值在后面的章节中讨论。

此外，HITL 测试和人群分析方法已经应用于航天项目，参见过程文档 JSC 65851。该文档包含了人群分析的人体测量过程，服装因素，一套 NASA 推荐的对航天器、服装以及航天器和服装接口需求进行验证的数据收集和分析方法。

4.5.6.2　运动范围（ROM）

CHSIR ROM 表的测试细节见 NASA 技术论文 2010 - 216122（England 等，2010）。该报告提供了各种着服状态下的活动范围数值。

4.5.6.3　操作力

在 CHSIR 中，依据广泛的文献调研和人体试验（在 NASA 开展的不着服、着服不加压、着服加压）数据，确定了人体操作力限值。文献综述包括了与人体操作力相关的期刊论文。此外，其他参考资料，例如 MIL - STD - 1472 、职业生物力学教材（Chaffin 等，1999），也用于形成具体操作力数据，如升降力、推力、拉力。CHSIR 附录 D5 的数据表给出的操作力数据是受试者通过特定的姿势（包括局部姿态以及全身姿态）施加的静态力（即等长操作力），在范围广泛、可能发生的操作中，这些数据定义了那些相关的、适用的操作，包括着服（例如发射、入轨、出舱活动）和不着服的操作。

4.5.6.4　全身和局部质量特性

在 CHSIR 中，为计算全身和局部质量特性，给出了身高和体重两因素的人体测量尺寸回归方程。该方程使用的女性和男性身高和体重测量数据来自于 CHSIR 人体测量数据库。回归方程源于 McConville 等（1980）和 Young 等（1983）的研究工作。历史上，这些研究用于计算全身和局部的体积。全身和局部质量计算的前提条件是这些方程假设人体密度均匀，密度大约为 1 g/cm³。由于使用了一个单位密度值，所以人体质量数值与其相应的体积量值相等。McConville 等（1980）和 Young 等（1983）也研究了质心（COM）和转动惯量（MOI）。

McConville 等（1980）、Young 等（1983）确定了全身和局部的质心位置。在这些研究中，质心的测定基于人体均质、体积中心与质心位置相同的假设。在他们各自的研究中，McConville 等（1980）、Young 等（1983）都提出了男性、女性体积中心的位置范围。在 CHSIR 中，给出了特殊的、相对于解剖轴的质心中心位置。特别地，上限值为男性的身高和体重值第 95 百分位数，下限值为女性的身高和体重的第 5 百分位数。

全身和局部转动惯量值由 McConville 等（1980）、Young 等（1983）的回归方程获得。这些研究中的回归方程利用了身高和体重参数。CHSIR 人体测量数据库中的数据用于确定较低的（即第 5）百分位和较高的（即第 95）百分位转动惯量值。当然，转动惯量主轴分别是 X_P，Y_P 和 Z_P。

4.5.6.5　全身和局部体积

McConville 等（1980）、Young 等（1983）应用回归方程计算全身和身体局部的体积。如前所述，回归方程有身高和体重两个独立参数。根据性别，输入 CHSIR 人群的身高和体重参数，获得人体全身和人体局部的体积。可以根据数据库中的平均值和标准偏差来计算最大值和最小值。依据回归方程，最大的全身和局部体积数据利用男性数据获得，最小的全身和局部体积数据利用女性数据获得。

4.5.6.6　全身表面积

根据以往的研究，全身表面积是身高和体重的函数。DuBois and DuBois（1916）提出了确定全身表面积的计算方法，Martin（1984）等验证了该方法。最小和最大的全身表面积值由 CHSIR 女性和男性身高和体重数据决定。使用 CHSIR 女性、男性数据，分别获得最小和最大的全身表面积值。

4.5.7　采用整合方法的设计

4.5.7.1　简介

在各阶段的设计过程中，整合方法采用评价的方式检查设计中所有可能的生理参数。在设计阶段的早期，设计过程中的评估往往侧重于单因素（例如，仅考虑操作力，仅考虑 ROM，或仅考虑人体测量学）。随着设计的成熟，从多元视角审视设计是有利的。在本文档中，具体设计过程和方法是单因素的；但一旦设计已经成熟，则应考虑各个因素间的协同效应。这种多元方法，称为整合方法。

在设计周期内，为了了解基本的生理参数和能力如何相互影响，建议开发人员尽可能采用整合设计。在初步设计评审（PDR）和关键设计评审（CDR）中，应至少使用整合设计以确保单个方法整合后仍能适应整个人群。整合方法的主要好处是便于理解设计中三个主要方面（人体测量学、操作力和 ROM）的相互关系，因为在执行静态和动态任务时它们之间是相互关联的。这种多元方法可以发现在早期的单因素评估中无法辨识的意外问题。如果上述三方面有各自不同的问题，这就意味着适应更大范围的人群是"危险"的；并且从整体上看，这种"危险"毫无预兆。这些适应问题和性能问题可能被耦合在一起，这表明为某一人群专门开展的设计中存在漏洞。将三方面的评价结合起来，可以评价整体设计是否符合要求。整合方法的第二个好处是成本效益。相对于在多个独立实验中测试每一个因素的时间和成本来说，同时测试多个因素会减少整体项目时间、评价时间、测试时间。

4.5.7.2　识别最恶劣工况

在操作力、ROM 和人体测量学三个部分，使用相同方法识别最恶劣工况。类似于个体部分，在识别最恶劣工况方面，基本上重点分析受设计影响最严重的部分人群。例如，从人体测量学上看，体型较大的人可能适合座椅，并可以完成所有控制操作；然而，坐在他旁边的体型较小的人可能会因座位的交错产生一部分 ROM 障碍。同样，体型较大的人可以在他们的极限运动范围内撬动杠杆；但在同样位置，体型较小的人将无法完全抓握装置、操作杠杆，因而不能完全操作设备。设计师应该考虑到各种因素的组合状态可能置一部分人群于危险工况。

4.5.7.3　评价设计

在解析分析、CAD 建模或仿真、HITL 试验中，整合方法同时考虑多个设计变量，并把任何一个感兴趣的设计变量置于人群背景下。这可能被认为是一个多维的评价，它基于设计因素，考虑所有人群组合，检查所有相关的设计变量。例如，这可能包括检查服装、姿态、重力影响，以及在整个人群范围内组成的乘组完成给定任务的能力。整合方法有助于评估明显相互矛盾的要求（例如，要求使用较大操作力但通道较小的情况，体型较大的人因通道太小而无法施加操作力，而体型较小的人又面临着操作力不足的风险）。这种整合方法将突显在严格的单因素评价过程中可能会错过的设计问题和风险。

4.6　操作品质评价

4.6.1　引　言

本部分的目的是在人-系统整合（HSI）框架内，使用工业标准方法实施航天器操作品质评价（HQ）。在航空领域，人-系统整合（HSI）过程和操作品质评价已经很好地建立起来，尽管目前公共领域相关文献对于操作品质评价（HQ）的计划和执行的严格的从始到终的方法学定义、人-系统整合过程内整合实施航天器操作品质评价（HQ）的方法等还存在模糊认识。操作品质评价需要符合 NPR 8705.2B 标准 3.4.2 条款，该条款指明了在手动控制航天器飞行路径和姿态时 Cooper-Harper 评定量表的最小分级。

值得注意的是，操作品质与其他人因概念（比如可用性、工作负荷）紧密相连，突出的可用性问题或过度的工作负荷需求往往会降低操作品质。HIDP 的 4.2 节和 4.3 节分别涵盖了上述主题。因此，强烈建议上述三个过程全部实施评审。

4.6.1.1　适用的操作品质要求

操作品质（HQ）评价需满足 NASA NPR 8705.2B 标准 3.4.2 条款，该条款指定了手动控制航天器飞行路径和姿态时 Cooper-Harper 评定量表的最小分级。操作品质（HQ）评价还需满足 NASA-STD-3001 第 2 卷中 10.1.2 节的规定。这些标准设置了使用 Cooper-Harper 评定量表评价航天器操作品质的最低准则。

• V2 10004 可控性和可操作性

对于人-系统接口，NPR 8705.2B 标准 2.3.10.1 条款实施人在回路（HITL）的可用性评估。此外，NPR 要求在初始设计评审（PDR）和关键设计评审（CDR）中提供技术文件，包括提供这些评价如何影响系统设计的结论报告。

4.6.1.2　操作品质评价历史

飞行员和飞机操作品质评价的历史可以追溯到莱特兄弟的第一次飞行。从那时开始，操作品质评价、为确保更好的操纵而对相应的航天器设计参数进行微调和修改，一直是活跃的、为工程应用提供解决方案的研究领域。

早期由飞行员主导的操作品质评价非常主观，缺乏规范性。从 20 世纪 30 年代到 60 年代，有关飞机性能和飞行员意见的研究持续增加，开发了多种工具用于规范操作品质评价，典型的有 Cooper‐Harper 评定量表及其衍生物。1969 版的 Cooper‐Harper 评定量表（NASA TND‐5153）由艾姆斯（Ames）研究中心的乔治·库珀（George C. Cooper）和康奈尔航空实验室（Cornell Aeronautical Laboratory）的罗伯特·哈珀（Robert P. Harper Jr.）完成。

Cooper‐Harper 评定量表体现的操作品质等级的概念被美国军方采用（MIL‐F‐8785C）。尽管之后又诞生了新的量表和 Cooper‐Harper 衍生物，但最初的 Cooper‐Harper 评定量表始终是操作品质评价的工业标准。

4.6.1.3　Cooper‐Harper 操作品质量表概况

4.6.1.3.1　操作品质定义

按照 Cooper 和 Harper1969 年首次公开提出的定义，"操作品质"指的是"反映飞机控制难易程度和精度的品质或特性，这种品质或特性使得飞行员能够驾驶飞机去完成规定的任务"。飞行员感觉到的（飞行器响应）、飞行员看到的（窗外和显示器）、飞行员接触到的（输入设备）都是与操作品质有关的因素，并且是能影响操作品质的因素。操作品质评价的目的是对航天器的性能进行分类，以确定需要改善的飞行器性能，包括工程设计修改、任务简化、控制参数调整、用户界面设计改进。

4.6.1.3.2　Cooper‐Harper 操作品质量表

Cooper‐Harper 量表是最常用的飞机操作品质的评价工具。操作品质通过主观评价，得分范围从 1 至 10 分，分为三个水平等级，如图 4.6.1.3.2‐1 所示。

Cooper‐Harper 量表水平等级：

· 1 级（1，2，3 分）：满意，无需改善；
· 2 级（4，5，6 分）：不足，值得改进；
· 3 级（7，8，9 分）：需要改进；
· 10 分：操作品质比 3 级还要恶劣，飞行器处于失控状态。

Cooper‐Harper 决策树开始于对飞行器"选定的任务或需要的操作的胜任性"进行评估，其中测试受试者的表现决定其所操纵中的飞行器性能是否处于理想的、合适的或不受控制的操纵状态。

这些形容词都与飞行阶段或特定任务的客观或定量的绩效相关，并且定位量表中不同的位置，由于这些形容词涉及量表的核心决策逻辑，与它们相对应的客观绩效标准是评价过程的关键驱动因素。术语"理想的操纵"指的是在一个飞行阶段或在特定的飞行任务中所有可能的结果中的最好的操作。"合适的操纵"是用来描述满足飞行阶段或特定任务要求范围的成功的操作，尽管还有更好的操纵性能可能会更好地操控飞行器。"无法提供理想、合适的操纵"指的是没有成功完成飞行阶段或任务，或者是飞行器处于失控状态。

经过适当的初始操纵能力测试后，受试者感受量表中 1、2、3 级水平的操纵；然后，在回顾飞行器操纵特性和驾驶员要求的基础上，受试者给出最终评分。从根本上讲，量表依赖于飞行员补偿，即基于驾驶员发挥自身能力来补偿设计中存在的不足。这在一定程度上导致了飞行器操纵设计会比理想值略差。超出一定的脑力和体力的阈值（基于人类的能力）后，驾驶员不再能补偿，飞行器将被评为不可控。

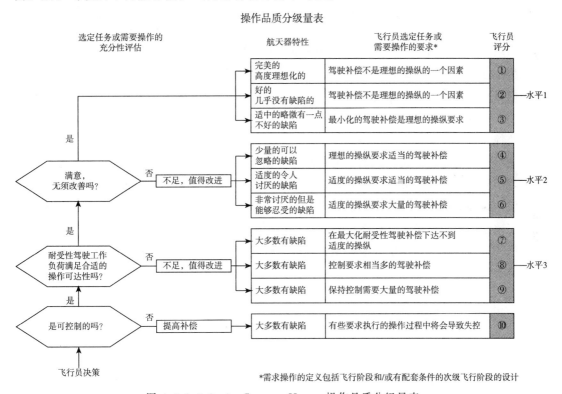

图 4.6.1.3.2 - 1　Cooper - Harper 操作品质分级量表

4.6.2　操作品质设计过程

4.6.2.1　在 HSI 工程全周期中整合操作品质评价时机

一般来说，在设计的早期阶段而不是在飞行器验收阶段，改进操作品质缺陷比较容易，而且更划算。出于上述原因，在早期就整合实施操作品质评价并贯穿于整个工程全周期，就可以从数据驱动的角度来做出与操作品质相关的设计决策，从而确保飞行器的安全和有效控制。

4.6.2.2　早期和经常

与以人为核心的设计理念一致，尽管实际的操作品质评价对设计成熟度有最低水平要求，但还是可以在非常早的阶段考虑实施操作品质评价。在设计周期的早期阶段，整合操作品质评价应该关注下列活动：

· 在各种飞行阶段，飞行器应具备的性能（例如，在自动、手动控制转换时希望飞行器执行何种操作）；

· 识别不同的控制模式（例如，脉冲与连续推力）；

· 结合可用的转换模式，确定俯仰、偏航和滚转能力；

· 列出手动控制下潜在的失效模式。

每个飞行阶段，需要达到相应的操作品质评分或等级（例如，1～10 分或 1～3 级）。这些因素将由飞行器的潜在任务和可能的操作危险决定。在较早期的飞行器规格说明阶段，可以明确这些因素中许多内容，甚至可以在前期需求或在采购活动之前就考虑上述因素。

明确飞行任务后，下一阶段将开始测试由计算机仿真建立的早期的气动原型或控制策略原型。这些模拟可能只是基于基本控制算法的简单飞行器气动模型，但可以通过暴露潜在的内在动力失稳问题以改进飞行控制。此阶段也是良好的设计阶段，可开始评价各飞行阶段相关的早期原型显示器，包括主飞行显示器和相关的显示器（例如，通信、导航或者系统监控）。

最后，随着飞行器设计成熟度的提高，模拟逼真度也提高，所以通过仿真实现的评级也更与实际一致。操作品质的早期评估和迭代评估通过直接输入设计决策来实现影响和改变相关的物理布局和结构，以及控制方法和算法。也允许在任何飞行阶段暴露出手动控制问题。这个阶段可能因为其他系统要求（例如，要求的响应时间可能会低于人类的反应时间阈值）或因环境限制（例如，超重过载或飞行器振动会使手动控制无法完成）而导致手控无法实现。

4.6.3　操作品质评价方法

关键的一点是，操作品质评价是与航天器性能设计和控制能力相关的评估，而不是航天器驾驶员能力的评估。因此，强烈推荐有经验的驾驶员担任受试者。有经验的驾驶员已经具备高水平的航天器精细操作能力，相关的经验也有助于识别航天器故障。为了更好地设计航天器，测试受试者范围应该包括测试航天员、有太空飞行经历或有在稀薄大气环境下飞行经历的乘组人员（例如，航天飞机驾驶员和超高空侦察机飞行员）以及经过训练的航天员。

执行以 Cooper – Harper 操作品质评定量表为基础的评价的一般方法包括以下要素，在下面的章节对其进行更详细的讨论：

· 规定飞行阶段、具体的飞行工况和进行测试的复合任务；

· 规定每个飞行工况的合适、理想的操纵性能；

· 选择测试主试；

- 选择测试受试者；
- 介绍材料的准备；
- 执行测试和数据收集；
- 数据分析和解释。

4.6.3.1　定义参数：飞行阶段、子阶段、工况

操作品质评价的第一步是基于 NASA 预先给出的设计基准任务明确航天器的飞行阶段、子阶段、工况和乘员任务。航天器的飞行阶段、子阶段、工况和乘员任务的详细识别可以作为整个操作概念的一部分。操作概念（ConOps）为每个任务阶段和工况规定乘员活动，并确定乘员活动会涉及的子系统。

"飞行阶段"常用来指整个飞行任务的一部分（即从发射到着陆），并可能包括诸如"发射"、"上升"、"轨道"、"对接"、"再入"和"着陆"。每一个阶段经常被进一步划分为更详细的组成部分，称为"子阶段"。例如：对接阶段可能包括"初始接近"和"最终对接"。这些区别很重要，操作品质评价可以为各个子阶段或在飞行任务某个特定子阶段下更加具体的工况提供最有意义的数据。几乎没有可能为整个飞行任务评定等级，原因是：1）相互独立的子阶段任务工作负荷不同，飞行员给予关注程度也不相同；2）根据航天器飞行包线特性（飞行包线是指在诸如风速、高度和载荷 G 等参数处于可接受范围内时，航天器操作的最大范围），相互独立的子阶段产生不同的操纵特性。

子过程有多个条件被评价时，常常用术语"工况"来区分不同的条件。例如，考虑航天器在"再入"和"初始减速"阶段两个子过程中的情况，航天器重返大气层必须使用气动操作来减速。在这个例子中，可能会测试几种情况：一个工况是航天器"弹道"进入，另一种工况是"负载管理"返回，最后一个工况被称为"跳跃返回"。

在弹道进入的情况下，航天器坠入大气层的角度由驾驶员或自动驾驶仪（驾驶员确认）在轨道段预置。在负荷管理的情况下，驾驶员可以设法把航天器带入滚转操纵模式。第三种情况是"跳跃返回"，航天器最初进入大气层后，驾驶员操作航天器提高升力，使得航天器短暂脱离大气层，然后再反向滚转直至最后着陆。所有这三种情况都属于"再入"阶段的"初始减速"子阶段，但代表了不同的测试工况。

此外，由于每个测试使用不同的初始条件或启动参数，因此即便在一个给定工况下，驾驶员也无法看到完全相同的起点和条件。否则，因缺乏变化（多次模拟完全相同的飞行状态）带来的学习效应可能扭曲相关评级。在模拟中不同的初始条件有：一个稍微不同的坐标起点，不同的环境条件（例如，白天或晚上），不同的气动性能（密度、温度、湿度），或不同的剩余燃料百分比。这些不同的初始条件使得驾驶员对工况保持新鲜感，并且要求驾驶员在每个实验中操纵方式略有不同，但不应该发生完全不同的重大变化。这些细微的差别有助于维持评级的完整性，同时也可以引出不同工况参数下存在的潜在操纵问题。

4.6.3.2　定义参数：合适的与理想的操纵性能

选定测试工况后，有必要规定航天器最低操纵性能水平。Cooper - Harper 量表（如

图 4.6.1.3.2-1所示）通过三个与经验相关的决策关口，在其中任何一个关口可以把受试者指向 3 个潜在等级中的一个，同时每个等级又包含 3 个评分。每一个评分都与一定的航天器特性以及一套对驾驶员的要求相关。一旦受试者在决策关口做出选择，就会引导他或她到一个特定等级，受试者必须要在那个等级的 3 个评分中选择一个。在评级过程中，关键概念是受试者在模拟和飞行试验中的客观表现。两个与操纵性能相关的形容词是合适且理想的。这些词位于一个微妙的 Cooper - Harper 量表中。正如前面所提到的，理想的性能是在一个飞行阶段或特定的飞行任务中可能的最好客观表现。合适的性能描述了在一个飞行阶段或特定任务中满足任务成功所对应的航天器性能，尽管拥有更优异的性能使航天器可以被操纵得更好。缺乏合适的性能和理想的性能，表明不能成功完成飞行阶段或任务。关键在于，这些与飞行阶段或任务相关的操纵性能量化分类是客观的，甚至可以给出定量关系。

例如，当完成某一操作时，操纵性能可能会与剩余燃料百分比有关（例如，有至少 30% 剩余燃料时，操纵性能处于合适状态；有 50% 剩余燃料时，操纵性能评价处于理想状态），或者操纵性能可能与国际空间站捕获点（对接操作）有关（例如，在不超过 ±3 cm 时，对应的就是理想操纵；不超过 ±9 cm 时，对应的就是合适操纵，这些数字来源于对接机制和自身设计能力规范）。应当事先与诸如飞行员、操作员、地面控制人员等专家共同建立操纵性能准则。

在受试者试图决定等级 1 和等级 2 之间的评分时，下面条款的重要性最能发挥作用。在等级 1 内有 3 个评分，都是理想操纵性能，很容易区分。然而，等级 2 有 3 个评分，第 1 个评分（评分 4）与理想操纵性能相关，但需要注意的是，它需要适度的驾驶补偿；而评分 5 和 6 是合适操纵性能，需要相当多的或大量的驾驶补偿。这里的关键在于匹配操纵性能与驾驶补偿水平。并且这种量表的基本观点是，飞行员若适应性强，则可以弥补航天器不太理想的操纵性能，但这种适应性是有限制的。换句话说，有需要时，驾驶员可以补偿，但仅此而已。如果给飞行员太多的要求，飞行阶段的目标可能无法实现；或者更糟，可能会发生事故。

值得注意的是，受试者可以达到理想的操纵性能，但仍因高驾驶补偿程度而给出低操作品质评分。即使是达到理想的操纵性能等级，评分也不限于 1～4 的范围。理想操纵性能等级并不禁止低评分（高数值），尽管合适的和低操纵性能等级禁止选择更好的评分（低数值）。一个例子是：驾驶员进行对接机构最终端的对接操作，困难在于驾驶员保持处于机构"中心"和执行多个横向移动以正确捕捉轨道舱。即使在实施大量驾驶补偿后实现了成功对接，驾驶员也可以给操作品质打 6 分。操作品质试验主试应当了解受试者是否达到理想操纵性能等级。如果受试者不能选择评分，操作品质试验主试可以给受试者提出建议，建议的内容应该是关于是否满足操纵性能分级界限，而不是建议选择何种评分。

4.6.3.3　试验主试的选择

在评价有效性上，试验主试至关重要。非常重要的是，试验主试要熟悉 Cooper - Harper 量表的复杂性，在以往的评价中与有经验的专业人员共同工作过，并接受过指导。

仅简单地理解量表是不够的，一个高效的试验主试必须懂得：作为应用科学，如何管理有人参与的测试和评价，以及如何简短地汇报主题。一些联邦机构，包括国防部、美国国家航空航天局（NASA）、美国联邦航空管理局（FAA），可以方便地培训和指导新的试验主试。此外，可以借助那些专注于模拟、评价操作品质并能指导测试的商业机构。

4.6.3.4　受试者的选择

评价的关键因素之一是对 Cooper‑Harper 评定量表本身及其常用基础知识的理解。在试飞员学校进行培训的军用试飞员历来被认为是军事航天器评级的"黄金标准"。理由是：军事试飞员不仅接受了大量 Cooper‑Harper 量表应用的课堂培训，而且也已经获得航天器评级的实际操作经验。军用试飞员使用量表的经验以及对量表的熟悉和理解，远远比任何一个仅仅经历 1～2 小时仿真培训机前的简单培训的人员所提供的更为重要。为此，现任或前任的军用试飞员是黄金标准。尽管并非全部，他们中的大多数都曾经参加过操作品质评价。在 NASA 情况同样如此，大多数美国航天员都是前固定翼和旋转翼飞机的军事飞行员。在未来航天项目中实施操作品质评价时，建议继续保持这一传统，让现任或前任飞行员承担航天器评价任务。在不可能满足上述条件时，强烈建议选用具有大量使用量表经历的受试者；在各种实际条件下，这些受试者曾经利用量表正确地给航天器实施过评级。

与受试者选择相关的另外一个方面是受试者数量。一般来说，30 个或更多的受试者样本的大小已经足够大了。然而，在操作品质评价中，招募 30 个飞行员实际上是不可能的。另一方面，对于拥有较少固有变异特点的样本人群，其样本数量可以减少，小样本数量与操作品质相关，因为首选对象是富有经验的航天器试飞员（该人群的驾驶技能变化远远小于更大范围人群的变化）。建议使用数量为 10 到 20 的初始样本进行评价，这是一种折中方案。在任何显著一致性或数据聚类检验时，这种折中提供的数据足以揭示潜在的操作品质显著性差异。验证要求时，NASA 建议至少需要 8 名训练有素的乘员参与测试。这个样本量可以被接受是因为受试者人群具有同质性（训练有素的乘组，许多人拥有试飞员背景）。到操作品质要求验证时，乘组操作人群应该定期进行关于系统设计和手动控制工况下的迭代操作品质评价，确保受试者此时已经了解理想操纵、合适操纵性能，并给出过量化操纵性能参数。

4.6.3.5　介绍材料的制备

介绍材料必须在操作品质评价过程中产生。这些材料应多方面介绍给受试者，包括：

· 评价的目的；
· 被评估航天器的特点；
· 每个测试飞行阶段和工况的细节；
· 被用于确定理想的、合适的、失败的操纵性能量化指标；
· Cooper‑Harper 操作品质评定量表的再次学习。

在不同的操作品质评价中上述细节可能会有所不同，但通常情况下，列出的所有内容应该适用于任何评价。特别对于理想和合适的操作品质等级评分试验，必须严格要求受试者理解评价以及评价涉及的所有细节。

4.6.3.6　测试执行和数据收集

测试是一个多阶段的过程，包括介绍、熟悉、正式试验和收集评分，最后询问受试者，如图 4.6.3.6-1 所示。应当注意，如果进行多剖面测试，且每个剖面有多种工况时，通常建议单独进行每个剖面的测试。例如，测试对接和再入飞行剖面时，上午只进行对接剖面操纵评价的介绍、熟悉、测试、询问，下午进行再入剖面的操纵评价工作。强烈建议分开飞行剖面是为了防止受试者混淆不同飞行剖面的性能指标量化值。

介绍	熟悉	测试 1）预先练习（一次或多次） 2）正式试验（2～3） 3）收集评分和评论	询问
30～60 min	30～90 min	60～120 min	30～60 min

图 4.6.3.6-1 操作品质测试的主要内容

（1）介绍

介绍时间从 30 分钟到 90 分钟不等，应包括重新学习使用 Cooper-Harper 量表、介绍航天器整体性能和与测试相关的控制方法，以及测试本身的细节和计划等内容。对于近期（即在过去的几天或几周）已经参加操作品质评价的航天员，其 Cooper-Harper 量表学习部分可以比那些已经几个月或几年时间内没有参加该类评价的人员要简短些。

（2）熟悉

熟悉指的是参加测试的航天员进行简单模拟飞行或实际飞行，目的是让受试者在给定时间内熟悉航天器控制策略和一般的操纵特性，并在待测的飞行剖面内进行多次迭代测试，这些测试不进行任何数据收集和评级。这可以看作是为航天员准备的"沙盘时间"，在这段时间内简单地熟悉航天器，以及将要在测试过程中执行的任务。一般建议给予航天员充足的时间，以覆盖在所有任务剖面测试中可以预期的相关任务和工况。这一部分时间可能会有所不同，范围从 30 分钟 90 分钟，时间长短取决于待测试剖面和工况的数量或者航天器控制的复杂性。熟悉阶段的最短时间应以确保测试结果有效为原则。

（3）测试

测试部分包含 3 个基本组成部分：

· 预先练习（一次或多次）；

· 正式试验；

· 收集评分和评论。

对航天员来说，预先练习是确保他们全面了解待测试剖面和工况的机会，并可通过预先练习确定他们的驾驶方法。如果在熟悉部分已经花费了大量的时间，那么可能只需要他们进行一次预先练习或他们只想进行一次预先练习。另一方面，如果当前正在测试的飞行剖面中存在多种工况，受试者可能会对哪一个是他们正在操作的工况感到困惑，他们想确认当前的工况与他们认为的一致。这听起来可能过于保守，但在许多场合，航天器航天员曾试图从熟悉阶段直接跳到正式试验阶段，仅仅因为他们认为自己正在执行的工况与想象的不同而选错了操纵杆。预先练习的最小次数应以确保测试结果有效为原则。

正式试验中，试验主试应确保航天员了解哪些工况正在被测试。通常，飞行两轮次后或第三次飞行正式试验中，航天员才具备评级和给出建议的能力。对于受试者关注的理想和合适的操纵性能界限来说，上述运行轮次十分必要。通常，不同轮次的正式试验可以获得不同等级的操纵性能（例如，第一次运行对应理想操纵性能，第二次运行对应合适的操纵性能）。在这些情况下，强烈建议第三次正式试验确定最佳性能分配类别，指定运行分类集。一旦完成正式试验，航天员应该提供 Cooper - Harper 评级和口头评论。评级应该考虑所有航天员的正式试验评级数据，应提供经过分析整合的单一评级。该单一评级不是所有评级的平均值，也不是每一个单独评级的罗列；相反，应该是在 2～3 个正式试验轮次后，基于航天员对航天器性能的专业判断作出的。根据其公布的方法，适当执行 Cooper - Harper 量表极为重要。为此，必须在航天员面前提供可视化量表，当他们决定操纵性能等级和给出某一具体评分时，要求他们说出自己的想法。应该提醒他们关注所达到的性能等级（合适的和理想的操纵性能），他们必须克制直接给出评分数据（经验丰富的航天员此倾向更普遍）的冲动。优秀的主试可以提醒航天员，虽然他们可能已给出理想的操纵等级，但这并不限制他只给出 1～4 的评分。但是，如果他们给出了合适操纵等级，将不允许他们提出 1～4 的评分。所以理想的操纵等级并不禁止选择低评分，尽管合适的操纵等级和更低的操纵等级禁止选择比相应等级要好的评分。航天员给出的评分应该是他们运用智力整合所有数据后的结果，这并不意味着"平均"，尽管平均意味着度量的集中趋势或盲目地趋于评分数据的中位值。相反，这种智力整合应该考虑操纵航天器中异常行为的重要性，尽管在单一一次操作中这种异常行为仅短暂起作用，但是这种瞬态响应会给控制造成重大损失，它可以比其他数据更影响整体评分。一旦给出评分，航天员应立即给出口头评论，指出不足之处或给出应在航天器控制、显示、特性方面需要提高的地方。

（4）询问

在完成感兴趣的飞行剖面的所有工况测试后，在附近的一个办公室或会议室询问航天员其个人在这次试验中的经验十分重要。鼓励航天员谈论任何值得注意的事项，无论是他们发现的还是他们经历过的。也可以提供一个更详细的问卷或开展附加调查，在附加调查中，他们可以给出诸如物理飞行显示器、操纵杆设计、座舱布局、软件设计或与人交互相关的航天器任何其他部件的评分。

4.6.3.7　数据分析和解释

一旦测试完成，由于 Cooper - Harper 量表的非线性和分类本质，且缺乏任何单一的和特定连续的潜在特质，数据必须被视为一个非参数数据集。（虽然对航天员补偿来说，认知或生理负荷可能是一个合理的基础认知特征，但是仅航天器动力学就可以引发低的操作特性，这种低操作性与工作负荷无关，仅仅与不可控性相关，作出任何有关潜在特性的最终选择非常困难。）因此，图形方法，如直方图、箱线图或频率加权散点图是检查和显示数据的最简单和最好的方法。

　　下面提供每种图形方法的例子，这些例子来自于由 NASA 主持的 2008 年星座计划猎户座飞船预先初步设计评审（pre‑PDR）中的操作品质评价（图 4.6.3.7‑1～图 4.6.3.7‑3）。用 3 种不同的方法（即直方图、箱线图和频率加权散点图）描绘了相同的数据。图形显示的是 2 种不同工况下使用旋转手控制器（RHC）的在轨姿态校正操作数据，该控制器在发生系统错误后可复位制导系统的星追踪器。每个工况都与一个特定类型的 RHC 控制模式相关联。第一种模式是 RHC 离散率模式，第二种是 RHC 脉冲模式。这一特定测试的目标之一是确定哪种模式最适合于驾驶航天器。每个工况测试包括 4 项任务，共引出 8 个独立的、需要记录的评分。研发团队利用下面的图形确认了在这种飞行剖面下操控航天器时，脉冲模式是更优先和更可控的方式，并提出了开发猎户座控制策略的设计决策建议。

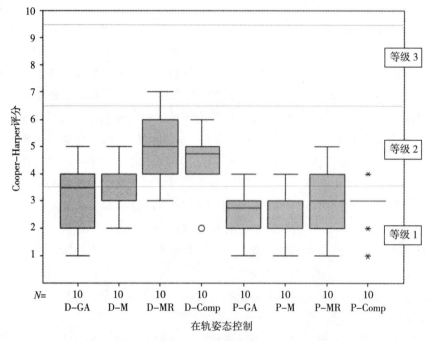

图 4.6.3.7‑1　在轨工况 Cooper‑Harper 评分的箱线图

评分

　　给出了离散率模式（D）和脉冲模式（P）下粗略瞄准（GA）、姿态维持（M）、滚转姿态维持（MR）、组合（Comp）的得分。图形中每个箱子的中线代表中位值，箱子上下端分别代表 75 百分位和 25 百分位数据，箱线图描绘的数据处于 1.5 倍四分位数间距（IQR）之内，介于 1.5 倍四分位数间距和 3.0 倍四分位数间距的数据画为圆圈，大于 3.0 倍四分位数间距的数据画为星号。

　　有序号的箱线图内容丰富，允许同时从多个分布角度详细地观察数据。当然，这种图形会被不熟悉它的人误解。然而，在分析数据过程中，这种图形给操作品质评价带来巨大好处，但是不建议在更大范围内显示数据结果。

另一方面，频率散点图是很容易沟通的方式，且允许多个分布同时比较，然而直方图易于描绘和理解。直方图唯一的明显缺点是需确定如何呈现多个分布并进行比较。直方图是一个经常用来说明 Cooper - Harper 评分的方法，强烈建议使用直方图作为最终结果的表示方法。图 4.6.3.7-2 和图 4.6.3.7-3 提供了上述两种利用图形方法的例子。

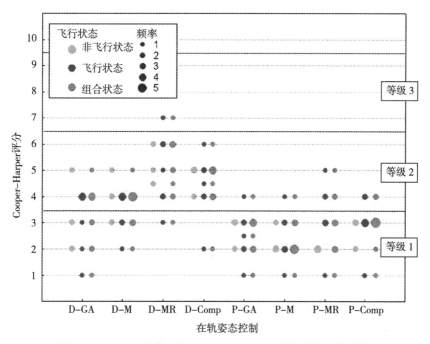

图 4.6.3.7-2　在轨工况 Cooper - Harper 评分的频率散点图

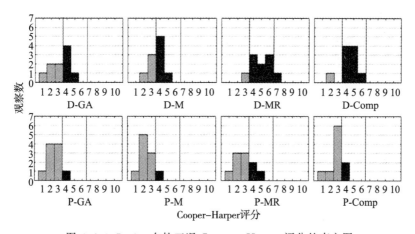

图 4.6.3.7-3　在轨工况 Cooper - Harper 评分的直方图

评分

给出了离散率模式（D）和脉冲模式（P）下粗略瞄准（GA）、姿态维持（M）、滚转姿态维持（MR）、组合（Comp）的得分。不同灰度数据分别表示非飞行数据、飞行数据和组合数据集（包括飞行员和非飞行员）。

在某些情况下可以看到结果的显著变化，此时应该检查可能的原因，包括受试者的人群背景（例如，所有受试者是否都有相似的军用试飞员背景，受试者的经历是否有类似驾驶旋转翼与固定翼飞机的差异）、驾驶策略的差异和仿真模拟的偏差。驾驶策略可以解释操纵性能和评分上的某些变化。为开展评价比较，这些变化应予以报告。如果评分偏差来自于一部分受试者而不是来自于全部受试者的话，模拟的偏差或偏离标准值的边界条件可以解释这种评分的差异。请注意，这些往往是一些重要的数据点，因为它们可能说明先前未被考虑的飞行条件或工况。需要将目光聚焦在这样的条件和工况上，并实施更多的审查。在这种情况下，额外的测试很可能是十分必要的。

4.6.4　操作品质评价技术文件

作为每个设计生命周期的主要里程碑，由 NASA 客户推荐的、用于评审的技术文件见表4.6.4-1。

表 4.6.4-1　操作品质评价技术文件

技术文件	阶段 A		阶段 B	阶段 C	阶段 D	
	SRR	SDR	PDR	CDR	SAR	FRR
对操作概念、功能分配、乘员相关任务列表进行描述。包括诸如由 NASA 指定、设计基准任务需要的所有潜在飞行阶段、子阶段、相关工况、需要手动控制的驾驶任务辨识等细节	I	U	U	U		
规定每个飞行阶段的控制模式。初步飞行显示器概念		I	U	U	U	U
依据 NPR 8705.2B 标准及其 2.3.10 条款，对目前开展的建模、分析、评价进行总结，并以链接的形式给出对系统设计影响的分析结果。包括建立在气动模型、初步控制算法和最终显示器基础上的基于模拟的每个飞行阶段的操作品质评价			I	U		
系统结构图（结构、设备等），材料规格，接口要求			I	U	U	
建立在最终结构模型、控制算法和最终显示器基础上的并基于高保真模拟的操作品质评价				I	U	U
验证计划			I	U	U	
任何延迟的操作品质问题或对飞行员能力担忧的最终评审					I	U
试飞员参加的基于硬件的操作品质评价。所有飞行阶段应进行测试						X

X 为一次性发布的项目

I 为初始发布的项目

U 为更新发布的项目

操作概念和乘员任务列表

3.2.3.1.2 节所述的操作概念提供了诸如识别乘员活动以及判断哪一子系统受乘员活动影响等信息。3.2.3.1.3 节所述的功能分配确立了具体活动实现方式（自动化还是人工控制）。4.1 节用户任务分析中描述的乘员任务列表给出了包括用户与系统间的功能分配、乘员活动序列的定义、关键任务的识别等方面的详细信息。随着设计周期中乘员任务列表的发展，其最终迭代设计结果即是乘员程序。

乘员相关任务列表关于操作品质评价的细节包括所有潜在的飞行阶段、子阶段、相关工况、需要手动控制的驾驶任务辨识。通过 SRR，规定飞行阶段和每个阶段所需的操作品质等级。通过 SDR，规定各飞行阶段的控制模式。

建模、分析、评价总结

建模、分析和评价的迭代结论为 NASA 提供贯穿设计流程的人-系统整合方面的技术细节。如 3.2.3.3 节所述，随着设计的不断成熟，建模、分析和评价应当逐步使用高保真的输入和实物模型。很重要的是，总结中要给出如何对关键设计决策进行评估。按照 NPR 8705.2B 标准，SAR 全阶段均应为每个设计审查提供更新后的结论。此外，在 NPR 8705.2B 标准 2.3.10 条款中介绍的人在回路的评价方法，可使操作概念逐步达到系统所设定的目标，即满足操作安全、高效和用户界面设计人性化的系统要求。

通过 PDR，形成了基于仿真的，基于空气动力学模型、初步控制算法、显示器概念的各个飞行阶段操作品质评价。通过 CDR，应建立在最终结构模型、控制算法和最终显示器基础上的、基于高保真模拟的操作品质评价。试飞员参加的基于硬件的操作品质评价，应在所有飞行阶段进行测试，且不迟于 SRR 阶段进行。

结构、材料和界面规范

图纸、材料及界面规范，为 NASA 提供了在整个设计过程实施人-系统整合设计技术的详细信息。针对操作品质，包括在 SDR 阶段提供初步飞行显示器概念。

验证计划

验证计划是一个正式的文档，该文档描述的具体方法与每一项要求相符合。

4.6.5　结　论

这里列出的程序和过程是基于 Cooper 和 Harper 的出版物（包括他们于 1969 年发表的操作品质开创性文献，以及众多的后续出版物）、军用标准、通用工业实践，具有丰富经验的埃姆斯（Ames）和兰利（Langley）研究中心的操作品质专家团队的经验、大量军事试飞员和测试飞行员教官（同时又是航天飞机的飞行员和指挥官）的证明文件设置的。这些资源紧密结合在一起，共同使用 Cooper - Harper 量表开展了操作品质评价，这些评价不仅涉及航空器，也涉及航天器。伴随迅速发展的多种商业航天器，操作品质的相关工作最近几年也一直在增加，并在未来还会持续增加。通过这些公司、NASA 及其承包商的努力，这里讨论的方法为开展航天器开发提供了良好的基础。在此基础上的工作才能确保未来的航天器在所有预期飞行条件下是安全、可靠、可控的。

4.6.6　参考文献

［1］　Cooper，G. E. ，& Harper，R. P. ，Jr. （1969）. The use of pilot rating in the evaluation of aircraft HQ（NASA - TN - D - 5153）. Washington，DC：National Aeronautics and Space Administration.

［2］　Hart，S. G. ，& Staveland，L. E. （1988）. Development of NASA - TLX（Task Load Index）：Results of empirical and theoretical research. In P. A. Hancock & N. Meshkati（Eds. ），Human mental workload（pp. 139 - 183）. Amsterdam：North Holland.

［3］　International Organization for Standardization. （1998）. Ergonomic requirements for office work with visual display terminals（VDTs）. Part 11：Guidance on usability（ISO/IEC 9241 - 11）. Geneva（Switzerland）：ISO.

［4］　U. S. Military Specification：Flying qualities of piloted airplanes（MIL - F - 8785C）. （1980，November 5）.

4.7　噪声控制设计

4.7.1　简　介

　　从航天员的安全、健康和任务执行的角度来看，航天器声学是一个关键的设计因素。对于航天器声学设计，首先，需要关注长时间暴露在高噪声环境下，存在的暂时和永久性听力损伤的风险。其次，航天员必须能够保证相互之间能够通话，听到地面话音并做出回答，以及收到警报后做出相应的反应。最后，声学在航天员的健康和压力方面起到关键作用。响亮的、烦人的或间歇的噪声会破坏睡眠，并刺激人员产生不良的心理反应，这可能使航天员变得焦虑。对于噪声对人员行为能力影响的进一步讨论，请参阅 NASA/ SP - 2010 - 3407《人整合设计手册》第 6.6.2 节。

　　声学环境是航天器设计的一个关键因素，必须在设计之初就着手解决，在 HIDH 第6.6.1 节中有进一步的讨论。在噪声控制的早期阶段，将声学设计理念结合产品研制，可以降低高昂的成本（返工、设计改变、进度推迟等所导致的高昂成本）。航天器设计中以人为本的原则是满足声学要求的必要条件，可确保航天员的声学安全，从而获得航天器的适人性评价。

4.7.2　适当的声学要求

　　对于声学要求在 NASA - STD - 3001 第 2 卷第 6.6 节做了详细说明。该文档所涵盖的任务阶段包括发射段、中止段、轨道段、进入段和着陆段。在 SSP 文件中集中一个单独的文件介绍了国际空间站的对接操作。虽然国际空间站的声学要求类似于 NASA - STD -

3001 第 2 卷的要求，但国际空间站的具体要求超出了 SSP 文件集所研究的范围。

　　NASA - STD - 3001 第 2 卷的第一个声学要求是噪声控制方案（ANCP，［V2 6071］），以下文件明确了航天器的声学要求。

　　以下是发射、进入和中止阶段的声学要求：

- ［V2 6073］发射、进入、中止阶段噪声暴露限值；
- ［V2 6074］发射和进入阶段有害噪声；
- ［V2 6075］发射中止阶段有害噪声；
- ［V2 6076］发射、进入、中止阶段脉冲噪声限值；
- ［V2 6085］次声声压限值。

　　以下是轨道和着陆阶段的声学要求：

- ［V2 6077］除发射、进入和中止外所有阶段有害噪声限值；
- ［V2 6078］连续噪声限值；
- ［V2 6079］航天员睡眠区连续噪声限值；
- ［V2 6080］间歇噪声限值；
- ［V2 6084］窄带噪声限值；
- ［V2 6082］脉冲噪声烦扰限值；
- ［V2 6083］脉冲噪声限值；
- ［V2 6086］超声噪声限值。

　　此外，［V2 6072］制定了声学要求验证的要求，［V2 6087］和［V2 6088］分别对监测任务声学和监测个人噪声暴露制定了要求。

　　为了确保航天器提供的声环境不会对航天员造成伤害或听力损失、干扰通信、导致疲劳，或降低人机系统效能，HIDH 第 6.6.3 节中提供了相应的指导要求。

4.7.3　噪声控制设计步骤

　　NASA - STD - 3001 第 2 卷中［V2 6071］为噪声控制方案（ANCP）。ANCP 文件包括：明确适用的声学要求，识别产生噪声的系统和组件，制定满足声学要求的设计方案（例如，设备的选择标准，降噪方式的研究等），验证工程声学要求设计的概述。ANCP 是一个"前瞻性"的规划，并且可作为噪声控制的指导方针。在后续的研制阶段、完成设计之后，ANCP 为综合性的基本原理文件，对航天器的声环境起影响作用。对于验证声学要求的测试及分析，ANCP 也做了概述。随着分系统的研制、分系统的组件选择，以及应用分析数据和测试数据来提高初始声学预测的准确性，ANCP 也应随之更新。NASA 在每次设计评审中使用 ANCP，以评估是否满足声学要求。下文将着重介绍在 ANCP 文件中应遵循的设计步骤。

4.7.3.1　制定乘员任务列表

　　对于识别航天员及噪声源的位置、可能同时工作的设备（评估间断噪声的辐射要求），以及航天员状态（穿航天服，不穿航天服，戴头盔，面窗向上，面窗向下），乘员任务列表是必不可少的。将这些因素与声学要求相对照，对于评估噪声辐射是十分重要的。航天器噪声控制设计应该根据操作概念和不同的任务情景进行制定。为了制定乘员任务列表和程序，应该明确任务阶段、涉及的情景、航天员的角色和活动。非常规的情况（如中止任务情况）也必须考虑并应用适当的声学要求。对于制定操作概念和乘员任务列表的讨论见HIDP 3.2.3.1.2 节和 4.1 节。

以下的常规任务阶段和乘员配置应该分别考虑，并与相应的声学要求进行比较。

（1）发射段

在发射段的主要噪声源是火箭发动机和运载火箭与空气相互作用产生的噪声，噪声主要通过运载火箭的结构传播。对于评估传入运载火箭的噪声及航天员耳边感受到的噪声，采用振动声学分析和测试是必要的。在该任务阶段，通信设备、航天服和头盔也必须考虑降噪。当在噪声源和接收者之间的传输路径中放置隔声或消声设备时，插入损失可在接收者位置处测量，插入损失即声压级下降。

（2）发射平台中止和发射中止段

在发射平台中止或发射中止情况下，主要噪声源是中止的发动机和运载火箭与空气相互作用产生的噪声。正如发射阶段，对于评估传入运载火箭的噪声及航天员耳边感受到的噪声，采用振动声学分析和测试是必要的。在该任务阶段，通信设备、航天服和头盔也必须考虑降噪。

（3）在轨运行

在轨运行任务阶段的主要噪声源的评估，需要详细说明航天器和航天员的状态。一般在这个任务阶段，主要噪声源将在航天器密封舱中，包括航天器或航天服的环境控制生命保障（ECLS）系统。声传播路径结合了结构传播和空气传播。必须考虑乘员配置，必须说明航天员是位于座位上还是在密封舱内活动，压力服内是放下面窗还是收起面窗，穿无压力服还是不穿压力服。对于每一个状态，必须考虑不同的噪声源和声学的传播路径，并与适当的声学要求进行比较。

（4）对接操作

如果来访航天器将对接国际空间站，则将应用且必须加以考虑来访航天器的声学要求。对这一阶段的完整讨论超出了本文的范围。关于国际空间站的商业来访航天器对接要求的更多信息，详见 SSP 50808。

（5）对接分离、离开轨道、再入、着陆和着陆后

正如发射和在轨运行段，在对接操作后的不同阶段也必须考虑乘员配置。可能的噪声源包括：离开轨道发动机、航天器和大气之间的气动作用，以及航天器和航天服的环境控制生命保障系统。

声学传播路径包括结构传播和空气传播。在任务中，不同的噪声源和声学路径可能在不同方面占据主导地位，必须考虑两者并与适当的声学要求进行比较。需要注意的是，直到航天员离开航天器，声学要求一直适用。

4.7.3.2　制定设计方案

4.7.3.2.1　声学建模

一个综合的声学模型应包括产生主要噪声的系统和组件，以用来准确描述声源、传播路径以及混响效果。近年来，计算机声学建模技术有所改进，特别是对复杂的几何图形的建模。ANCP 对选定的声学建模方法进行了描述，并说明了建立声学模型的工程设想。对于不同的声学要求或频率范围可能需要不同的建模策略。对于低频噪声预测，有限元分析（FEA）和边界元分析（BEA）方法是可行的建模技术；然而，这两种方法会随着频率的增加使计算变得复杂。对于中高频预测，统计能量分析（SEA）已被证明是一种有效而准确的分析方法；然而，在低频段，SEA 预测的准确性可能会降低，基本假设也可能并不成立。由此可见，需要利用 2 种或 3 种典型声学建模技术的混合声学建模方法，以解决整个频率范围的问题。可以使用结合这 3 种建模技术的商业声学建模软件包，否则需要选择多个单独的声学建模包，并将其整合成一个连贯的总体模型。随着组件、系统、航天器设计的研制，以及进行的建模分析，仿真结果和设计方案都要记录在 ANCP 中。对于每次设计评审，任何为了解决、缓解、分解声学方面问题的关注点及长期规划，都将被记录。虽然模型是用来预测的，但是组件的声学测试、飞行试验以及地面试验所获得的试验数据都将作为模型的输入，并将尽可能早地合并到这个过程中，以验证假设并提高声学模型的准确性。经验分析模型技术也是非常实用且非常必要的。如果需要的话，它可以配合声学建模使用，或者单独使用。使用经验数据用于发射火箭噪声的首次估计就是一个例子。

4.7.3.2.2　噪声源分配

对每个主要噪声源和每个任务阶段的声学分配，将记录在 ANCP 中。主要噪声源（例如发动机、ECLS 组件、有效载荷、边界层噪声）会进入或穿透密封舱，应对主要噪声源进行识别，并将噪声分解到组件。每个噪声源应基于适当的要求，使用声学分析方法，分配适当的声辐射水平。例如，发射噪声可以分为：1）外部噪声；2）内部航天器噪声（考虑航天器的衰减）；3）航天服内噪声（考虑航天服的衰减）。随着设计的成熟，主要组件的测试，以及降噪工作的研制和实施，将进行迭代设计，可以改进预测的精度。随着设计的成熟 ANCP 将会更新，并应包括如何通过建模和分析来决定系统设计的概述。

4.7.3.2.3　选择噪声源

利用声学要求分配噪声，应基于试验，在满足功能性要求的前提下选择或设计最低声级的噪声产生设备（例如泵，风机和传动装置）。用声功率级（相对于声压级）描述分配是最准确的形式。声功率级表示声源产生的总的传播声能量，且不依赖声源指向性或声源的距离（和声压级一样）。初步的声学测试结果也应该作为模型的输入，进行整合硬件噪声级的早期预测。得到的预测结果，应与噪声分配和整体声学要求进行比较，进而验证航天器是否能够满足声学要求，以及确定哪些地方需要开展降噪工作。

4.7.3.2.4　噪声源的迭代设计

商业研究应平衡功能性要求和组件的声辐射之间的关系。选择组件时，不能因其能够达到多余的功能性要求，或在声辐射提高的代价下能达到额外工程利润率，而使整体的声学要求存在超标的风险。这些商业研究的结果，以及由此产生的设计方案记录在 ANCP。降低风机和泵的速度可有效地降低噪声水平，同时可对突发事件保持性能余量。

风机是典型的航天器噪声源，下面考虑一个商业研究风机的例子。一般情况下，较高的风机速度会导致较高的声辐射。因此，应该在满足流量和压力要求的情况下，设计或选择最有效的操作风机的方式。这是一个反复的过程——在诸多噪声产生系统之间，权衡性能和声学之间的关系。当选择和设计风机时，一个重要的考虑因素是，内联消声器压力损失的估计（假如需要），详见 4.7.3.2.7 节。

4.7.3.2.5　进一步降低噪声源噪声

一旦各组件被优化达到所需的性能和声学要求，其余噪声源必须单独地降低噪声。应用前面风机的例子，一旦风机转速的选择是基于功能要求的，那么针对噪声源的处理是必要的，如通过优化转速或隔振的平衡，从而减少噪声源的单位辐射量，以满足限制要求。如果不能实施噪声源处理，该情况应该连同理由一并记录在 ANCP 中。

减少噪声源最重要的设计环节是，在早期的试验中、在真实的安装条件下测量辐射噪声水平。例如，使用限流器施加适当的压力损失，测量风机噪声。测量所得的噪声源声功率级的早期测试数据，应当输入到声学模型，以更新模型预测的准确性。早期的测试可体现出可能发生问题的早期迹象，这是极其重要的。这些更新应注意并记录在 ANCP 中。

4.7.3.2.6　系统级降噪设计

满足声学要求不只是噪声产生系统的责任，还是一个综合的航天器设计工作。为了更广泛地应用噪声控制，对于系统级噪声，如屏障、间隙密封元件、吸声器，即硬件的一部分或在航天员压力舱内可使用声学模型进行处理。系统级降噪所需的插入损失，以及模型结果显示的推荐噪声处理的声学作用，记录在 ANCP 内。

举一个例子，一个在 250 Hz 的倍频带内 60 dB 声压级的风机，为了满足声学要求分配，假设在 250 Hz 倍频带风机的声辐射要求不得超过 50 dB。为了满足要求，在 250 Hz 倍频带"需要的插入损失"为 10 dB。进一步假设，专为风机设计一个消声器，当风机和该消声器一起测试时，在 250 Hz 倍频带的插入损失只有 7 dB。这将导致超过声学要求分配 3 dB，而超出的量可能会使整个航天器超出声学要求。在这种情况下，一个可能的解决办法是在舱内采用吸声处理，以减少混响和超出的 3 dB 噪声。

请注意，对于整个频率范围内的声学要求和每个任务阶段所有相关的工作情况，迭代分析过程是必要的。使用声学模型可大大简化分析过程，有助识别声源，并可对降噪工作的开展情况进行快速、高效的虚拟评估。

4.7.3.2.7　组件级（终端产品）降噪设计

一旦完成了测量噪声源的声级和系统级噪声处理的设计（至少初步），组件级的降噪要求就可以被确定以满足噪声源的分配。组件级的降噪设计可包括消声器和声学覆盖等。此外，组件级噪声处理的预测数据可应用到系统模型之中，进而预测系统级噪声是否满足声学要求，可以解决组件级噪声处理与系统级噪声处理之间的平衡。这些组件级噪声处理的预测结果将记录在 ANCP 中。

还应注意到，考虑结构噪声是非常重要的，使用振动隔离作为组件噪声控制可以非常有效地降低这一影响。系统级噪声控制，需要更广泛地控制结构噪声或识别结构共振。

4.7.3.3　测试与评价

迭代实施测试和评价，以评估航天器内设备声辐射的特征。初始的组件级噪声结果和处理测试作为声学模型输入，进行评估改进使其能够满足声学要求。此外，根据需要可应用航天器外部噪声源的数据。随着系统设计的成熟，ANCP 将被更新，其内容还包括关于测试与评价如何影响设计决策的概述。

4.7.3.3.1　组件级降噪测试

组件级的降噪方法是采用制造实物模型并对其进行测试，从而了解其性能。组合降噪方法是使用组件级测试作为声学模型的输入。利用该方法的例子包括：1）消声器的插入损耗测量；2）声学材料和接头处的阻抗管吸收测量和传输损耗测量。组件级噪声处理的效果的实际测量结果，记录在 ANCP 内。

4.7.3.3.2　测试航天器外部环境

航天器外部噪声源（例如，发动机、空气动力边界层噪声）的测试数据，作为声学建模的输入。整个任务阶段（包括发射、中止和降落）都应描述外部噪声源的特性，并且必须以测试作为预测的基础。为此，静态火箭点火、风洞试验、飞行测试都将被使用。试验数据包括发射台中止测试、发射中止测试和无人飞行测试所获得的数据，这些数据对于空间航天器的适人性评价是最基本的。

4.7.3.3.3　验证测试计划

ANCP 是一个完整的声学验证计划和时间表，给出了以下测试是否合格的标准，包括单机验证测试（声功率、声辐射测试）、静态系统验证测试（地面试验品测试计划），以及制定飞行测试（发射平台中止测试、飞行中止测试、无人飞行测试）。耐压壳体、防爆保护罩，以及发射段和中止段的声学负载的航天服衰减，必须通过测试证实在预期的噪声级内。声学验证包括首次载人试飞前内部噪声环境和飞行试验数据的建模分析。ANCP 将包括所有验证结果。

4.7.4　噪声控制设计技术文件

ANCP 的更新版本，将在每个计划里程碑处进行评审。特别强调的是，ANCP 是一个"动态文件"，将随着项目设计的改进而完善，体现每一个评审阶段中当前的设计策略。ANCP 将包括整个过程，以及更新 NASA 未来发展的过程和预期结果。每个计划里程碑评审推荐的活动和技术文件如表 4.7.4 - 1 所示。

表 4.7.4 - 1　噪声控制设计技术文件

技术文件	阶段 A		阶段 B	阶段 C	阶段 D	
	SRR	SDR	PDR	CDR	SAR	FRR
对操作概念、功能分配、乘员相关任务列表进行描述	I	U	U	U		
声学模型		I	U	U		
噪声控制方案（ANCP）包括以下内容:适当的声学要求、识别噪声源、外部环境定义、建模分析、组件声学测试结果、外部环境测试结果、验证计划、验证结果,以及解决不符合要求的补救措施			I	U	U	

X 为一次性发布的项目

I 为初始发布的项目

U 为更新发布的项目

操作概念和乘员任务列表

3.2.3.1.2 节所述的操作概念提供了诸如识别乘员活动以及判断哪一子系统受乘员活动影响等信息。3.2.3.1.3 节所述的功能分配确立了具体活动实现方式（自动化还是人工控制）。4.1 节用户任务分析中描述的乘员任务列表给出了包括用户与系统间的功能分配、乘员活动序列的定义、关键任务的识别等方面的详细信息。随着设计周期中乘员任务列表的发展,其最终迭代设计结果即是乘员程序。

初步设计评审 （PDR）

初始的 ANCP 要为初步设计评审做准备,并提供给 NASA 审查。其内容包括:适当的声学要求,识别主要的噪声产生系统（例如,ECLS、载荷）,系统级声学要求的初始分配。

要了解所提出的系统架构,需要建立压力舱的声学模型,模型的假设、输入、结果和预测记录在 ANCP 内。建模分析应该表明系统设计在整个任务阶段,是朝着符合声学分配的方向进展的。确认所关注的问题领域,并将解决这些问题的长期计划记录在 ANCP 中。组件噪声源（如风机、鼓风机和泵）的声学测试设计和飞行设备的选择标准也记录在 ANCP 内。

处理系统级噪声的初步设计和效果将被记录。指定组件的声压级分配,以满足预先指定的整体声学要求。组件级对其对应系统以及整体声学环境的声学贡献,通过更新声学模型来体现。将给出航天器在发射、下降和中止段的外部环境的初始定义,声学模型将包括输入。更新声学模型,以反映在初步设计评审之前所有完成的组件测试的结果,并且结果将记录在 ANCP 中。模型也应考虑组件噪声控制以及预期的噪声贡献,并记录在 ANCP 中。

将为初步设计评审准备最初的声学验证计划。声学验证计划将包括一个时间表以及以下测试是否合格的标准,包括组件验证测试（声功率、声辐射测试）,静态系统验证测试（地面试验品测试计划）,以及制定飞行测试（发射台中止测试、飞行中止测试、无人飞行测试）。

NASA 将审查更新后的 ANCP；并且成功完成初步设计评审之后，将给予继续实施和最终设计的授权。

关键设计评审（CDR）

在关键设计评审阶段，更新 ANCP 以体现已完成组件资格测试的结果，未完成资格测试的综合计划和时间表也将被呈现。组件级噪声处理的设计要求将被明确。更新声学模型，以体现已完成的组件声学资格测试的结果。此外，更新 ANCP 以体现最新日期所完成的地面试验和飞行试验，以及飞船发射、降落和中止的外部环境的测试结果。利用声学模型确定的超出整体声学要求的风险，以及为降噪开展的全面的长期计划，将会在 ANCP 突出显示。

利用已完成的测试和分析结果，更新声学要求验证计划，并且确定剩余测试的时间表。验证声学要求的飞行试验目标将被明确地定义，并且采购活动的远期计划将被展现。

NASA 将评审更新后的 ANCP；并且成功完成关键设计评审之后，将给予继续进行系统认证测试和集成活动的授权。

测试准备评审（TRR）

在每个涉及验证声学设计要求的测试之前将开展测试准备评审。更新后的 ANCP 不是测试准备评审必要的输入；然而，在安排好测试准备评审至少 1 个月之前，正式的声学测试计划将被提交审查。声学测试计划将包括：相应声学要求的概述（该测试的目的是验证），测量位置与设备信息的列表（传感器类型和可追踪校准记录、传感器的放置、数据采集的参数），测量数据预期的后期处理的分析方案，以及有关声学要求的预期结果。

声学测试计划将由 NASA 评审，并提交至飞行组织。在成功完成测试准备评审之后，将批准进行测试。测试完成后，将提供测试报告。测试的结果应该用来更新 ANCP，通过测试结果确认解决所有声学要求超标的长期计划。

系统验收评审（SAR）

顺利完成全部声学验证试验后将进行系统验收评审，提交各自的测试报告，更新 ANCP，以体现所有的测试结果。验证文件将被审查要求中止。因此，没必要在其整体内包括所有的验证文件。预计 ANCP 将包括每次进行验证试验的大纲，以及交叉引用的测试文件。所有声学要求将得到满足，否则 NASA 会记录它们的不合格。

在成功完成系统验收评审之后，航天器的声学飞行认证将同意载人航天飞行。

4.8　辐射屏蔽设计

4.8.1　简　介

辐射屏蔽是在飞船每个设计阶段都需要考虑的一个重要方面。辐射屏蔽设计是为了使乘员的辐射暴露有效剂量（组织平均）与 NASA - STD - 3001 第 2 卷第 6.8.1 节中阐述的防护的最优化原则（ALARA）一致。

本章接下来描述了 NASA 辐射屏蔽设计过程，进而指导飞船的建造者能够方便成功地进行设计验证并且支持实现飞船的评级。

4.8.1.1　背景

太空的辐射源主要包括银河宇宙射线（GCR）、地磁捕获辐射和太阳粒子事件（SPEs）。基于预测模型的评估以及飞行任务中可能遭遇的"最坏"的空间环境，建立了航天员的短期剂量限值和职业剂量限值。尽管明确的暴露剂量限值根据致死风险而制定，但所有有关飞船、居住空间和任务设计的决策以及由此导致的乘员辐射暴露都必须遵循ALARA 原则。详细的电离和非电离辐射相关内容可以分别在 NASA/SP‐2010‐3407 HIDH 第 6.8 节和 6.9 节中找到。

乘员的辐射风险与其年龄和性别，以及太阳的 11 年周期性变化相关。在太阳活动极大年 SPEs 风险较高，而在太阳活动极小年 GCR 剂量较高。辐射屏蔽能够降低 SPEs，对GCR 提供适度的保护。辐射暴露职业限值的制定是基于以下原则：由辐射引发致死癌症的死亡率不超过正常人群的 3%。通过航天员整个职业生涯中可能受到的累积有效剂量的不确定性风险预测计算，NASA 保证风险限值不超过 95% 的可信度。NASA‐STD‐3001 第 1 卷中提及了更多关于剂量限值的内容，HIDH 第 6.8.3 节中阐述了辐射暴露生理效应的相关内容。

ALARA 是法定的并且得到 NASA 认可的，用于保证航天员辐射安全的准则。ALARA 的一个重要作用是确保航天员所受到的辐射剂量不接近辐射剂量限值，因为剂量限值并不被认为是可以"容忍的量"。飞行任务导致航天员的辐射暴露，在执行 ALARA原则的时候，需要找到一个平衡成本-效用的方法。目前，严重风险主要考虑是由 SPEs 引起的；因此，在飞船的设计中需要考虑对此类事件的防护作用。更高的 GCR 能量比较难于防护，同时 GCR 风险预测也存在较大的不确定性，这些因素都需要在辐射暴露风险预测和风险减轻中予以考虑。SPEs 风险的不确定性小于 GCR，因此，运用 ALARA 原则对其进行防护设计和相关的质量分布设计更实际一些。

4.8.1.2　辐射屏蔽设计的应用条件

NASA‐STD‐3001 第 2 卷 [V2 6097] 中的设计方法明确描述了飞船设计应该运用ALARA 原则来限制乘员的辐射暴露限值。即使在事件中无法提供足够有效的防护，也应该采取一些减轻措施来降低航天员的辐射剂量。

4.8.2　辐射屏蔽设计过程

4.8.2.1　发展操作概念以及乘员任务列表

飞船防护设计从操作概念的发展以及正常操作、非正常操作和应急操作的方案开始。对于每一个任务阶段和相关方案，乘员角色和活动需要精确规定，乘员任务列表也会随之更改。乘员任务列表必须明确指出乘员的地点、其相对于辐射源的位置以及飞船不同部位防护水平的变化。在 HIDP 第 3.2.3.1.2 节和 4.1 节中讨论了操作概念和乘员任务列表的更改。

4.8.2.2　开发设计方案

辐射防护方法包括研发有效的防护材料，提供辐射安全场所，太阳质子事件预警系统，减少辐射暴露的任务规划，开发饮食或者药物对抗方法（例如化学预防和辐射防护剂），更多信息见 HIDH 第 6.8.2 节。

在将辐射防护整合到飞船设计中的时候，ALARA 的完成是一个迭代过程，以保证在飞船其他系统的参数范围内提供最优化的设计和最有效的防护。辐射防护的 ALARA 原则是：当不允许进一步花费资源的条件下，使辐射暴露剂量达到最小值。由于航天员是一个比较小的特殊人群，并且其在空间受到辐射类型与地面截然不同，因此太空中对人的辐射防护与地球表面上的不同。美国放射防护与测量委员会（NCRP）在其第 132 号报告中定义了近地轨道飞行的乘员辐射剂量限值，为近地轨道飞行活动的辐射防护提供了指导和建议。职业工作人群（例如 NASA 的航天员）的定义应该包含在设计限值中。空间的辐射源——GCR、捕获带粒子和 SPEs——与地面上的辐射相比，在物理学和生物学损伤性质方面均存在差异，需要考虑的能谱和粒子能量对人的损伤与对电子学设备的损伤也不一样。乘员的辐射防护必须考虑环境和其他需要担心的因素。通常任务的辐射暴露剂量限值将在 NCRP 第 132 号报告制定的法定限值之下。

4.8.2.3　设计评估与确认

设计评估由飞船开发者和 NASA 合作完成。通过飞船设计的迭代过程，利用标准的分析工具和一组集成的模型，飞船开发者对飞船的辐射屏蔽性能进行评估。这些模型最初由 NASA 或者 SRR 的开发者提供。由飞船开发者提供的模型在使用前需要得到 NASA 的认可。这一整套用来分析飞船设计的模型包括的组件有：环境模型、生物学部分、粒子输运代码、飞船几何模型。这些模型需要在程序级别被详细描述，例如在商业的人-系统整合要求（CHSIR）CH6054V 中。

当选定材料后，执行设计方案，同时确定飞船系统的结构布局，在迭代分析的过程中对模型进行更新。所有辐射屏蔽分析的因素，包括输入数据和计算结果，都将提供给 NASA 以确认飞船开发者的研究结果。输入数据由 CAD 模型、飞船的质量分布和材料组成。NASA 深刻领悟分析的过程有利于朝着满足辐射屏蔽要求的方向发展。

在飞行任务中，包括飞船飞行测试以及乘员任务，采用被动辐射监测设备以确认满足 ALARA 原则。尽管飞船设计的主要阶段在飞行测试前均已经完成，但这些监测数据可用来验证飞船提供的防护效果，从而证实模型的预测结果，并且可以通过飞船舱内的辐射剂量空间分布情况确认哪些位置具有较高的辐射暴露率（需要回避的区域）。飞船设计必须满足可以安装被动辐射监测设备的要求，这些设备在飞船的操作飞行阶段应该被连续使用。因为辐射暴露水平随着太阳活动周期的变化以及飞船内堆装物结构的改变而持续变化，所以在飞行任务中必须进行连续的监测与评估。利用实时数据或者近似实时数据进行连续监测与评估，是保证乘员健康很重要的一部分。

在飞船内，飞船开发者应提供不少于 6 个位置的辐射监测点。NASA 提供探测器，并且在飞船开发者的帮助下使用辐射分析结果决定飞船舱内探测器布置的合理数量和最佳位置。飞船开发者需要确认在整个任务阶段（包括发射和着陆阶段）被动辐射监测设备的安装方法，以确保能够承受由飞船结构造成的预期载荷。操作概念文件应该包括发射前辐射区域监测设备在飞船舱内的安装。地面操作接口需求文件（IRD）包括任务前探测器的安装以及返回后探测器的立即回收。NASA 支持着陆后的回收以及样品的处理分析。这些被动探测器获得的数据，将用来分析与评价在整个任务期间飞船舱内不同位置的电离辐射暴露情况。如果乘员的个人被动探测器出现问题，例如丢失或者错位，这些数据也将用来作为乘员个体辐射剂量值的一部分。

4.8.3　辐射屏蔽设计技术文件

对于设计周期中的每一个主要里程碑，表 4.8.3 - 1 中列出了 NASA 客户推荐的技术文件。

表 4.8.3 - 1　辐射屏蔽设计技术文件

技术产品	阶段 A		阶段 B	阶段 C	阶段 D	
	SRR	SDR	PDR	CDR	SAR	ORR/FRR
对操作概念、功能分配、乘员相关任务列表进行描述	I	U	U	U	U	
用于分析飞船辐射屏蔽设计的集成的一系列模型	I	U	U	U		
辐射测量设备的说明书和绘图	I	U	U	U	U	
辐射屏蔽和区域监测的验证方法和方案	I	U	U	U	U	
系统结构图（结构，设备等），材料规格，接口要求		I	U	U	U	
飞船防护建造的详细描述		I	U	U	U	
辐射屏蔽检验和分析		I	U	U	U	
飞船、手持设备和货物，飞船和地面系统，飞船和任务系统，飞船和 ISS 的接口需求文件		I	U	U	U	
安装和回收探测器以及辐射区域监测设备			I	U	U	U
飞行计划，飞行准则，空间天气环境，辐射剂量预测，飞行数据文件程序，系统操作文件程序						X

X 为一次性发布的项目
I 为初始发布的项目
U 为更新发布的项目

操作概念和乘员任务列表

3.2.3.1.2 节所述的操作概念提供了诸如识别乘员活动以及判断哪一子系统受乘员活动影响等信息。3.2.3.1.3 节所述的功能分配确立了具体活动实现方式（自动化还是人工控制）。4.1 节用户任务分析中描述的乘员任务列表给出了包括用户与系统间的功能分配、乘员活动序列的定义、关键任务的识别等方面的详细信息。随着设计周期中乘员任务列表的发展，其最终迭代设计结果即是乘员程序。

结构、材料和界面规范

图纸、材料和界面规范，为 NASA 提供在整个设计过程实施人-系统整合设计技术的详细信息。

验证计划

验证计划是一份正式的文档，该文档描述的具体方法与每一项要求相符合。

系统需求评审（SRR）

NASA 技术文件：

- 所需的设计基准任务（DRM）；
- 医疗操作需求文档；
- 人-系统整合需求文档；
- NASA-STD-3001 第 1 卷和第 2 卷；
- NPR 8705.2B；
- 辐射测量设备说明书。

建议的开发者技术文件：

- 初始操作概念引起的辐射需求；
- 初步的分析方案以及防护分析的验证和确认（V&V）方法；
- 初步的分析方案以及辐射区域监测设备安装的 V&V 方法。

NASA 或者开发者技术文件：

- 用来执行飞船设计分析的集成的一系列模型。

系统定义评审（SDR）

NASA 技术文件：

- 可用时，对前期文档进行更新；
- 辐射测量设备说明书的更新。

建议的开发者技术文件：

- 操作概念的修订；
- 系统结构定义（结构、便携设备、货物）；
- 飞船/设备/货物，飞船/地面系统，飞船/任务系统，飞船/ISS 的接口需求文档；
- 飞船结构和防护的详细描述：
◇最终的分析方案/V&V 方法；
◇初步的分析结果；
◇防护分析中使用的输入数据和计算结果；
◇如果防护不是很充足的话，初步的辐射剂量减轻方案；
- 飞船辐射探测器的配置方法：

◇更新的分析方案/ V&V 方法；

◇初步的最大载荷评估。

NASA 或者开发者技术文件：

· 更新的用来执行飞船设计分析的集成的一系列模型。

初步设计评审（PDR）

NASA 技术文件：

· 可用时，对前期文档进行更新；

· 可用时，更新辐射监测设备说明书。

建议的开发者技术文件：

· 操作概念的修订；

· 更新的系统结构定义（结构，便携式设备，货物）；

· 飞船/设备/货物，飞船/地面系统，飞船/任务系统，飞船/ISS 的接口需求文档；

· 更新的分析方案以及防护分析的验证和确认（V&V）方法；

· 更新的分析方案以及辐射区域监测设备安装的 V&V 方法；

· 飞船结构和防护的详细描述：

◇更新的分析结果；

◇防护分析中使用的输入数据和计算结果；

◇如果防护不是很充足的话，更新的辐射剂量减轻方案；

· 飞船辐射探测器配置方法：

◇更新的载荷评估。

NASA 或开发者技术文件：

· 更新的用来执行飞船设计分析的集成的一系列模型。

关键设计评审（CDR）

NASA 技术文件：

· 可用时，对前期文档进行更新；

· 可用时，更新辐射监测设备说明书。

建议的开发者技术文件：

· 最终的操作概念；

· 系统结构（结构，便携式设备，货物）；

· 飞船/设备/货物，飞船/地面系统，飞船/任务系统，飞船/ISS 的接口需求文档；

· 最终的分析方案以及防护分析的验证和确认（V&V）方法；

· 最终的分析方案以及辐射区域监测设备安装的 V&V 方法；

· 飞船结构和防护的详细描述：

◇最终的分析结果；

◇防护分析中使用的输入数据和计算结果；

◇最终的辐射剂量减轻方案；

• 在飞船舱内至少 6 个位置安装辐射探测器的方法：

◇最终载荷评估。

NASA 或者开发者技术文件：

• 更新的用来执行飞船设计分析的集成的一系列模型。

系统整合评审（SIR）（如果有计划）

NASA 技术文件：

• 可用时，对前期文档进行更新；

• 可用时，更新辐射监测设备说明书。

建议的开发者技术文件：

• 最终的操作概念，接口需求文档。

测试准备评审（TRR）

NASA 技术文件：

• 可用时，更新辐射监测设备说明书；

• 硬件的操作约束。

建议的开发者技术文件：

• 飞船的详细描述和绘图：

◇可用时，更新防护分析；

◇防护分析中使用的输入数据和计算结果；

◇根据需要，更新剂量减轻方案；

◇验证结果；

• 在飞船上最少布置 6 个剂量监测点：

◇可用时，更新分析最大载荷；

◇验证结果。

系统验收评审（SAR）

NASA 技术文件：

• 可用时，更新辐射监测设备说明书；

• 硬件的操作约束。

建议的开发者技术文件：

• 飞船可提供足够防护的证明文件：

◇飞船上安装不少于 6 个探测器的证明文件。

运行准备评审（ORR）

NASA 技术文件：

• 初步的飞行计划；

• 初步的飞行规则（飞船的详细描述和 ISS/飞船，空间环境部分）；

• 初步的飞行数据文件程序；

• 初步的系统操作数据文件程序；

・最终的辐射监测设备说明书；

・硬件的操作约束。

建议的开发者技术文件：

・飞船结构和防护的详细说明：

◇最终的分析结果；

◇防护分析中使用的输入数据和计算结果；

◇根据需要，最终的剂量减轻方案；

・飞船上不少于 6 个剂量监测位置的探测器安装方法：

◇最大载荷的最终评估。

飞行准备评审（FRR）

NASA 技术文件：

・最终的飞行方案；

・最终的飞行规则（飞船的详细描述和 ISS/飞船，空间环境部分）；

・当前以及预测的空间天气环境；

・预测的乘员辐射剂量值；

・最终的飞行数据文件程序；

・最终的系统操作数据文件程序。

建议的开发者技术文件：

・安装和回收辐射区域监测设备的方案。

4.9　功能性空间设计

4.9.1　简　介

　　功能性空间，也指净居住空间（NHV），是指乘员完成任务操作所需空间。在结构设计中采用迭代的设计和评估过程来定义、计算和确保功能性空间有助于保障乘组人员有足够的空间完成任务和功能。有多种方法和程序来加强系统和航天器功能性空间的设计和评估。尽管具体方法会不同，但正确的评估都需要仔细考虑任务中人的操作需要。有时需要考虑不同任务间乘员如何移动或转移，有时需要考虑多名乘员如何同时工作。功能性空间设计是"以人为中心"系统迭代设计过程中的最重要的环节。更多有关如何确保乘员有充足空间来安全高效地完成任务的内容见 NASA/SP - 2010 - 3407《人整合设计手册》中8.2.4 节。

4.9.1.1　适用要求

　　以下关于功能性空间设计和评价的要求见 NASA - STD - 3001，第 2 卷：

・空间分配［V2 8001］；

・乘员居住空间［V2 8002］；

- 任务居住空间［V2 8003］；

- 行为健康空间［V2 8004］。

总的来说，这些要求说明了系统针对未来多乘员和多天任务提供给乘员足够的功能性空间来执行任务。

这些要求的目的是为乘员工作、睡觉、吃饭、进舱、出舱、安全有效地执行所有其他必要的任务提供足够的空间。

本节的目的是详细说明功能性空间设计评估中的过程和方法，其他相关参考资料在表4.9.1.1－1 中列出。

表 4.9.1.1－1　功能性空间设计参考资料

文档编号	文档版本	文档题目
JSC 63557	10/2008	《净居住空间验证方法》
NASA STD－3001	4/2009	《航天飞行人-系统标准》(第 2 卷《人因、适居性与环境健康》)
NASA/SP－2010－3407	1/2010	《人整合设计手册》
ISO 13407	6/1999	《交互系统以人为中心设计流程国际标准》
NPR 8705.2B	5/2008	《航天系统适人性要求》

NPR 8705.2B 标准 2.3.10.1 条款是关于人-机系统界面的人在回路（HITL）的评价。在 PDR 和 CDR 阶段，NPR 要求交付包括如何使用这些评价影响系统设计的总结。

4.9.1.2　功能性空间定义

为航天器或其他适居地提供足够的和适当的功能性空间对于确保任务的成功非常必要。根据历来经验，航天器提升能力、结构要求、环境保障和其他必要的技术装备等因素造成的质量和空间的约束，决定了留给或分配给乘员的空间大小。将人作为系统的组成部分，这种定义使得航天器或其他适居地设计满足乘员的需要，而不是乘员被迫去适应设计。在航天器设计的早期，考虑乘员的功能性空间需求非常重要。

《人整合设计手册》描述了航天器设计师必须考虑的 3 种航天器空间：

- 压力舱空间——压力舱内的总空间。

- 可居住空间——安装完硬件和系统后剩余的压力舱内空间。

- 净居住空间（NHV）——除去设备、装载、垃圾和其他使功能性空间减少的无用空间和间隙之外的可供乘员利用的功能性空间。乘员身体空间或因为飞行任务而临时装载的设备包含在净居住空间中。

任何航天器设计都会有一定数量的"腔"和"空隙"，这些要从总可居住空间减除。《净居住空间验证方法》（JSC 63557）规定"腔"指从主要空间扩展而出的区域，因太小可以忽略不计；"空隙"指完全从居住空间分离出来的空间（NASA，2008a）。比如"空隙"是舱壁或墙壁后乘员完全无法进入的空间。下面列举了一些可居住空间的确定方法。

可居住的空间是指：

- 人体完全可以进入；

- 和航天器的主要空间相连且可以进入的"腔";
- 人体不能完全进入该空间（例如太小），但人的肢体可以进入该空间，而身体的其他部位可放置在与其相邻、连续的空间中。

不可居住的空间是指：

- 在执行某项任务期间，乘员不可能将身体局部放入设备或搭载物之间产生的"腔";
- 被物理系统或硬件占据（如座位、结构、电气或电子系统、卫生系统、废物管理系统）的空间;
- 包括"空隙";
- 货物所占空间;
- 在一定重力场下（如月球重力）不可进入的地方。

4.9.2　功能性空间设计过程

4.9.2.1　以人为中心的设计方法

以人为中心设计（HCD）的程序支持将任务、乘员和设计要求联系起来而达到有效、高效、高产和安全设计的开发理念。遵循以人为本的核心理念，需要在设计全周期流程的早期设计中就考虑功能性空间。随着设计的成熟，应迭代开展功能性空间评估来驱动设计决策，理解乘员功能性空间的变化，并将设计与任务需求进行比对。在设计的全过程开展评估保证了功能性空间需求。关于 HCD 的进一步内容可参考 HIDP 3.2 节。

以人为中心的功能性空间设计方法包括计算机辅助设计（CAD）建模和物理模型测试。CAD 建模用于定义空间，可视化概念，审查不同身体尺寸的乘员空间，评价静态空间中的体位（见 4.5.2 节）。利用物理模型的测试使设计者可以执行人在回路的评价（HITL），包括动态任务、移动和乘员协同工作之类的。空间大小如何影响乘员工作的效率、效力和满意度，HITL 评估在这方面提供至关重要的信息。CAD 分析和 HITL 评估分别为功能性空间的充足性设计提供重要信息，两者应该在设计成熟过程中迭代实施。通过在设计早期洞察到潜在的空间设计问题可节省时间和成本。

4.9.2.2　任务分析、建模和评价

功能性空间设计过程中首先要理解航天器和飞行任务，包括理解任务要求（目标及相关的乘员任务、持续时间、乘员尺寸和位置等）、整个航天器和居住场所结构、内部舱室设计、设施设计（如窗户、卫生区域）。可从任务要求、基准任务的设计文档和操作概念获取相关信息。现有和以往的系统能够提供类似任务的信息。更多有关系统结构分析过程、航天器结构研发和任务要求的内容参见 HIDH8.2.5 节。

在整个航天器设计过程中，与功能性空间的设计和评估紧密相关的 3 项主要内容如下：

- 任务分析：定义正常和非正常的乘员任务，以及所执行任务的背景状况（任务阶段、航天器配置、时间约束、乘组人员数量等）

- 建模：利用 CAD 模型表征和评估针对任务分析中所确定的、不同任务时乘员静态体位。建模应基于人体测量学和生物力学要求。
- HITL 评估：使用物理模型和乘员受试者模拟任务，并评估类似任务环境中提供的空间（NPR 8705.2B 标准 2.3.10 条款）。

任务分析、建模和 HITL 评估提供乘组人员需要执行的任务的相关信息，包括不同测量尺寸乘组人员的可能姿势、动态任务和转移过程中可接受的空间。任务分析、建模和 HITL 评估这三者应彼此沟通。例如，任务分析中的任务和工况可使用 CAD 软件建模，用以分析每项任务的空间需求，这样可在 HITL 评估过程使得乘员对象的空间需求安排有效，反之亦然。因此，在功能性空间设计和分析过程中，任务分析、建模和 HITL 评估三者是至关重要的。有关这三方面更多详细内容见下文。

4.9.2.2.1　任务分析

任务分析用于列出乘组人员需要执行的任务及相关信息，如任务阶段、航天器配置、任务重要性、任务时间、协同任务、乘员界面和乘员服装。4.1 节提供了一般任务分析过程的信息。对于功能性空间设计，通过任务分析来决定哪些任务对空间的影响最大。考虑任务阶段和舱内结构是非常重要的，因为它们将影响乘员可利用的空间。例如，有些任务可能需要重新布局硬件（如座位）或搭载物，有些任务可能因为个人私密性、污染或安全问题而需要专门的区域。当重要任务需要在短时间内执行时，更快的任务绩效需求的布局要优先于其他空间需求的布局。

为了举例说明空间的设计过程，假设一个任务场景：任务涉及 4 个乘员需要在短时间内穿上服装，这个任务需要的空间大小比一个乘员所需的空间要大。任务分析将有助于确定是否所有的乘员需要同时穿上衣服，或者是否可以采取相互帮助的形式；任务分析也有助于确定舱内所需布局（包括完成任务时涉及的界面），或者确定是否有足够的时间来重新布局搭载物以提供更多空间。任务分析常用来明确需要尽可能大空间的任务（如 4 人同时着装），并且明确任务之间的衔接，从而确定任务合适的空间，并压缩相关的任务空间。此外，多乘员可能会协同执行一些小任务，如程序检查、准备食物和打扫卫生。由于某项活动（如打扫卫生）需要的空间可能限制其他活动（如食物准备）的空间，因此，为这些任务分配空间需要同时考虑各个方面。此外，还应该提供足够的空间使乘员能在不同的工作区域间移动。

已经证明 NASA 航天器的一些工作场景属于这种空间驱动（但不仅限于此），包括：

- 服装穿脱；
- 舱室重新配置；
- 分隔用餐和卫生区域；
- 航天器的出入口；
- 锻炼；
- 医疗救治。

JSC 63557 的 2.5 节提供了更多有关确定空间驱动型任务的信息。

4.9.2.2.2　建模

　　明确空间驱动的任务后，在给定当前或拟议的设计，以及基于人体测量尺寸确定的任务临界空间情况下，就可以使用 CAD 建模评价可用空间总量。测定净居住空间不是简单从航天器的总空间中减去组件空间。首先，用简单物体（球体、锥体、柱体）来表征和计算可用空间总量（图 4.9.2.2.2－1）。模型使用布尔或等价操作来除去非功能性空间，这部分空间要么与总空间相交，要么包含在总空间内，包括由机械、电气系统、生命保障系统、架构组件（如柱子）、硬件（如座椅、显示设备、搭载物）所占用的空间和太小无法利用的空间。一些模型用来表示不同的航天器的内部配置设计并进行多个设计的比较。最终的模型应该使用精确的形状来描述整个可用空间（而不只是一个简单的立方体或棱柱体）。关于如何计算功能性空间的更多信息（使用立方英尺或立方米）见 JSC 63557 附录 A.1。

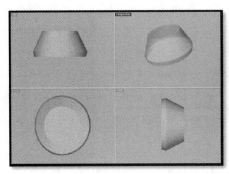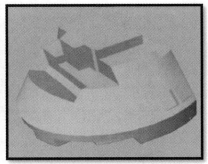

图 4.9.2.2.2－1　NHV 最初的 CAD 建模

　　图 4.9.2.2.2－1 中，左图表示首先定义简单物体；右图表示许多简单物体的组合，用于创建猎户座飞船（Orion）模型。

　　总可用空间中的人体模型可用于生成每个工作站和相关任务的功能性空间。人体建模应该基于人体测量尺寸、运动范围和身体空间（图 4.9.2.2.2－2）。可以通过建模使人体呈现任务操作时的姿态，正如以往系统或 HITL 评估中所使用的。例如，在进行适用于两名乘员作业的辐射屏蔽空间设计时，尝试了 2 名大尺寸乘员可能的多个任务姿态（如背对背，同时盘腿坐或者一个坐位一个卧位）。所需要的功能性空间可再次使用简单物体来评估，用简单物体来表征和计算任务最小空间需求量。这种建模可用于进一步建立 HITL 场景或对硬件的设计提出改进建议。

　　当对任务进行功能性空间建模时，需要重点注意的是，这些空间并不能通过简单叠加生成总的功能性空间，因为几个工作站之间可能会共享一个空间。

　　对于在 1 g 重力环境操作困难的任务，CAD 建模对于分析其空间需求也是有用的，如对接操作。任务分析和 HITL 评估可有助于任务场景的生成，但姿态和居住空间必须靠建模来进行分析。

　　建模的另一个好处是允许多次重复分析。通常小的设计变动可以利用建模来检查其可

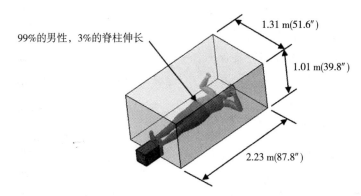

图 4.9.2.2.2 - 2　基于人体测量学和运动范围要求的所需任务空间的 CAD 建模

行性，这样比 HITL 评估更快更经济。HITL 评估仍然应该和建模结合使用，但可能需要在多项设计变更完成且人体建模升级后来进行。

尽管 CAD 建模为不同航天器配置及姿态的功能性空间需求设计提供了关键信息，但其仍有一定的局限性，这时 HITL 评估可予以弥补。CAD 分析可能无法从人体适应性和灵活性方面得到人体的各种姿势和方向。在 HITL 评估中，受试者为完成给定任务所选择的体位和方向可能是生物力学工程师、设计师或 CAD 开发人员未曾想到的。此外，HITL 评估能够反映不同体位和方向的舒适度、疼痛或疲劳，并且揭示这些体位和方向与有效且高效完成任务的关联度。CAD 建模的下一次迭代分析阶段可能会整合 HITL 评估的结果，如引入新的乘员或硬件配置，或者去除不被接受的东西。

CAD 建模应该在 HITL 评估后获取受试者的姿势和动作，这样可以通过不同人体测量尺寸的模型开展任务评估。这种评估具有两层目的：

• 可以说明评估是基于乘员尺寸范围内的，而不仅仅是 HITL 评估中受试者的尺寸大小；

• 可以将物理模型测量的空间整合到 CAD 模型中。

例如，假设一个可乘坐两人的舱室，这个舱要求舱室内能保证两名 99 百分位尺寸的乘员并排坐。利用两名乘员进行 HITL 评估，一人为 84 百分位尺寸，另一人为 90 百分位尺寸，两位受试者能够在提供的空间内完成所有预期的任务。然后再使用 CAD 建模进行分析，其中达 99 百分位尺寸的两位男性乘员和其他的座位临界尺寸用来建模，通过空间驱动任务可以确定 HITL 的结果适用于期望的人体测量尺寸分布。

4.9.2.2.3　HITL 评估

任务分析和 CAD 建模都可以用来改进 HITL 评价的场景和参数，以此来判断所提供任务空间的可接受度和可利用度。使用低仿真度和中等仿真度模型的 HITL 评估讨论如下，高仿真度的测试在资格评审阶段或实际航天器中应用。

4.9.2.2.3.1　CAD 建模和低仿真度模型的 HITL 评估

为了验证和完善 CAD 分析，应该在 HITL 评估中构建物理模型来评价运动、动态任务、移动和乘员间的协同工作。低仿真度模型可以由简单的材料（如木材或泡沫芯）和印刷出的面板制作，由此代表所有的子系统（图4.9.2.2.3.1－1）。这将帮助测试对象实现空间可视化及其在执行任务中与所需硬件的交互。要收集的相关数据包括任务中的障碍、重要的重新配置、硬件是否被配置来保障任务流、受试者是否有必需的空间来执行任务、所分配的空间对保证任务成功完成来说是否充足，以及其他相关的问题。

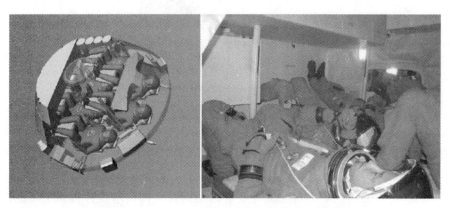

图4.9.2.2.3.1－1　CAD建模和低逼真度模型评估

左图是一个由CAD设计的猎户座乘员探索飞行器（CEV），右图是有人参与的低逼真度物理模型（Kallay et al.，2006）。

此类物理模型对确定哪种任务的居住空间最大，哪种航天器配置能够最好支持飞行任务的完成等非常关键。在物理模型中模拟实际任务也有助于明确乘员间的任务操作协调与衔接。

为了在HITL评估中评价功能性空间是否适当，评估员（例如，测试指挥员）应收集以下数据：

·实时测量数据：实时测量可以采集运动范围、关节角度、人体测量尺寸、物体表面到人体的距离、间隙等可用空间的数据，这些可用于后期的CAD建模。

·干涉数据：当受试者与界面发生碰撞时，评估员应该记录下来，如干涉任务的突出物、匹配性不够等任何影响受试者成功完成任务的因素。

·主观测量数据：如任务中或之后受试者的可接受性、疲劳和工作负荷等主观测量数据。受试者的主观反馈对于任务设计和明确改进的地方非常重要。

·评论：任务期间或之后的主观评价应该被记录，以便更好地理解任务执行和受试者的要求，例如付出的努力、避免障碍和任务编排。

4.9.2.2.3.2　CAD建模和中等逼真度模型的HITL评估

根据使用低逼真模型的HITL评估所测试的数据和取得的经验，设计者应该将任何重新设计的决定整合进项目的CAD模型。一旦CAD模型被更新，设计应该再次在中等逼真度模型中测试。中等逼真度模型应该体现航天器的基本功能，也可能包含一些人-系统交互组件中的部分功能。最好能够整合子系统原型。和实际越接近的功能模型越有助于受试者提供高质量数据，受试者能够更有效模拟与硬件的交互、障碍以及必要的空间、时间表等。设计者和受试者会指出硬件使用如何影响内部居住空间并促使乘员交互。

增加任务和模型逼真度的影响因素包括以下方面，但并不限于此：

·硬件：逼真度越高的硬件会增加真实感并能明确代表性问题。增加在之前 HITL 评估中没有的硬件也是非常重要的。例如，在服装穿脱任务中引入高逼真度的服装，可相应提供高质量的数据，如任务时间、困难、障碍和可接受性。

·环境条件：在预期的环境条件下模拟任务（例如，噪声级）将提高真实性并增加潜在的、与净居住空间（NHV）相关的问题。

·时间表：受试者根据模拟的任务时间表于白天和晚上都在完成模拟任务，包括运动、睡眠、膳食准备，这样较以前的模型或 CAD 建模可以反馈给设计团队更准确的空间分配数据。按照时间表在航天器中生活和工作的乘组的行为评估集中在任务分析、人的绩效和航天器模型中的运动。这种测试通常很少，但绝对有益。

随着飞行任务和乘组预期任务的不断明确，需要改变设计方案或所需空间，且设计周期提前。在此过程中重复任务分析、CAD 建模和 HITL 评估这些步骤是重要的，这样可以确保有足够的功能性空间来保证任务的执行。功能性空间设计是系统设计生命周期中的关键部分。

4.9.3　设计驱动

在开展太空环境下的功能性空间评估时，几个独特的设计驱动应予以考虑。这些驱动包括：乘员数量、任务数量和应急天数，乘员的行为健康、人体尺寸、姿态和运动功能，重力，环境因素，任务相关的正常和非正常操作（如紧急情况）。表 4.9.3 - 1 为这些独特的设计驱动提供了一些具体的例子。

表 4.9.3 - 1　航天器结构特有的驱动

驱动	描述
重力环境	在 0 g 环境下乘员在任一方向上均不受约束，他们具备在三维空间自由活动的能力
任务目标	任务目标受基准任务、乘员尺寸、任务持续时间、乘员和舱段的操作重力环境等影响
乘员的尺寸与数量	设计应与预期乘员的最大数量、身体尺寸范围、运动范围等相适应。执行计划内任务时应满足乘员交互,应避免在可能的范围内对另一名乘员产生干扰
质量和体积的限制	在一项成功的任务中,内部空间应确保乘员在执行必需的功能时的安全、效率和有效性
任务持续时间	随着任务持续时间的增加,乘员个人和任务所需要的物理空间也增加。由于禁闭、压力和隔离,长期任务可能影响乘员的行为健康。长期任务的心理需要可能导致额外的空间或私密需求

4.9.3.1　医疗能力

医疗能力的设计是航天器设计驱动的一个例子。航天器设计需要考虑与医疗相关的操作，这些操作需要使用医学设备或者使用 NASA 规定的 HMS 硬件来应对特殊的医学情况。NASA 明确了太空医学状况，并在 NASA /TP - 2010 - 216118 航天医学状态列表中按照医学状况发生的可能性和可治疗性对每种情况进行优先排序。相关的诊治程序在 JSC 65973 医疗状况操作概念部分有描述。

医学任务要求的空间分配设计包括前述的三步迭代过程：任务分析、CAD 建模和 HITL 评估。不同之处在于官方检验设备（GFE）和诊治程序的引进。设计方案应考虑以下方面：医疗区域、患者和照顾者区域以及需要的设备和资源的占用空间（如氧气、电力）。例如，大多数情况的诊断需要测量乘员的生命体征，包括温度、血压、脉搏、呼吸速率、血氧饱和度以及对于病史和症状的口头问诊。补充的内容请参阅 NASA/SP - 2010 - 3407《人整合设计手册》7.6 节，包括总体尺寸、医疗接口和搭载物。

确定航天器中医疗救治的区域是医学系统功能性空间分配设计的第一步。在为患者和照顾者分配功能性空间时，首先确保任务分析已经考虑了乘员的数量，需要的设备（包括接口位置和尺寸限制）以及非医学任务（如航天器系统操作），这些任务可能占据相邻或重叠的空间。医护区域应提供足够的空间和平面区域，以便为病人提供医疗救护，并且允许医护工作者和医疗设备能够进入。

对于飞行中的医疗诊治，需要对患者进行束缚以阻止胳膊和腿的运动，并让乘员的头部、颈部和脊柱在完全仰卧位时保持从臀部到头部的稳定。此外，要具备约束医护人员和医疗设备位置的功能。医学约束设计应该考虑多种约束和/或可移动约束，使设备可以被限制在需要的位置，医护人员也可以围绕患者从不同方向进入或移动。此外，高级生命保障（ALS）程序中患者束缚系统要考虑电器的绝缘性能。

航天器设计要和 NASA 规定的医疗硬件和操作程序一致，以保证可方便抵达医疗区域或使用区域。所有需要的航天器医疗资源（如电力、数据、饮用水、加压氧），在 JSC 65973 医学状况操作概念部分中有具体规定，这些医疗资源都应该在医疗区域方便获取。NASA 将根据要求提供《NASA 医学硬件说明》。医学设备的搭载和可达性设计应该和航天器整体搭载物需求（食物、乘员装备）及搭载物约束设计联系起来综合考虑。

4.9.4　NASA 计划和项目中的具体实例

下面是 NASA 项目中涉及的几个功能性空间设计的例子，包括星座计划中的猎户座飞船和月表项目。这些例子描述了特定项目如何在不同设计阶段选择使用迭代式功能性空间设计，以及如何很好地将 CAD 建模和 HITL 评估的概念引入其工程生命周期。这些例子可以作为指南，但所介绍的方法并非是唯一的方法。功能性空间设计的过程有很大的灵活性，开发人员在充分借鉴 NASA 计划和项目中经验和教训的同时应坚持不断创新。

4.9.4.1　猎户座项目

DAC1

猎户座的设计过程被分为几个周期，也叫作设计与分析循环（DACs）。第一个周期 DAC1，开启了飞船中 NHV 的任务分析、CAD 建模和 HITL 评估这三级程序。DAC1 中的任务分析部分始于当前的 DRM 和 ConOps，并根据硬件需要进行组织。例如，某一次任务分析被分为两部分，一部分是操作需求的评估和与食物加热相关的任务评价，另一部分是与舱口相关的任务评价。相关假设和关键驱动型任务针对以下硬件是明确的：所有乘组系统的硬件，以及乘员完成任务有交互的相关硬件，如舱门（机构）。

DAC1 任务分析明确了几种空间驱动型任务：

- 正常入口；
- 插入后操作；
- 睡眠后操作；
- 交会对接；
- EVA 准备和应急 EVA。

确定的驱动型场景进一步在 CAD 中实现，从而明确基于人体测量学和活动范围数据的空间需求。CAD 模型用来明确任务执行中的设计和空间分配问题。图 4.9.4.1-1 所示模型表示四个乘员在执行舱体的结构重建任务。此外，CAD 建模被用于评估 NHV 的总立方英尺/立方米数，以确定猎户舱所提供的 NHV 大小。请注意，NHV 需求被量化为立方英尺/立方米。洛克希德·马丁公司和 NASA 团队分别进行了 CAD 分析来测量 NHV，通过比较测量结果来检查立方英尺/立方米这种测量方式是否为有效方式。正式的 HITL 评估在 DAC1 中没有开展，但在模型被建立起之前要进行。

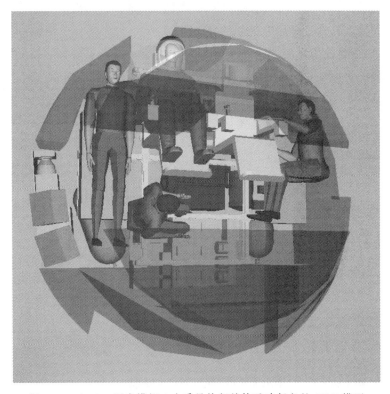

图 4.9.4.1-1　用来模拟 4 个乘员执行舱体重建任务的 CAD 模型

DAC2

DAC2 中的任务分析部分和 DAC1 非常相似，因为都是基于硬件组成，但 DAC2 中的任务分析还关注收集的信息、获得的经验知识、在 DAC1 期间所做的设计改进。CAD 建模用于确保 DAC1 改进的设计并未影响分配给空间驱动型任务的 NHV，而且提供最新的模型来改进 HITL 评估中所用的原型。DAC2 的 HITL 评估所产生的重要设计改进可增加乘员的可操作性。

DAC2 任务分析确定了几个在 CAD 和 HITL 中被评估的额外的空间驱动任务。例如，额外的运动装置相关的知识，如肘伸运动，增加了锻炼任务这样潜在的空间驱动任务。

DAC1 列表：

· 正常入口；

· 插入后操作；

· 睡眠后操作；

· 交会对接；

· EVA 准备和应急 EVA（穿脱航天服）。

DAC2 补充：

· 锻炼；

· 国际空间站和月球任务中航天服的穿脱。

DAC2 中 CAD 建模仿真度的增加（图 4.9.4.1－2）提高了模拟结果的可信度，增加了明确任务障碍的可能性，有助于 HITL 测试方案范围的明确。

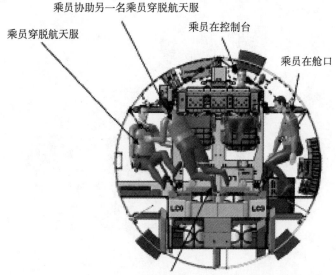

图 4.9.4.1－2　DAC2 模拟四人执行航天服穿脱任务的 CAD 模型

DAC2 期间执行一次 NHV 的 HITL 评估，目的是检验 CEV 乘员模块低仿真度模型中是否执行了 NHV 空间驱动型任务。测试目的如下：

· 识别基本结构中空间驱动型任务对 NHV 的影响因素；

· 用模型中能更好反映衔接关系和保真度的描述审查系统和子系统的概念；

· 确定 HITL 作为验证过程组成部分的价值；

· 明确模型中不能执行的活动，用于未来在更高仿真度模型或微重力环境下评估。

需要注意的是，这项测试在设计早期就已进行，这些数据不被用来更新任何需求，在这种仿真级别下乘员绩效/时间未被测量，整个人体测量范围也未体现。在 CEV 模型内，受试者在航天服、座椅和其他舱室设备被替代的预设场景中完成任务，这些任务包括：

· 插入后舱结构配置（6 名乘员）：座位和服装等空间搭载物的完成，废物管理系统（WMS）的安装和使用，存储物品的进入；

· 小组见面和用餐，航天器上厨房的准备（6 名乘员）；

· 使用医疗座椅的医疗事件（6 名乘员）；

· 运动锻炼（4 名乘员）；

· 辐射事件——无活动，仅讨论；

· 穿航天服；

· 脱航天服；

· 飞船进口；

· 飞船出口。

评估者要收集视频、音频、静态图像、实时人体工程学观测、受试者实时讨论、评估后问卷评论。评估中主要的发现包括：

· WMS 操作对平台的干扰；

· 对食物准备区的潜在干扰；

· 柱子对视窗（航天器对地球照相）和扶手的影响；

· 无法看见显示控制台，除非漂浮在空中；

· 显示控制台键盘持续突出；

· 任务的 HITL 评估既可以用于验证 CAD 分析，也可作为一个独立的方法来证明空间驱动的乘员任务可以在可用的 NHV 中执行。

在评估中明确的设计问题可以促使改变平台以使 WMS 操作的干扰减小，以及重新定位柱子以预防干扰。因为设计的限制，其他显示和控制相关的问题是不可避免的。通过这些评估，针对舱载和空间管理的建议被记录并且应用于 ConOps、规范制定和后期的任务规划中。

DAC2 中 CAD 和 HITL 活动将 NHV 需求的重点从基于立方英尺/立方米的验证转移到基于任务的验证。HITL 评估重点强调 NHV 测量不仅要满足一个数字，更重要的是构建一个可用的空间，以保障乘员必须执行的 NHV 驱动型任务。JSC 63557 创立了双阶段验证方法，第一阶段包括航天器 NHV 的计算（CAD 模型空间测量和实物模型物理测量），第二阶段包括通过任务分析和项目演示验证 NHV 的可用性。第二阶段应包括 1 g 重力环境下任务难度的 CAD 模型分析，允许重复分析以及在实物模型中由人体受试者进行的任务分析和任务演示。

DAC3

DAC3 任务分析和 CAD 建模遵循与 DAC2 相同的程序，即扩大知识库和引入设计改进。猎户座的 DAC3 NHV 评估主要是利用 4 名空间站和月球任务乘员来评价 NHV，并且确定空间驱动任务的影响因素。评估在升级后的低仿真度 CEV 模型中进行，模拟当时的配置硬件。评估侧重于特定的着服和不着服空间驱动型任务，由受试者来实施空间的分配。空间驱动任务包括：

- 脱航天服和搭载物；
- 穿应急航天服；
- 在轨搭载物，包括脐带存放布局；
- WMS 和卫生任务；
- 睡眠布局；
- 锻炼操作；
- 医疗事件操作；
- 辐射屏蔽安装和居住空间。

航天器的入口和出口在 DAC3 期间单独进行评估，而不是作为 NHV 评估的一部分。此外，交会对接从空间驱动任务中移除。上面所列的任务是比出入口和交会对接更大型的空间驱动任务。

CEV 低仿真模型用空间模型代替服装、座椅、服装存放包和紧急医疗箱。每种尝试都是为了获得最高仿真度。所有物品都用于讨论潜在空间影响因素。口头和书面意见、人体测量数据、音频和视频都被收集用于分析。

空间的整体评估足以保证完成关键的驱动任务。DAC2 期间平台和 WMS 区域的变化可满足 DAC3 评估。设计改变是为了：

- 搭载物限制；
- 座位移除；
- 对病人执行医疗程序的限制；
- 辐射屏蔽、通风、照明和沟通。

评估后的工作旨在使详细的组件操作和乘员程序更成熟，尤其是 EVA 服装界面和操作时间表的编排。

DAC1～DAC3 的努力突出了设计周期中空间驱动型任务的 HITL 评估的重要性，以及利用任务分析、CAD 建模和 HITL 评估的结果来实现迭代设计。

4.9.4.2　月表系统

任务分析阶段后，月表系统团队建立了一个牵牛星月球着陆器和月球车的低仿真模型。

用仿真泡沫芯盒和替代空间研制成牵牛星低仿真模型来模拟空间驱动任务，如服装穿戴和用餐准备。HITL 评估明确了需要编排乘组人员的驱动任务，且这些任务有助于完善影响任务的硬件和配置（见图 4.9.4.2-1）。

图 4.9.4.2 - 1　驱动任务的模型评估

使用牵牛星月球着陆器低仿真模型来测试着航天服和不着航天服时的任务（Litaker 等，2008：Thomson 等，2010）。图 4.9.4.2 - 1 中，左图为脐带连接航天服模型，右图为航天器内部空间中的全体用餐乘组。请注意围绕乘组周围墙上的是替代所有子系统硬件的泡沫芯盒。

月球车的设计经历了两个不同的配置阶段。图 4.9.4.2 - 2 所示为基于 CAD 的第一个配置的低仿真模型。人因工程师在这个低仿真模型中进行了 16 项任务初始的 NHV 的 HITL 评估，其中使用了简单的主观量表、受试者的评论、区域分析、运动频率、模式和频率的重新配置和人体测量分析，还使用了基于该项目的动态任务。在对 NHV 数据及其他动态数据分析后，得出的结论是需要一个新的舱体设计，原因是过度配置和航天器重心（CG）的改变。

图 4.9.4.2 - 2　动态任务模型评价

图 4.9.4.2 - 2 为月球车低仿真度模型的第一次配置。左图为调查者采集 NHV 数据的舱体模型，右图为重新配置睡眠空间的受试者（Litaker et al，2008）

这个初始 HITL 评价能够确定舱体重新配置任务期间的空间限制，而不是由 CAD 模型确定的。使用 HITL 最初评价中获取的月球车 NHV 信息，设计者在模型中更新了舱体的配置，然后建立了另外一个模型。图 4.9.4.2 - 3 所示为用于 NHV 测试的、更新后的低仿真模型。人因工程师要求受试者执行与初始的 HITL 测试相同的 16 项任务，这些任务用来判断所需的功性能空间。

图 4.9.4.2 - 3　结构重新设计后的模型评价

图 4.9.4.2-3 中，左图是重新设计后结构的低保真度模型，用于 NHV 测试；右图所示为安置侧面显示器时讨论前窗可视性的受试者，图片上右侧稍远位置的矩形盒子表示一个侧面显示器（Litaker et al，2008）。

月球车的第二次配置受益于迭代 NHV 分析和评估，NHV 分析和评估使项目团队在如何成熟地设计和创建一个中等仿真度二次配置模型的决策能力得到了提高。图 4.9.4.2-4 显示的是中等保真度功能舱模型 1A。

在亚利桑那州的沙漠应用与技术研究（DRATS）中已经将中等仿真度模型进行了 2 次现场试验。2008 年的第一次现场试验中，2 名乘员在功能模型中工作和居住了 3 天，并与内部和外部系统有相互作用。人因工程师和航天器设计工程师收集航天器空间可接受度、任务可接受度数据，以及在真实环境模拟下与操作航天器原型相关的工程数据（Litaker，Thompson，Howard，Szabo，Conlee，& Twyford，2008）。

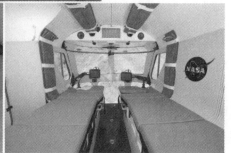

图 4.9.4.2 - 4　中等保真度模型评价

图 4.9.4.2-4 显示的是为期 3 天的现场试验前进行的工程测试中的中等仿真度功能舱 1A。图 4.9.4.2-4 中，左下图为驾驶舱内部，里面有功能系统计算机和控制器；右下图为航天器尾部视角的功能舱 1A，用前排的座位来配置乘员的睡眠需求。

为期 3 天的测试期间收集的数据被证明其对于航天器设计师是非常宝贵的。进行的几项设计修改包括：添加搭载物区域，添加一个航天服封闭环境和为提高效率而重新设计驾驶舱布局。使用这些从 1A 舱模型获得的 HITL 经验，建立了另一个经过修改后的中等仿真度功能模型（图 4.9.4.2-5）。

图 4.9.4.2-5　中等仿真度模型的迭代评价

图 4.9.4.2-5 中，左图是修改后的 1B 舱，有适当的外壳并在侧面增加了舱口；右图为修改后的 1B 舱驾驶舱内的显示安排和安装在顶部的搭载物。

在前期航天器的 NHV 数据支撑下，2009 年的 DRATS 现场试验进行了为期 14 天的 1B 舱模拟任务。使用前期测试中相同的任务，但任务的仿真度有所增加。调查者不仅收集航天器空间和设计的宜居性方面的数据，还要收集空间如何影响乘员的行为健康方面的数据（图 4.9.4.2-6）。增加的仿真度和有代表性的时间表使得空间评价的结果可靠性增加，并使航天器中一些功能性空间分配的有效性增加（其取决于设计过程阶段）。这些数据给予设计团队更多关于航天器宜居空间特点的知识，这些对于更新设计非常有价值。

图 4.9.4.2-6　加强的中等仿真度模型的迭代评价

图 4.9.4.2-6 中，左图是在为期 14 天的任务中一个乘员正使用控制杆并与显示器的边缘键互动；右图显示了工作之余的两位乘员：后面的乘员在做运动，前面的乘员在吃零食。

两张照片都是在 1B 舱内拍摄的，显示了各种动态任务的 NHV 测试（Litaker et al，2010）。

月球车团队在这些模拟任务中获取经验，采集了定性和定量数据，不同仿真度多模型的使用显著降低了迭代测试的数量。事实上，通过这个 NHV 过程，月球车设计团队（2010 年 9 月）有信心开发出新一代带有实时网络子系统的加压式航天器。这将允许航天器的所有空间配置参数进行测试，并且提供接口交互数据以促进最终设计的实现，以及如工作负荷和使用性等其他因素的评价。

4.9.5 功能性空间设计技术文件

作为设计寿命周期的主要里程碑，由 NASA 客户推荐的、用于评审的技术文件见表 4.9.5-1。

表 4.9.5-1 功能性空间设计技术文件

技术文件	阶段 A		阶段 B	阶段 C	阶段 D	
	SRR	SDR	PDR	CDR	SAR	FRR
对操作概念、功能分配、乘员相关任务列表进行描述。包括对空间驱动型任务的识别，以及对乘员工作区和居住区空间的设备和配置的识别	I	U	U	U		
依据 NPR 8705.2B 标准和 2.3.10 条款中的 HITL 评估条款，对目前开展的建模、分析、评价进行总结，并以链接的形式给出对系统设计影响的分析结果。包括基于 CAD 和 HITL 的空间驱动型任务分析			I	U		
系统结构图（结构、设备等），材料规格，接口要求。包括提供分析中需要使用的航天器 CAD 模型			I	U	U	
验证计划			I	U	U	

X 为一次性发布的项目
I 为初始发布的项目
U 为更新发布的项目

操作概念和乘员任务列表

3.2.3.1.2 节所述的操作概念提供了诸如识别乘员活动以及判断哪一子系统受乘员活动影响等信息。3.2.3.1.3 节所述的功能分配确立了具体活动实现方式（自动化还是人工控制）。4.1 节用户任务分析中描述的乘员任务列表给出了包括用户与系统间的功能分配、乘员活动序列的定义、关键任务的识别等方面的详细信息。随着设计周期中乘员任务列表的发展，其最终迭代设计结果即是乘员程序。

用于功能性空间的操作概念和乘员任务列表包括对预期的空间驱动型任务的识别，如工作、睡觉、吃饭、医疗护理、移动、外出、进入、穿压力服以及其他任务。另外，还包括对出现在乘员工作区和居住区的设备及装置的识别。

建模、分析及评价总结

建模、分析和评价的迭代结论为 NASA 提供贯穿设计流程的人-系统整合方面的技术细节。如 3.2.3.3 节所述，随着设计的不断成熟，建模、分析和评价应当逐步使用高保真的输入和实物模型。很重要的是，总结中要给出如何对关键设计决策进行评估。按照 NPR 8705.2B 标准，SAR 全阶段均应为每个设计审查提供更新后的结论。此外，在 NPR 8705.2B 标准 2.3.10 条款中介绍的人在回路的评价方法，可使操作概念逐步达到系统所设定的目标，即满足操作安全、高效和用户界面设计人性化的系统要求。

对于功能性空间，空间驱动型任务的分析应该在 CAD 和 HITL 评估中进行，从 SDR 到 SAR 过程中使用精度越来越高的模型。

结构、材料和界面规范

图纸、材料和界面规范，为 NASA 提供了在整个设计过程实施人-系统整合设计技术的详细信息。

验证计划

验证计划是一份正式文档，该文档描述的具体方法与每一项要求相符合。

4.9.6　参考文献

[1]　Kallay, A., Harvey, C., Byrne, V., DeSantis, L., Maida, J., Szabo, R., & Whitmore, M. (2006, August). Crew exploration vehicle (CEV) net habitable volume assessments for 6 - crew missions (NASA TDS CEV - 05 - 002). Houston, TX: Johnson Space Center.

[2]　Litaker, H. L., Jr., Howard, R., Ferrer, M., & Young, K. (2008, January). Lunar rover habitability volume evaluation on configuration one. Houston, TX: Johnson Space Center. Internal NASA Document.

[3]　Litaker, H. L., Jr., Thompson, S., Howard, R., Szabo, R., Baldwin, T., Conlee, C., Twyford, E., Nguyen, A., & Ward, M. (2008, February). Suited and unsuited habitable volume evaluation for Altair lunar lander DAC - 2 configuration. Houston, TX: Johnson Space Center. Internal NASA Document, September 2008.

[4]　Litaker, H. L., Jr., Thompson, S., Howard, R., Szabo, R., Conlee, C., & Twyford, E. (2008). Habitable volume evaluation for the lunar sortie habitat Altair: Configuration one. NASA/Johnson Space Center. Internal NASA Document.

[5]　Litaker, H. L., Thompson, S., Howard, R., Szabo, R., Conlee, C., & Twyford, E. (2008, December). Small Pressurized Rover (SPR) three day desert trial: A human factors assessment. Houston, TX: Johnson Space Center. Internal NASA Document.

［6］ Litaker，H. L.，Jr.，Thompson，S.，Howard，R.，Szabo，R.，Conlee，C.，Green，S.，& Twyford，E.（2010，February）. A human factors assessment of the Lunar Electric Rover（LER）during a 14 – day desert trial. Houston，TX：Johnson Space Center. Internal NASA Document.

［7］ National Aeronautics and Space Administration.（2008a，October）. Net habitable volume verification method（JSC 63557 Draft，October 30，2008）. Internal NASA Document.

［8］ National Aeronautics and Space Administration.（2010a，January 27）. Human integration design handbook（HIDH）（NASA/SP – 2010 – 3407）. Washington，DC：Author.

［9］ Thompson，S.，Litaker，Jr.，H. L.，Szabo，R.，Howard，R.，& North，D.（2010，January）. Evaluation of the Altair lunar lander DAC – 3 interior volume configuration. Houston，TX：Johnson Space Center. Internal NASA Document.

4.10 乘员生存能力评估

4.10.1 简 介

依据 NPR 8705.2B《航天系统适人性要求》，适人性评价认证计划中包括的关键要素之一就是基准任务的每个阶段中的乘员生存策略的系统实现。对于每个基准任务来说，识别潜在的操作风险以及保障乘员生命的相应补救措施是很重要的。风险一般包括系统失败和紧急事件（例如，火灾、碰撞、有害气体、舱压下降、医学紧急事件），当发生风险时应有可以保护乘员的特定补救措施（例如，中止任务、安全港、营救、应急出口、应急系统、应急医疗装备或应急医疗通道）。乘员安全评估是识别乘员安全隐患的研究过程，它包括所有可能在基准任务每个阶段中出现的灾害风险隐患。在系统设计的整个过程中都应该进行这个过程，并且应该随着飞行任务、操作、具体任务的成熟而迭代执行。

4.10.2 乘员生命安全评估技术文件

作为设计生命周期的每一个关键里程碑，由 NASA 客户推荐的、用于评审的技术文件见表 4.10.2 – 1。

表 4.10.2 – 1 乘员生命安全技术文件

技术文件	阶段 A		阶段 B	阶段 C	阶段 D	
	SRR	SDR	PDR	CDR	SAR	FRR
依据 NPR 8705.2B 标准 2.3.1 条款，对基准任务进行描述，用于适人性评价	X					
操作概念、功能分配、乘员相关任务列表的描述	I	U	U	U		

续表

技术文件	阶段 A		阶段 B	阶段 C	阶段 D	
	SRR	SDR	PDR	CDR	SAR	FRR
用于危险分析和风险评估的预案制定	I	U				
依据 NPR 8705.2B 标准 2.3.3 条款中"以文件形式确定发挥乘员作用的设计理念"要求,遵循该理念开发航天系统,确保该系统可充分发挥乘员能力来执行基准任务,以避免任务中止,避免灾害性事件发生	X					
依据 NPR 8705.2B 标准 2.3.2 条款中"识别在乘员生存方面的系统能力"的要求,进行适用于基准任务的所有阶段的乘员生存策略及执行这些策略所需的系统能力的说明,以及被识别的生存能力的实现的说明		I	U	U	U	U
依据 NPR 8705.2B 标准 2.3.4 条款中"融合乘员能力的系统设计"的要求,对乘员生存能力的描述,以及对最高级别计划文件的跟踪说明		I	U	U		
依据 NPR 8705.2B 标准 2.3.6 条款中"控制风险和降低风险的设计"要求,乘员是否能安全返回的安全分析活动,被用来分析相对风险和设计中的不确定性,随后影响有关系统设计和应用测试的决策		I	U	U	U	

X 为一次性发布的项目

I 为初始发布的项目

U 为更新发布的项目

4.11　代谢负荷和环境控制生命保障系统设计

4.11.1　简　介

乘员的代谢负荷是航天器环境控制生命保障（ECLS）系统设计和定型能力的重要输入之一。有效的 ECLS 系统对于提供和维持保障乘员健康和工作能力所必需的舱内大气条件具有关键性的作用。通过以人为本的方法进行航天器设计将有助于获得支持乘员所需的环境条件并满足适人性认证要求。

尽管人们对于物理和环境的刺激各不相同而且可变,NASA 已经制定了反映有关航天飞行生理反应最佳认知的数据和要求。早期进行乘员系统代谢负荷及与之相联系的其他航天器系统整合分析可确保 ECLS 系统设计适用于苛刻的航天器环境条件。

NASA‐STD‐3001 要求相关的代谢负荷和 ECLS 设计包括以下内容:

· ［V2 6003］乘员暴露的氧分压范围;

· ［V2 6006］乘员暴露的总压耐受范围;

- ［V2 6010］相对湿度；
- ［V2 6011］着航天服和着陆后相对湿度；
- ［V2 6012］舒适带；
- ［V2 6013］温度范围；
- ［V2 6014］乘员热积。

代谢负荷的作用因素是 ECLS 设计的重要内容之一，这将在本节中进行探讨。下面将描述"如何实现"、假设、关键要素以及与乘员代谢负荷正确表达与应用相关的数据。另外的讨论见 NASA/SP－2010－3407《人整合设计手册》中 6.2.3.1.1 节"代谢负荷期望值"的相关内容。

4.11.2　代谢负荷设计过程

4.11.2.1　制定乘员活动列表和代谢率曲线图

为了维持航天器舱内所需的温度范围、湿度和气体组分，通过量化飞行任务期内乘员对总的航天器热负荷和代谢气体交换的贡献来分析乘员的代谢率状况是必要的。对于某个给定的设计基准任务建立乘员代谢率曲线图，首先应建立常规、非常规和应急操作的操作概念和任务情节。针对每次任务阶段和相关的任务情节，详细排列乘员的任务和活动（见 HIDP 3.2.3.1.2 节和 4.1 节）。

建立代谢率曲线图、综合分析乘员活动，对于确保 ECLS 系统设计符合常规和短暂峰值热负荷以及代谢副产物对舱内环境无影响是关键的。图 4.11.2.1－1 和图 4.11.2.1－2 提供了建立代谢率曲线图的示例。图 4.11.2.1－1 显示了任务阶段和活动包括脱航天服在内的常规任务情节每个乘员的代谢率细目分类。每个乘员的贡献，特别是在特定任务阶段具有显著差异的乘员活动必须加以考虑。

FD1/FD2　**时间线**

| 阶段 | 活动 | 持续时间/h | 阶段耗时/h | 代谢率/（BTU/h） | | | | 乘员活动 |
				操作者 1	操作者 2	操作者 3	操作者 4	
上升段	上升	0.41	0.41	1600	1600	1600	1600	从点火开始到循环启动完成
近地轨道配置	入轨后	1.5	1.91	550	550	550	550	进行在轨操作，PSA 激活
近地轨道向集合地靠近并进行对接操作	NC1 启动直到对接	7.5	9.41	550	550	550	550	NC1 启动，NPC 启动，NC2 启动，NH 启动，NSR 启动，TPI 启动，靠近操作，对接

续表

| 阶段 | 活动 | 持续时间/h | 阶段耗时/h | 代谢率/（BTU/h） | | | | 乘员活动 |
				操作者 1	操作者 2	操作者 3	操作者 4	
地轨操作	对接后活动	1	10.41	550	550	550	550	
	服装操作	0.5	10.91	800	800	650	650	氧气再生，脱下衣服并收好，在穿/脱（800）与协助（650）之间平均
		0.5	11.41	650	650	800	800	
	睡眠前	2	13.41	449	449	449	449	
	睡眠	8.5	21.91	300	300	300	300	
	睡眠后	3	24.91	449	449	449	449	

图 4.11.2.1 - 1　代谢率任务时间线示例

　　代谢率时间线可以在设计过程早期为航天器开发者提供确定管理人体代谢负荷的系统效率的工具。开发者也必须确定在任务不同阶段，系统具有同时支持峰值载荷、维持 24 小时及 1 小时限值大气组分的能力。例如，在上升和入轨阶段，由于振动、超重和乘员兴奋状态，预期会引起代谢率增加。图 4.11.2.1 - 2 描述了在发射段累积的乘员代谢率细目分类，并采用时间图显示了典型的代谢率时间线。

设想的代谢率变化趋势

经月入轨（TLI）阶段设想的乘员代谢率随时间变化趋势（初步）

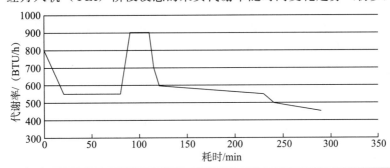

阶段		持续时间/min	阶段耗时/min	代谢率/（BTU/h）	乘员活动
发射	穿航天服				
	发射操作	120	120	450	发射前 2 小时乘员进入航天器
	上升段 1	15	135	1600*	点火直至循环启动完成
	上升段 2	15	150	550	
	近地轨道配置	15	165	550	进行在轨操作，PSA 激活
	近地轨道飞行	140	305	450	脱航天服，由上升转变为轨道操作配置（2 名乘员同时脱掉航天服）
	脱航天服			800	

＊1600 BTU/h 由于多轴加速度/振动，重力和神经感觉因素（即紧张、兴奋），与空间医学舱外活动工作组一致。

图 4.11.2.1 - 2　代谢率曲线图示例

对于商业乘员和多用途乘员的航天器项目,在附表中 NASA 提供了未着航天服和着航天服状态下进行活动的代谢负荷值。这些值基于一组环境条件和乘员的假设,在每个附录中进行了详述。如果航天器条件或乘员特征与假设不同,则代谢负荷将与表中的值有所差异,应在代谢率曲线图中体现。例如,如果穿加压服而不是长袖衬衫,则服装热阻和对流特性必须相应进行修正。

在某个特殊任务阶段,若无可用的代谢率数据,开发者应使用有证据基础的方法确定可以正确表示乘员生理反应的数值。可用于该过程的资源包括已出版的在轨数据、航天飞行模拟数据或者由 NASA 实验室或其他航空航天生理实验室提供的、可以借鉴的地基数据。NASA 可以在修正代谢负荷值或制定代谢曲线图方面提供援助。未能重新评价代谢负荷可能导致 ECLS 系统存在潜在的缺陷,从而增加了任务失败和(或)航天员伤亡的风险。

4.11.2.2　制定设计方案

4.11.2.2.1　热负荷建模

整个 ECLS 系统设计应完成人体热反应建模,以评价航天器舱内环境与乘员间的相互作用。有效的人体热模型的关键参数输入必须是可变的,包括乘员代谢率、乘员尺寸、舱内气温、舱压、壁面温度、露点温度、舱内来流速度和重力。模型的输出必须能代表乘员对舱内环境条件的反应,及对包括 CO_2 生成、O_2 消耗和水的生成的舱内环境的影响。以往,NASA 采用 41 节人体模型或 Wissler 模型作为确定飞行环境人体生理反应的有效途径。

通过 SDR,开发者应鉴别有效模型,以用于完成整个设计过程的分析。每个模型需要的输入数据可能与商用人-系统整合需求中的例子不同。在这些情况下,NASA 将与开发者一起工作修正假设和代谢负荷数据,以用于模型的输入。

4.11.2.2.2　舱内大气质量

舱内大气质量范围在 NASA - STD - 3001 第 2 卷中进行了定义和描述。正如前面章节中所提到的,代谢负荷受到这些舱内条件的影响。这些参数作为热模型输入,对于获得具有代表性的舱内大气环境发挥着重要作用。对于舱内大气的详细规定,参考下面 NASA - STD - 3001 的要求:

- [V2 6006] 乘员暴露的总压耐受范围;
- [V2 6003] 乘员暴露的 O_2 分压耐受范围;
- [V2 6013] 温度范围;
- [V2 6010] 相对湿度。

4.11.2.3　迭代和整合分析

随着设计概念和乘员活动被定义或模型化,应迭代执行模型分析。NASA 的深入分析有益于检验假设和评价过程中舱内大气要求所规定的内容。通过 CDR 实施整合分析,其包含其他生命支持硬件和真实的代谢负荷。

4.11.3　代谢负荷设计技术文件

作为每个设计生命周期的主要里程碑，由 NASA 客户推荐的、用于评审的技术文件见表 4.11.3-1。

表 4.11.3-1　代谢负荷设计技术文件

技术文件	阶段 A		阶段 B	阶段 C	阶段 D	
	SRR	SDR	PDR	CDR	SAR	FRR
对操作概念、功能分配、乘员相关任务列表进行描述	I	U	U	U		
代谢负荷时间线/数据图表		I	U	U		
对目前开展的建模、分析、评价进行总结，包括人体热建模分析、整合代谢负荷分析，并以链接的形式给出其对系统设计影响的分析结果。根据 NPR 8705.2B 要求，有效的代谢模型应通过 SDR 定义		I	U	U		
管理贯穿全部任务阶段的人体代谢负荷的所有子系统论证设计能力的整合分析			I	U	U	
验证计划			I	U	U	

X 为一次性发布的项目

I 为初始发布的项目

U 为更新发布的项目

操作概念和乘员工作列表

3.2.3.1.2 节所述的操作概念提供了诸如识别乘员活动以及判断哪一子系统受乘员活动影响等信息。3.2.3.1.3 节所述的功能分配确立了具体活动实现方式（自动化还是人工控制）。4.1 节用户任务分析中描述的乘员任务列表给出了包括用户与系统间的功能分配、乘员活动序列的定义、关键任务的识别等方面的详细信息。随着设计周期中乘员任务列表的发展，其最终迭代设计结果即是乘员程序。

建模、分析和评价的总结

建模、分析和评价的迭代结论为 NASA 提供贯穿设计流程的、人-系统整合方面的技术细节。如 3.2.3.3 节所述，随着设计的不断成熟，建模、分析和评价应当逐步使用高保真的输入和实物模型。很重要的是，总结中要给出如何对关键设计决策进行评估。按照 NPR 8705.2B 标准，SAR 全阶段均应为每个设计审查提供更新后的结论。

结构、材料和界面规范

图纸、材料和界面规范，为 NASA 提供了在整个设计过程实施人-系统整合设计技术的详细信息。

验证计划

验证计划是一份正式文档，该文档描述的具体方法与每一项要求相符合。

4.12　显示样式设计

4.12.1　简　介

设计以玻璃座舱为特征的航天器面临着很多挑战，例如，确定用于有限展示空间的合适的信息架构、分配与软件控制相对应的硬件功能，以及找到管理各种各样的输入设备（例如，光标控制设备、键盘、楔形键或其他基于操纵台的控制键）的直观方法。这些航天器驾驶舱经常会涉及许多未知事件：以前从未存在的系统、还没有定义的软硬件功能，以及只有一小群体有经验的用户和专家才能解决的设计问题。只有很少的经过验证的设计方案可供模仿。当用户的需求和哪个设计方案更可行还不明确时，开发者要面临开发软件满足客户需求的问题。所有这些挑战形成了驾驶舱信息可用性的风险，这可能导致失误以及造成对任务成功和乘员安全的最终威胁。

软件显示，也被称为显示样式，为玻璃座舱里的乘员提供指挥子系统、监视子系统健康和状态数据的主要接口。显示样式必须提供场景感知，减少乘员工作量，并通过及时提供容易理解的图形和文字的子系统信息来提高乘员安全感。本节描述开发显示样式和显示标准的过程和活动，以确保航天器和居住空间的适人性。

这里用到的术语"显示标准"意味着一套用户-接口规范和开发指南，以确保适用于乘员的所有计算机接口（也就是所有飞行和系统显示）的通用设计框架的实现。这些标准建立了所有接口的一致外观和感觉，同样也制定了所有相同类型的用户-接口组件一致的操作行为标准。制定标准的目的是通过提供简单一致的用户环境来提高易学性、乘员的工作效率、任务的安全。以期载人运输公司在整个显示设计开发过程中研制、修改、执行显示标准。

4.12.2　建立显示样式设计和标准团队

设计可用的软件系统需要多领域的专业知识。显示样式设计团队应该是一个多学科综合小组，包括：1）有相关内容或领域专业知识的人，例如航天器子系统专家；2）有过程和设计专业知识的人，例如人因专家；3）有技术实现专业知识的人，例如软件开发者；4）用户或有代表性的用户——有空间飞行经验的理想乘员。所有的参与者都能公开地提供他们的想法和关注点，且没有一个小组成员拥有所有的设计决策权，这很重要。团队的工作是合作，在合作中所有小组成员的观点都是有价值，并被认真考虑。整个团队的大小是一个重要的考虑因素。一个太小的团队可能没有足够的代表性，也不足以支持更大的团队。一个大的团队难管理且效率低。尽管显示样式设计团队应该完成核心的显示样式设计工作，但是过程中也应允许其他利益者进行评论和参与，例如管理员、航天器整合组、安全员、训练员、程序员。

界面样式的开发涉及多个阶段，包括显示样式布局和操作、显示样式的实现、在飞行软件中对显示样式的最终验证。这些活动可能由相同或不同组织完成。

4.12.3 支持显示样式设计的文件

显示样式设计团队的工作应由下列几类文件支持：

- 显示开发过程文件——一个特定项目的过程文件，包括流程和时间表、各部分的角色和职责、评审的里程碑、最终的技术产品。

  该文件中的一部分信息可以用来创建过程文件。
- 程序级别的需求文件——确保适人性评价、安全、人-系统有效整合的要求。

  该文件来源于 NASA - STD - 3001。
- 显示样式标准文件——描述设计标准、模板、软件部分的"外观和感觉"、颜色、字体等，提供一致性，使之容易学习、容易使用。
- 显示样式定义文件（"字典"）——描述每个显示样式的详细布局和操作行为。
- 软件需求说明书——开发显示样式的详细说明，可能包含样式的定义，并指出显示标准文件。
- 软件开发计划——描述实现显示样式的方法。
- 其他资源——人因设计指南文件、标准模板、图标库。

4.12.4 显示样式设计的以人为中心的设计活动

由于存在很多未知方法，因此设计工作必定会有迭代、修订和再聚焦。当可获得更多信息时，项目目标、功能、设计和标准可能需要重新考虑。因此，当将以人为中心的设计应用于航天器软件用户界面时，需要特定的进程、方法、策略。

3.2 节描述了以人为中心的设计过程，应在用于适人性评价的航天器和居住空间的所有软硬件产品的开发中遵循。下面详细描述显示样式设计中以人为中心的设计过程。

4.12.4.1 功能需求定义

已给定新航天器的设计显示样式特性的情况下，在项目开始时也可能并未完成功能需求定义。在这个定义过程中，潜在的用户/乘员可能会提供帮助，但是有时他们自己在使用这个独特的软件上也是没有经验的。软件开发者可能对显示样式的功能不确定，因为在开发周期的早期系统设计经常是不成熟的。因此，定义功能需求必须尽早开始。

需求在设计过程中应该是不断升级的，尤其是原型一旦被建立后。当乘员能看到方案中的具体样式时，他们就能够看到系统的潜能。他们开始思考哪些是可能被忽略或需要修改的功能。功能需求应该在设计过程中逐步成熟，而不是过早地确定下来。

任务分析应该在设计周期中进行，分析结果应该用来建立显示需求。在需求发展过程中，应该重点关注的是乘员需求和对各种各样的系统操作方式的理解。脚本开发和使用有助于讨论和定义这些需求。

4.12.4.2 脚本开发

脚本开发始于操作概念的定义。它描述了工作环境和执行任务中的典型活动。脚本刚开始可以作为一个简单的描述，之后逐步发展为包括嵌入式的显示设计。脚本对设计可用性评估来说是重要且有用的。最低限度的脚本开发，应可以处理例行的或频繁的操作，特别是困难的或烦琐的任务，以及预计的应急情况或偶然情况。要确保显示样式设计团队的所有成员都浏览过开发的脚本并对其内容认可，因为对于工作在不同领域的团队成员来讲，对预期的脚本有迥然不同的观点并不是罕见的。

4.12.4.2.1　举例说明要考虑的问题

至于显示样式，任务分析、脚本开发、操作概念过程中可能考虑的一些具有挑战性的问题包括：

- 相对于硬件控制，通过软件方式将完成什么？
- 涉及多少自动操作，乘员扮演什么角色？
- 在每个显示设备上所有的显示样式都可用吗？
- 不同的任务会有缺省配置（即预定义的一套样式）吗？
- 乘员将如何与显示样式交互？如果显示样式是可以共享的话，显示样式的控制键将如何共享？
- 显示样式可以有多个实例吗？如果可以，那么实时数据是怎样更新的？命令又是怎样处理的？
- 乘员对系统状态和故障有哪些领悟？
- 系统的提醒信息和警告信息是怎么处理的？

4.12.4.2.2　显示样式的数量和类型

一旦确定了显示设备硬件、输入设备、软件平台，通过确定需要多少种显示样式和显示样式的分类（例如，概要样式、详细的子系统样式、电子程序）来审定显示样式设计工作是重要的。另外，首先理解基本操作概念是重要的，即乘员将如何独立地工作或在团队中如何通过显示样式的方式进行监视和控制。从提供基本能力的显示样式的一个小子集着手是谨慎的。从开始的设计工作中将会学到很多，为了最大化效率，开始的设计工作经验将会应用到剩余的工作当中。

4.12.4.3　任务分析

4.1节描述了任务分析，且许多记录方法可用来完成这项活动。任务分析结果成为解释许多需求和在评估和实时操作中开发程序的关键。不像一些更标准的硬件任务分析，显示样式的挑战是：许多软件驱动任务可能需要预测需求，因为正如之前提到的，计划的任务和能力可能是从未存在过的，专家也只能做一些有根据的推测。

4.12.4.4　概念原型

3.2.3节概述的以人为中心的设计活动作为可视化和生产设计方案活动的一部分描述了概念原型。早期的概念原型是对软件系统的各个方面进行可视化、探索或展示的一种方法。原型设计的最初目的之一是获得在视觉形式上足够多的想法，以便这些想法可以被评价和讨论。原型设计的最大好处是它是有形的、具体的，因此可以更早地做设计讨论。

早期概念原型的重要方面包括：1）反复迭代；2）随着时间的推移，原型的精度越来越高。在初始原型上不必花大量的时间，因为它的目标是暂时的，并且早期会有很多变化。出于这个原因，使用快速原型工具或例如微软的 PPT 之类的工具建立早期原型是很好的实践。首要目标是形成纸面上的概念，这样就可以讨论和推演了。开发者花在完善这些早期原型上的时间，或花在建立交互或系统模型上的时间是很浪费的，因为设计很快就会作废。选择容易快速作改变的原型工具也是很重要的。如果原型工具能够生成有用的代码，那么它也是有益的，因为它可以节省软件开发的时间。

原型在精度方面应该从早期的概念原型到集成原型不断提高，正如下面所描述的：

- 早期概念原型（"纸上"原型）：用来说明设计分布和基本功能的静态草图。这些概念经常是不完整的，用来说明典型的设计样式或部分样式。
- 交互原型：具有通过用户交互演示关键功能的能力的动态原型。此时功能仍然是不完整的。
- 操作原型：为了提高真实性，可能在地面运行某些系统模型的高交互原型。
- 集成原型：将高仿真度、交互原型显示样式集成到操作环境中。经常在用于训练或验证的高仿真度仿真中使用。

应该为设计团队里的所有成员和相关利益者提供原型，以便他们在整个设计过程中评审和发表意见。这有助于确保早期认同，在开发生命周期的后期不会感到设计不可接受而导致花费高昂代价重新设计。

当使用定制软件平台时，原型制造和显示标准的开发经常是并行进行的。标准应该定义基本的模板和高水平的标准。标准的模板对于确保显示样式设计的一致性很重要。原型是对标准的展示和证明，最后原型制造和评估结果将引起编写新标准或修订现有标准的需求。除了标准之外，也应该建立文档模板和图标库，以便使用一套唯一的、标准的图标和符号。这将避免开发者浪费时间重复建立显示对象，并将确保"外观和感觉"的一致性。

4.12.4.5　启发式评估

一旦原型成熟到可以开始评估时，那么启发式评估就应该执行了。启发式评估包含人因专家对关于建立程序显示样式标准中的显示样式以及指南和原则可用性的评估。这个评估的结果是一个问题列表和设计建议。理想的情况下，启发式评估应该在所有乘员回路测试之前完成。因为乘员时间很有限，他们的时间应该留给操作问题的反馈上，而不是花在明显的设计问题和标准规范上。一旦来自于启发式评估的建议并入到原型中，乘员评估就可以进行了。

4.12.4.6　人在回路的评估

这些评估的目的是从下面这几项中确定显示样式是否有用：1）样式能否支持任务完成；2）能否提高效率；3）能否优化工作量和减少错误。这部分设计过程是需要高度迭代的。当设计中有更多变化时，设计—评估—再设计方法能够确保在早期识别出问题。

人在回路的评估（依据 NPR 8705.2B 标准 2.3.10.1 条款要求的）应该基本以标准可用性测试的方式进行。这个测试是开发进程（这是使用和评估在实际工作任务中的显示样式的时机，且需有条理地搜集客观数据而不是依靠主观评价）的核心。这个测试也能够用来发现任务中涉及的操作概念、书面程序或硬件方面的任何问题。它也可能提供一些初期任务的时间表信息。

4.12.4.6.1　基于脚本的测试

测试应该一次开展一个乘员的测试。使用成熟的、仿真级的原型，乘员在回路的测试也可以针对团队进行。测试应该是基于脚本的，凭借脚本完成一系列设计好的程序，以"练习"所有关键的人机接口组件和功能。测试应该包括标称的、偶然的和/或特殊问题脚本。

4.12.4.6.2　流程

流程应该根据测试目的而单独定制。有关团队成员应该共同开发这些测试流程，以确保设计是半真实且样式正确的。不可能测试所有的组件、功能、选项等，所以在多学科的综合小组中协同选择一部分功能测试是很重要的。尽管从某种程度上来说流程应该是逼真的，但是更重要的是要求乘员实际操作或练习一下所有预选的显示组件、功能或操作。可能会对现实有负面影响，你可能收到某些关于这方面的受试者的评价，但是更重要的是所有的关键功能都被测试了。必须决定是使用纸质操作流程还是电子操作流程，这取决于操作概念、测试脚本和电子操作流程的成熟度。

4.12.4.6.3　测试方法

应该使用标准可用性测试方法。测试计划的目的应该是让乘员/受试者操作显示样式来完成半真实的任务。评估应该聚焦到样式的各个方面，包括空间布局、图标使用、适当的术语、一致性和交互方法。不是任何样式都是功能性的，不易操作的功能可以略过或模拟。规定时间有时是有用的，但是它的可用性取决于原型的成熟水平。让那些不熟悉显示样式的受试者测试不成熟的原型，会导致在测试主试和这些受试者之间产生更多的交互，这样制定出的完成时间是无效的。后期使用训练过的受试者和更成熟的原型进行测试可以是定时的。这个信息对于任务计划和时间表是有用的。如果完成时间能够与以前的航天器设计的任务完成时间进行比较的话，其也可以作为有意义的数据，自动数据搜集应该在可能捕获错误的地方使用。

完成任务之后，应该要求乘员完成关于他们实际体验界面的各个方面的调查问卷或评定量表。经常使用录像来捕获受试者注意力的挫折、混乱、波动，以及参与过程中的口头评论。"口语报告分析"技术（或"自言自语"方法）对于搜集额外的数据是有用的。在这个技术中，当受试者执行任务时让他们进行表达（说出他们的想法），便可以识别出他们在样式或流程中感到混乱或挫折的点。一旦乘员在回路中的评估完成了，识别出来的问题就应该在设计迭代中处理，正如 3.2.3 节中讨论的那样。显示样式或原型再设计的结果和建议将会编写在报告中，并提供给设计团队在原型的下次迭代中使用。关于标准的评论和结果将被转发到样式标准团队或委员会。

4.12.4.6.4　测试频率

乘员在回路中的测试应该迭代进行，多种测试可以在开发过程中完成。当样式和脚本成熟后，测试变得更加有组织性，应该开始计算和跟踪错误率和完成时间。应该评估完成的路径，在早期检查满足人-系统整合要求的能力，以及设计的显示样式的显示标准。早期设计过程中测试应该在每个显示样式上进行，然后当设计成熟时，测试应该在一套集成的显示样式上进行。最终记录在案的测试将需要再次执行以验证许多关于显示样式的要求。一旦显示样式已经在航天器里实现了，那么部署后的评估计划就应该形成了。形成的这个计划用来识别实时操作环境下的任何问题，这些问题可能在下代航天器模块升级时解决。

4.12.5　显示样式标准

确保显示样式之间的一致性的关键是显示样式标准的创建和使用。显示样式的一致性可以增加可用性（见 4.2 节），减少工作负荷（见 4.3 节），减少用户的学习时间，提高任务安全性。对于显示设计者和开发者来说，通过提供一套通用的模板和插件，标准的开发能够减少工作时间。

4.12.5.1　标准开发过程

显示标准的开发是一个迭代过程，在所有设计工作开始之前就开始了。随着显示的开发，标准被更新和修订。显示标准开发过程包含下面几步：

- 确定标准的目的；
- 同合适的利益相关方组成显示标准委员会；
- 完成研究和任务分析；
- 开发标准并对其评估；
- 起草显示标准文档并使用迭代过程对标准进行提炼和更新；
- 完成利益相关方评审；
- 执行标准，并对显示是否符合标准执行检查核实。

4.12.5.2　确定标准的目的

开发显示标准的第一步是确定标准的目的和范围。显示标准可以提供基于好的设计和人因原则的一般指南，或者可以明确地规定显示标准来确保显示之间绝对一致的规则和要求。通常，设计团队越大、显示数量越多，显示标准就应该越细。此外，标准是在显示设计者所用的用户界面层还是显示程序员所用的编程（代码）层将被详细说明，这点应该明确。没有明确目的和范围的显示标准可能会产生难以处理的信息量，而导致人们不遵从这个标准。

4.12.5.3　同合适的利益相关方组成显示标准委员会

显示标准委员会负责确定显示标准，负责标准的编写、宣传和强制执行。委员会为标准的确定和解释创建了一个单一联系点。单一联系点可以将困惑最小化并允许标准更新流向设计团队。这样，对于所有利益相关方来说，在显示标准委员会中有代表其利益的人员是很重要的。委员会应包括下面的代表：

- 乘员；
- 人因专家；
- 安全专家；
- 软件开发者；
- 任务控制和操作；
- 流程编写者。

委员会成员需要全心全意地投入到显示标准进程中。进程的支持包括参加常务会议，向委员会提出由他们做决定的标准问题，帮助编写文档和评论，帮助制作模板和通用插件，向设计团队发布信息。理想情况下，委员会成员也可以是设计团队的一部分，这可以给他们机会去记录当前标准存在的任何问题并实施标准。

一旦显示标准委员会形成，其成员将决定制定标准的方法，这包括怎样处理成员之间的不一致意见（例如，2/3 人举手通过制）。委员会也应该决定新的、推荐的标准如何流向委员会后再流向设计团队。例如，委员会能够决定创建所有已知的标准问题的电子表格，这些已知的标准问题根据设计团队主管的反馈进行更新。委员会可以创建并维持一个共享的、包含所有的标准文件和模板的网络文件夹。委员会决定标准所选择的方法应该对显示设计者是透明的，设计者应该很容易访问标准。委员会成员应该决定标准如何强制执行。例如，委员会在显示设计过程中的各个点上进行标准审计检查。在这些检查过程中，显示设计可以与标准做比较，任何不匹配都可以反馈给设计者。最后，委员会应该建立草案完成的目标日期。这可以确保标准在显示开发需要时是可供使用的。委员会的这些决定和其他的过程决定应该记录在文件中，并被一致同意。

4.12.5.4 完成研究和任务分析

开发新标准的过程应该开始于搜集关于用户和任务的信息、现有标准和规范以及硬件信息。理解用户的现有知识和经验是很重要的，因为与用户期望相冲突的标准可能会降低显示的可用性。例如，某些符号、颜色或术语对用户来说都是熟悉的，这基于他们的座舱驾驶经验或其他显示交互（例如，国际空间站）。用户可能熟悉其他标准文件，例如，来自于联邦航空管理局、运输部、军事标准、电气和电子工程师协会，或其他组织者，或委员会利用一般人因原则起草的标准。

理解用户执行显示界面相关的任务以及这些任务的环境情景要求是关键的。例如，在飞行的动态阶段过程中，与乘员交互的显示字体要比在静态阶段过程中使用的字体更大。任务分析（见 4.1 节）的结果应该有助于提出合理的预测，例如，需要使用多少显示以及每种显示需要的信息类型。

最后，应该搜集关于航天器软硬件的信息，以理解系统的能力和限制。至少应该搜集显示设备的尺寸大小和软件处理速度。

4.12.5.5　标准开发及评估

初始任务分析之后，就需要开始开发和编写标准。当然，随着标准的开发和评估，任务分析应该持续进行。任何关于航天器、任务、乘员的更新知识视情况融入到标准的迭代开发中。制定显示标准的目的是通过提供通用的设计框架确保乘员使用的显示样式一致。标准应该至少指定通用的模板、通用的设计元素和通用的交互方法。标准不是提供降低显示可用性的严格规则，而是应该提供显示元素该如何显示和交互的规则，从而减少学习时间和错误。如果从任务分析、评估或显示开发中证实有更好的实现方式可供使用，那么标准也应该被更新。

标准文件的开发应该和原型模板及插件的开发并行。这些原型有助于交流标准的实现方式和目的。能够被复制和重用（例如，通过拷贝和粘贴）的插件为显示设计者提供了较容易的复制通用设计元素并保持一致外观的方法。

应该评估新奇显示标准（例如，新的符号）的适当性，以确保它们有助于显示的可用性而不会导致用户错误（见 4.2 节）。

4.12.5.5.1　显示样式标准文件内容

一旦建立了一套标准，就应该正式地编写标准文件以确保标准决策信息的唯一来源。下面是标准文件应该包含内容的推荐清单。

与硬件交互。标准文件应该包括硬件（例如，物理按键、鼠标控制设备、键盘、其他输入设备）怎样与显示样式交互的概述。典型地，这部分的目的是提供足够的、关于用户与硬件的交互怎样影响软件的基础信息。这部分描述的详细程度很可能与硬件设备的"新颖"程度相符。例如，如果使用的是标准的计算机鼠标和键盘，那么文档中就只包括很少的接口交互的描述信息；如果使用的是新类型的控制和交互设备，就需要包括相对较多的信息。如果在不同的飞行阶段（例如，相对于在轨阶段的 3 g 以上的动态阶段）使用不同类型的硬件，也应该记录在文档中。

座舱配置。显示标准文档中应该包括座舱如何配置的概述。这将为显示设计团队提供一些信息，例如有效显示设备的数量、尺寸和方向，以及在任何时候与显示设备交互的乘员人数。

定义与通用术语。所有与显示组件和操作模式相关的术语应该被清晰地定义，以确保所有的显示团队和软件开发者都能使用通用的语言。定义可以包括不同类型的键盘或按键、标题栏、光标、显示范围、聚焦区域、输入/命令区的命名和描述。

显示交互。提供乘员如何与显示设备进行交互的描述是重要的。例如，乘员怎样输入数值或命令（例如，通过数据录入区、弹出窗口或虚拟键盘）应该写入文档。其他标准可能描述了光标移动、显示导航和错误处理。

自动化和程序。应该提供与显示元素如何自动化（例如，电子程序）交互的文档描述。如果乘员能够控制自动化的程度或能够禁止自动化过程，那么这些也应写入文档。

通用模板。为了达到统一的外观和感觉，显示样式应该以一个或几个有关的通用模板为基础建立。模板中的元素可以包括显示样式标题、时间、导航菜单、系统功能正常和状态项的外观和位置。

动态与静态信息和乘员输入或交互的区域。标准的文档应该指明动态显示元素（例如，航天器状态和数值的遥测）如何区别于静态显示元素（例如，参考信息和标签）。文档应该指明乘员可以操作或改变的显示元素如何明显地区别于不能被乘员改变的显示元素。

颜色。显示标准文档应该指明可用的颜色，颜色的使用应该限制在具有高辨识值的小集合里。颜色不应该被用作状态的唯一指示，因为在不同的光照条件下或不同的乘员视觉能力条件下对颜色的感觉是不一样的。可以提供冗余信息来补充颜色的不足（例如，符号、文本或其他设计特征），标准文档应该说明这些。可以推荐一个颜色表，清晰地描述颜色的使用和颜色（例如，红/绿/蓝）产生的方法。现有的颜色标准和惯例都应该遵循，除非有特殊合理的情况。现有的惯例包括：

- 黄色——提醒或警告状态；
- 红色——警告或紧急；
- 蓝色或青色——报告；
- 灰色——不可用的功能；
- 白色——可用的/动态信息；
- 绿色——可用的信息或正常的状态（没有警告）。

图标。图标是一组代表航天器组件（例如，阀门、交换器、电池和油罐）的普通符号。显示标准文档应该指定通用图标及其定义。可以推荐一个带有图标图像及其意义的图标表格。只要有可能，就应该使用行业标准和常见的图标。

图形元素。如果可以的话，标准应该包括可用图形元素及其行为的说明。图形元素的例子包括线宽、虚拟按键的外观和行为、用来将共有元素分为一组的图形。

时间。显示和/或输入时间值的标准方式应该指明。

数据显示。标准应该说明数据是如何显示的，例如，测量单位、有效位、变化速率。数据显示应该遵循人因原则。例如，数值数据应该小数点对齐、测量单位应该显示、对于大于1的数前导零被抑制。标准里也应该包括显示丢失信息。

附加标准。上面的几项不是标准的详细清单。所有支持显示一致性的可用标准都应该包括在显示标准文档中。

写得好的标准文档的一般规则如下：

- 语言简明扼要；
- 提供带有图片的例子；
- 文档的组织结构清晰。

4.12.5.6　使用迭代过程提炼和更新标准文档

在设计显示样式的过程中，新的标准问题或需要澄清的事项可能会出现。应该使用迭代过程将任何更新、变化或说明体现在标准文档及支撑材料里，例如原型模板和插件。

4.12.5.7　完成利益相关方评审

应该给所有利益相关方一个机会，在显示标准作为正式文档公开之前让他们浏览和评价显示标准草稿文档。

4.12.5.8　执行标准并检查核实显示是否符合标准执行

正式的显示标准文档公开后，所有的显示应该遵循文档中提出的标准进行设计。列出所有显示标准的清单有助于确定显示是否符合标准。显示在航天器上实现之前，应该对所有的显示执行校对核实。显示设计和显示标准之间的任何矛盾将需要通过显示的再设计来解决，或者用一个适当的理由放弃。

4.12.6　显示样式设计技术文件

作为每一个设计生命周期的主要里程碑，NASA 客户推荐的、用于评审的技术文件见表 4.12.6-1。

NASA 全体员工可以对任何一个或所有的这些活动提供帮助，因为其都具备设施、专业知识和近期的航天器设计经验（例如，快速原型实验室、显示组件及模板数据库、显示标准、初期的飞行系统设计、数据搜集工具以及人体工程学专业知识）。

表 4.12.6-1　显示样式设计技术文件

技术文件	阶段 A		阶段 B	阶段 C	阶段 D	
	SRR	SDR	PDR	CDR	SAR	FRR
对操作概念、功能分配、操作使用脚本和乘员相关任务列表的描述	I	U	U	U		
依据 NPR 8705.2B 标准及其 2.3.10 条款，对目前开展的建模、分析、评价进行总结，并以链接的形式给出对系统设计影响的分析结果			I	U		
软件开发计划	I	U	U			
显示样式标准文档，包括图标库和显示字典	I	U	U			
验证计划			I	U	U	

X 为一次性发布的项目
I 为最初发布的项目
U 为更新发布的项目

操作概念和乘员任务列表

3.2.3.1.2 节所述的操作概念提供了诸如识别乘员活动以及判断哪一子系统受乘员活动影响等信息。3.2.3.1.3 节所述的功能分配确立了具体活动实现方式（自动化还是人工控制）。4.1 节中描述的乘员任务列表给出了包括用户与系统间的功能分配、乘员活动序列的定义、关键任务的识别等方面的详细信息。随着设计周期中乘员任务列表的发展，其最终迭代设计结果即是乘员程序。

建模、分析和评价总结

建模、分析和评价的迭代结论为 NASA 提供贯穿设计流程的人-系统整合方面的技术细节。如 3.2.3.3 节所述，随着设计的不断成熟，建模、分析和评价应当逐步使用高保真的输入和实物模型。很重要的是，总结中要给出如何对关键设计决策进行评估。按照 NPR 8705.2B 标准，SAR 全阶段均应为每个设计审查提供更新后的结论。此外，在 NPR 8705.2B 标准 2.3.10 条款中介绍的人在回路的评价方法，可使操作概念逐步达到系统所设定的目标，即满足操作安全、高效和用户界面设计人性化的系统要求。

验证计划

验证计划是一个正式的文档，描述了可供使用的、满足每一项需求的验证方法。

系统需求评审（SRR）之前

- 软件开发计划草稿；
- 操作概念；
- 脚本的操作和使用；
- 早期任务列表和任务流程；
- 用户和系统功能分配表；
- 商业趋势研究；
- 初期的"纸上"原型；
- 初期模板；
- 原型评价；
- 白皮书；
- 软件开发计划引用的、显示样式开发过程文档的草稿；
- 包括图标库计划的、显示标准文档的早期草稿；
- 起草过程计划之后，关于概念验证/显示样式设计工作摸索的报告；
- 起草需求验证策略。

贯穿初步设计评审（PDR）的 SRR

- 最终的软件开发计划；
- 显示样式标准文档的最新草稿；
- 图标库；
- 更新的操作概念；
- 修订的脚本操作和使用；
- 更新的任务列表和任务流程；
- 更新的功能分配表；
- 交互原型；
- 起草流程；
- 原型评价；

- 商业趋势研究；
- 白皮书；
- 单个交互显示样式的、人在回路的评估报告；
- 起草显示字典。

贯穿关键设计评审（CDR）的 PDR

- 更新的操作概念；
- 任务列表和任务流程；
- 更新的功能分配表；
- 高仿真度的原型；
- 评估报告；
- 白皮书；
- 成熟显示样式集成的、人在回路评估报告；
- 操作显示样式集成的、基于阶段的、人在回路评估报告；
- 最终的显示字典。

CDR

- 更新的操作概念；
- 航天器显示样式；
- 关于显示样式的验证活动。

交付后

- 实地调查与报告；
- 任务后的调查问卷、询问和面谈；
- 总结经验。

4. 12. 7　参考文献

[1]　Holden，K. L，Malin，J. T. ，& Thronesbery，C. （1998）. Guide to designing usable software systems in advanced technology environments（JSC Technical Report JSC‐28517）. Houston，TX：Johnson Space Center.

[2]　Turner，S. ，Bockman，M. Cain，L. ，Morgan，J. ，& Barber，D. （2009）. CEV Display Format Development Process（Draft）.

4.13　用户界面标识设计

4. 13. 1　简　介

　　标识是用户界面的主要组成部分。它们为操作者提供诸如寻找物品、执行流程、避免危险、紧急装备定位及适应环境等活动的辨识和指导信息。标识需支持辨认、识别和操作，这很重要；标识提供与操作相关且一致的信息；标识在设计环境中对于预期的用户来说是可读的。关于标识的附加信息见 NASA/SP－2010－3407《人整合设计手册》10.7 节。

4.13.1.1　目的

这部分提供了国际空间站（ISS）乘员界面标识过程的概述，目的是帮助实现 NASA－STD－3001 中的标识需求。这部分概述作为航天器和设备开发商的指南，通过以人为中心的设计过程和 ISS 标识实例来促进用户界面的标识设计。来自于星座计划的其他实例见 CxP 70152 星座计划乘员界面标识标准。

4.13.1.2　背景

ISS 乘员界面标识过程是硬件开发者、流程编写者、任务操作全体人员、乘员办公室和飞行乘员之间共同协作的过程。已经建立了 ISS 标准来提高标识风格、内容和操作术语的一致性。为了提高 NASA 乘员对标准的使用性，鼓励开发者使用在这个过程中描述的 ISS 标准。

4.13.2　用户界面标识过程

4.13.2.1　操作概念和乘员任务列表的开发

乘员任务列表是识别乘员操作界面和相关标识需求所必须的。航天器乘员界面设计应该始于用于例行的、非例行的和紧急操作的操作概念和脚本的开发。每个任务阶段和相关脚本都指定了乘员角色和活动以及开发乘员任务列表，见 3.2.3.1.2 节和 4.1 节对操作概念和开发乘员任务列表的描述。

4.13.2.2　开发设计方案

4.13.2.2.1　标识设计计划

定义了乘员任务和设备/系统接口后，就应该计划标识设计并将其写入标识设计计划中。标识设计计划应该包含所有必需的用户界面标识的详细描述和插图或照片。描述应包括标识信息，例如文本内容、文字大小、字体、颜色、尺寸、材质、在设备或系统上的位置和布局、相对于设备或系统的方向以及预期用户的工作方向。用户界面的标识设计应考虑被贴标识的设备、正在进行的任务、临近或同时发生的任务或界面，以及任何需要区分的界面。设备和系统标识也必须和操作规程一致，识别用于操作的控制键、用于监视的显示器等。文字大小应该与 NASA－STD－3001 第 2 卷一致，为了最佳的可读性，使用 Sans serif 体。ISS 上首选的使用字体是 Helvetica 体和 Arial 体。

标识设计计划的内容取决于硬件项目的规模。单个硬件的信息可能包含在单个的标识绘图中或一个顶层装配图中。对于较大的硬件项目，例如整个航天器，信息可能统一打包在识别标识位置、方向、内容和设计的几个标识绘图和图表中；或者可能形成一份文件，详细告知标识信息在硬件项目绘图包中的什么地方被描述了。

4.13.2.2.2　乘员界面标识类型

通过标识类型进行标识设计计划的组织。为了促进实现，NASA 将基于标识的功能分为以下几类：

- 危险、警告和预警、应急使用；
- 位置编码和方向；
- 指示性的；
- 控制和显示面板；
- 设备辨别；
- 库存管理系统（IMS）条形码；
- 电缆和软管连接器端口。

凭借预期的标识功能，每个类型的标识都有其独特的设计考虑，这些考虑在下文中进行描述。为了与 ISS 通用以及减少训练时间和降低错误的风险，还介绍了 NASA 面板标识和操作术语的标准。参考 SSP 50783《用于航天器内的国际空间站硬件的标识——设计开发过程》、SSP 50005《用于 NASA 标识标准的国际空间站飞行乘组综合标准》9.5 节、SSP 50254《操作术语》。

4.13.2.2.2.1　危险、警告和预警、应急使用标识

危险、警告和预警、应急使用标识是为在合适的环境中传达关键信息。危险标识应该用于对乘员或设备有危险的设备或组件。危险的例子包括生物危害、电击危险、可能的含毒的或其他危害物的垃圾暴露。为 NASA 乘员使用而设计的航天器应该遵守 ISS 关于危害、警告和预警、应急使用标识设计标准。一致性会减少训练时间并降低混淆和错误，因为 NASA 乘员很熟悉这些设计。图 4.13.2.2.2.1-1 是有害垃圾标识的例子，可以在 JSC 27260《贴花纸工艺文件及目录》中找到，并且满足［V2 7069］有害垃圾的标识要求。

警告和预警标识应该用来指示特殊情况，例如，遮挡区域、空隙减少、静电放电的敏感性、能源贮存、可能导致惊吓反应的无保护的热表面。通常，警告和预警标识以黄色和黑色斜线条的使用为特征，这些标识用于舱内活动（IVA）。金色和黑色用于舱外活动（EVA）。条纹图案的说明在 SSP 50005《ISS 飞行乘组整合标准》9.5.3.1.13 节中可找到。图 4.13.2.2.2.1-2 是警告/预警标识的例子，在 JSC 27260《贴花纸工艺文件及目录》中可找到。

应急使用标识用来识别特殊使用项，例如灭火器、消防端口、紧急出口以及紧急情况下需要断开的连接器。应急使用标识是以红白斜线条的使用为特征。条纹图案的说明在 SSP 50005《ISS 飞行乘组整合标准》9.5.3.1.13 节中可找到。图 4.13.2.2.2.1-3、图 4.13.2.2.2.1-4 及图 4.13.2.2.2.1-5 是应急使用标识的例子，在 JSC 27260《贴花纸工艺文件及目录》中可找到。

为了与 ISS 通用、减少培训和降低错误风险，介绍了 NASA 标准或常用的危险标识或图标。参考 NASA 标准标识用的 JSC 27260《贴花纸工艺文件及目录》，NASA 标准标识可以通过贴花纸设计和生产设施（DDPF）生产。

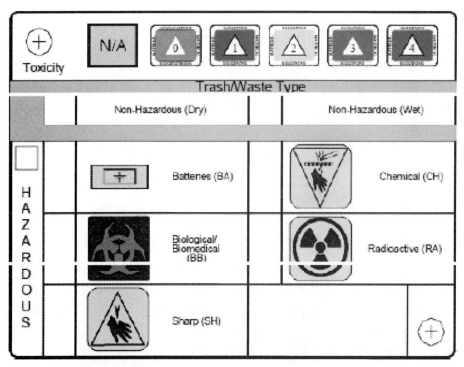

图 4.13.2.2.2.1-1　ISS 有害垃圾识别标识（SDG32105751）

图 4.13.2.2.2.1-2　ISS 警告/预警夹点标识（SDG32105057）

图 4.13.2.2.2.1-3　ISS 消防端口位置代码（SDG32108589）

图 4.13.2.2.2.1-4　ISS 手提式灭火器面板门标识（SDG32107729）

图 4.13.2.2.2.1-5　ISS 应急断开标识（SDG32106342）

4.13.2.2.2.2　位置和方向标识

位置编码和方向标识是为提供位置和方向信息。在国际空间站上，位置编码是一个数字字母码系统，用来唯一识别内部的位置以提高设备位置、装载区或应急使用设备位置的识别性。参见 SSP 30575《用于位置编码指南的国际空间站内外部操作位置编码系统》。在失重情况下，方向标识为乘员提供所需的方向信息。在国际空间站上时，舱内游览方向应该与 ISS 参考方向一致，这些参考方向在适用的界面要求文档或 SSP 30575 中可找到。图 4.13.2.2.2.2-1 是 ISS 上使用的方向标识的例子，可从 DDPF 获得。

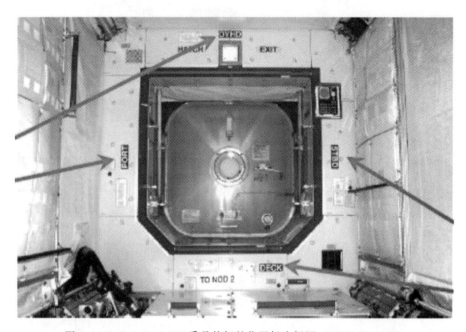

图 4.13.2.2.2.2-1 ISS 乘员偏好的位置标志标识（SDG32106315）

4.13.2.2.2.3　指示标识

指示标识有助于提供关于如何操作硬件的信息，或有助于增强乘员训练用的操作程序或必须快速响应的应急程序。指示标识范围从一行提示（例如"锁定"或"按下激活"）到一步一步的舱口操作指示说明。通过用户代表执行预定的操作进行的迭代设计和评估，应该在开发指示标识中使用。图 4.13.2.2.2.3-1 显示了"锁定"提示的例子，图 4.13.2.2.2.3-2 显示了 ISS 舱口指示标识。

4.13.2.2.2.4　控制和显示面板标识

控制和显示面板标识是为传达关于功能或使用的操作相关信息。乘员可能操作或监视的所有输入和输出设备都要被清晰、简洁地标记。图 4.13.2.2.2.4-1 所示为控制面板实例，它说明了电源开关是如何用受控的设备/系统及"开"和"关"位置标记的，说明了连接器端口是如何用连接电缆类型（例如，电源、1553 数据、以太网）和端口标识码（例如，J11）标记的。这个实例也说明了 ISS 标记断路器的惯例，即使用首字母缩略词"CB"和"OPEN"、"CLOSE"及"TRIP"的位置来提供清晰的断路器状态指示。留了

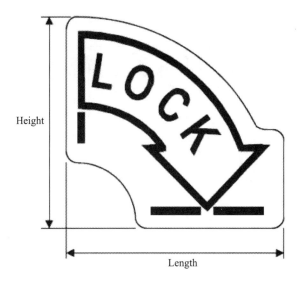

图 4.13.2.2.2.3 - 1　"锁定"提示标识实例

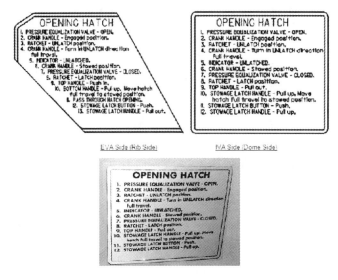

图 4.13.2.2.2.3 - 2　ISS 舱口指示标识实例

一个电源开关用作应急使用，其控制键和标识周围用红白条纹指示。注意到，标识典型地位于上方且相对于控制键和显示居中，并且所有的文本方向与操作者的预期工作方向一致。使用分组线从视觉上区分相关和不相关的控制键和显示。

4.13.2.2.2.5　设备辨别标识

　　设备标识目的是识别乘员可能操作的在操作或功能上相关的硬件、设备、子系统或组件。应该使用注册的操作术语来标识硬件及设备，见 4.13.2.2.3 节。设备标识应该规定尺寸和位置，以便当乘员需要时能够很容易被看见、识别和区分。辨别标识是用来识别控制面板（例如图 4.13.2.2.2.4 - 1）、电缆和软管（例如图 4.13.2.2.2.7 - 1，图

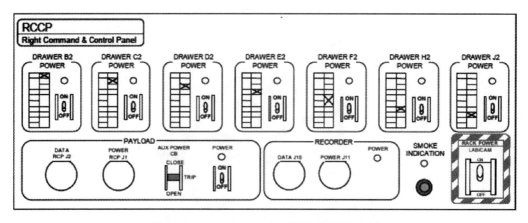

图 4.13.2.2.2.4-1　ISS 控制面板标识实例

4.13.2.2.2.7-2，图 4.13.2.2.2.7-3）以及设备（如图 4.13.2.2.2.5-1 所示）。用于硬件和设备（包含电缆和软管）的识别标识包括产品型号和序号，以便进一步辨识。

> MONITOR ARTICULATED
> ARM ASSY
> P/N 831398-551
> S/N 2006

图 4.13.2.2.2.5-1　ISS 硬件辨别标识（SDG32107015）

4.13.2.2.2.6　库存管理系统条形码标识

典型情况是，运送到国际空间站（ISS）的物品要在建好的 ISS 库存管理系统（IMS）中进行登记，以实现货物管理和/或在轨追溯的目的。IMS 用于追踪有可能被替换掉的物品、补给品或者临时存放在 ISS 上的物品。IMS 也用于 ISS 上物品的分类和追踪。因此，运送到 ISS 的所有物品都要在 ISS 的 IMS 中进行登记，获取唯一的追踪号码并产生一个 IMS 条形码标识。IMS 条形码标识可以与设备辨别标识分开或组合在一起。图 4.13.2.2.2.6-1 显示了一个组合标识和来自 DDPF 的 IMS 条形码标识。

图 4.13.2.2.2.6-1　ISS 组合标识和条形码标识实例（SDG32108325）

4.13.2.2.2.7　电缆和软管连接器端口标识

连接器端口标识是为提供清晰、简洁的信息，使乘员能够正确地连接连接器的端口。乘员连接或断开的所有电缆和软管都要有连接器端口标识。旗帜样式的标识，如图4.13.2.2.2.7-1 所示，易于查看和阅读，尤其适用于乘员定期或正常操作，或在应急情况下需要定位、识别和操作的连接器端口。另外，环绕样式的标识（如图 4.13.2.2.2.7-2 所示）完全包裹一圈，对于非应急使用或不常操作的电缆或软管，这是可以接受的，例如安装在设备架后面的通用电缆，它们只是在更换设备的时候才需要被操作。

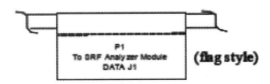

图 4.13.2.2.2.7-1　ISS 上旗帜样式的标识例子

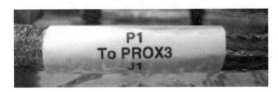

图 4.13.2.2.2.7-2　ISS 上环绕样式的标识例子

图 4.13.2.2.2.7-3 和图 4.13.2.2.2.7-4 分别显示了电缆和软管连接器端口的标识。通常采用 3 行文字。

第 1 行：标识该电缆或软管所属硬件的名称，或者连接器的标识码。推荐对于长的电缆或软管使用硬件名称，因为连接器的端口可能离硬件非常远，如连接设备和电源的长通用电缆。当在电缆上标识连接器的标识码时，电缆插头端标识为字母 "P" 和一个数字，硬件插座端则标识为字母 "J" 和一个匹配数字。电连接器的公母（插头或插座）对连接器的标识并不重要。在一个给定的硬件系统中，要确保每个连接器都有唯一的连接器标识码。软管连接器的内止口标识为 "F"，外止口标识为 "M"。

第 2 行：标识连接器端口要连接的硬件。应使用标准的操作术语来标识硬件，参见4.13.2.2 节。

第 3 行：标识出连接器端口将要连接的硬件插口。与什么设备连接的文字要与硬件上插口的标识文字匹配。电连接器插口标识为 "J" 和一个数字，与连接器的端口数字匹配。"P" 和 "J" 只用于电连接器和插口。

4.13.2.2.3　操作术语

为了保持操作的一致性，NASA 和 ISS 使用了一组操作术语和定义好的过程，为设备和系统分配操作相关的术语。OpNom（操作术语）过程也确定了标准化的缩写词，包括首字母缩略词。如果需要，NASA 会帮助开发人员在 OpNom 过程中获得 OpNom。注册

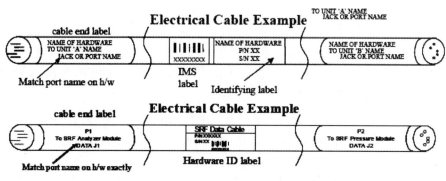

图 4.13.2.2.2.7-3　ISS 电缆标识例子

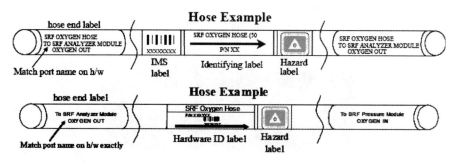

图 4.13.2.2.2.7-4　ISS 软管标识例子

的 OpNom 用于 ISS 识别硬件和软件的标识、程序手册、显示，以及飞行乘组与地面支持人员的通信。NASA 乘组交互设备、控制器和显示器，应根据 SSP 50254《操作术语》（CH10008）进行标识。

4.13.2.2.4　标识绘制

NASA DDPF 为 ISS 生成飞行认证的标识。如果开发人员选择请求 DDPF 生成飞行标识，标识必须从 JSC 27260《贴花纸工艺文件及目录》获取，或者标识的工程绘图必须由 DDPF 申请。DDPF 标识产品的工程绘图必须包含表 4.13.2.2.4-1 中列出的信息。DDPF 生成的定制标识绘图，应提供给 NASA 进行设计评审审查。贴花纸目录中的标识工程绘图可从 NASA 申请。如果需要，NASA 会协助进行准备，并提交 NASA DDPF 标识订单，标识订单基于 JSC 表格 733《贴花纸设计和生产设施支持请求》。

表 4.13.2.2.4-1 DDPF 标识绘图详细内容

标识绘图详细内容	备注
材料	见 JSC 27260 的 5.2.1.1 节 IVA 应用的推荐贴花或黏贴基础材料，或 5.2.1.2 节 EVA 应用的推荐贴花或黏贴基础材料
粘合剂	DDPF 使用 3M ♯966 或 NASA 批准的类似产品
颜色	FED-STD-595 具体说明
字体和字号	指定字体（最好 Helvetiva 或 Arial 字体）和字号

续表

标识绘图详细内容	备注
尺寸	绘图中说明
文字和/或图片细节	绘图中说明

4.13.2.2.5 标识材料

JSC 27260《贴花纸工艺文件及目录》5.1 节提供了材料的安全性要求，以及推荐用于舱内标识的飞行认证材料。要批准用于 ISS 飞行任务，标识材料必须符合易燃性、气味、脱气毒性、真菌和聚氯乙烯等方面的要求和限制。材料规格请参见 JSC 27260.

如果开发人员选择向 DDPF 申请标识产品，可用表 4.13.2.2.5-1 中列举的材料，它们已经批准用于 ISS 飞行任务，符合 SSP 30233《空间站材料与工艺要求》，需根据 JSC 27301《JSC 空间站 GFE 的材料控制计划》实施。请注意，由于环境或其他使用方面的考虑，对某些材料的使用可能会有限制。

表 4.13.2.2.5-1 NASA 批准的标识材料

材料	备注
铝、感光性材料	Metalphoto，Dye-N-Seal
诺梅克斯	HT 90-40，HT10-41 当以背面粘贴 DDPF 方式(未缝合标识)使用诺梅克斯标识时，将使用激光或热封刀切割标识以防止边缘掉落碎屑。如果不能使用激光或热封刀，则可使用经批准的磨损检查材料，以防止边缘掉落碎屑。在诺梅克斯标识(未缝合)设计时，DDPF 用户应该将该信息以注释的方式标注在工程图纸中
聚碳酸酯	Lexan 8A35-112，8A13-112
聚碳酸酯/镀膜感光聚酯	3M 或被 NASA 证明与 3M#821 等同的标识防护材料
聚碳酸酯(Lexan)镀膜纸	锤磨机或佳能激光彩色或卡片纸//K-10 等，ID 标记聚碳酸酯镀膜 P/N 8794
乙烯基	Gerber Scotchcal 220，Starliner
聚酯	贝迪(Brady)、易迈腾(Intermec)、泰德米(Tedlar)
聚烯烃	Cryo-Babies

如果标识产品没有使用 DDPF，用于制造飞行贴花纸和黏贴的材料必须经过相应的认证：对于近地轨道（LEO）任务，认证材料的易燃性、脱气毒性、气味、抗菌性以及热真空稳定性；对于长期 LEO 暴露，要认证其热真空稳定性、耐原子氧及紫外线的能力以及热循环。

ISS 上使用的典型贴花材料包括纸材料、乙烯基（2~4 mil）、聚酯膜、光敏膜和诺梅克斯布等。黏贴材料包括聚碳酸酯、腈纶、聚酯基透明膜。铝、金属薄片、不锈钢和各种塑料也可用来生产用于更加严酷环境的黏贴材料。

4.13.2.3　迭代设计、测试和评估

标识设计应当与可用性评估、工作负荷评估、任务分析或错误分析一起，由相应的使用者通过相应的操作进行评估。标识评估主要是主观性的，应当重点评估标识对于其操作目的来说是否清晰和准确。操作程序应与标识一起进行评估，确保与标识的一致性。评估结果应当用于迭代改进设计，在标识设计计划中，应对变化进行及时更新。

4.13.3　用户界面标识设计技术文件

作为设计生命周期的每一个关键里程碑，由 NASA 客户建议的、用于评审的技术文件见表 4.13.3 - 1。

表 4.13.3 - 1　用户界面标识设计技术文件

技术文件	阶段 A		阶段 B	阶段 C	阶段 D	
	SRR	SDR	PDR	CDR	SAR	FRR
对 ConOps(操作概念)、功能分配和乘员相关任务列表进行描述	I	U	U	U		
用户界面标识设计计划	I	U	U	U		
操作术语建议/要求	I	U	U	U		
操作术语批准/登记		I	U	U		
依据 NPR8705.2B 标准 2.3.10 条款要求，对目前开展的建模、分析、评价进行总结，并以链接的形式给出对系统影响的详细分析结果			I	U		
验证计划			I	U	U	

X 为一次性发布的项目
I 为初始发布的项目
U 为更新发布的项目

操作概念和乘员任务列表

3.2.3.1.2 节所述的操作概念提供了诸如识别乘员活动以及判断哪一子系统受乘员活动影响等信息。3.2.3.1.3 节所述的功能分配确立了具体活动实现方式（自动化还是人工控制）。4.1 节用户任务分析中描述的乘员任务列表给出了包括用户与系统间的功能分配、乘员活动序列的定义、关键任务的识别等方面的详细信息。随着设计周期中乘员任务列表的发展，其最终迭代设计结果即是乘员程序。

建模、分析和评价总结

建模、分析和评价的迭代结论为 NASA 提供贯穿设计流程的人-系统整合方面的技术细节。如 3.2.3.3 节设计评估和迭代改进所述，随着设计的不断成熟，建模、分析和评价应当逐步使用高保真的输入和实物模型。很重要的是，总结中要给出如何对关键设计决策进行评估。按照 NPR 8705.2B 标准，SAR 全阶段均应为每个设计审查提供更新后的结论。

此外，在 NPR 8705.2B 标准 2.3.10 条款中介绍的人在回路的评价方法，可使操作概念逐步达到系统所设定的目标，即满足操作安全、高效和用户界面设计人性化的系统要求。

验证计划

验证计划是一个正式的文档，描述了可供使用的、满足每一项需求的验证方法。

4.14　乘员防护设计

4.14.1　简　介

乘员防护设计关注那些载人航天器用来控制危害和限制受伤风险的特征设计。瞬时加速（≤0.5 s）造成的乘员负荷过度，或者发射上升段中止和地球着陆的动力阶段乘员如果束缚不足，都会引起这些危害和受伤的风险。保护乘员不受伤害，同时也要避免实施过度设计导致的不必要的航天器重量负荷和复杂性，这非常重要。确保安全性的方法，例如商业航空和汽车工业使用的方法，为载人航天器乘员防护奠定了基础。但是，其应用于载人航天器时需进行修改，以满足 NASA 的人-系统标准（NASA - STD - 3001），该标准适用于所有的 NASA 载人航天飞行项目。

对身体各部分进行适当的支撑和限制能降低受伤的风险，因此航天器和压力服系统（如果包括）的设计人员必须考虑这一点。在动力飞行过程中，很多因素会影响受伤的概率。外在因素包括航天器固有的因素（G 负荷、速度变化、加速度变化率、加速度曲线、负荷路径、负荷分布、航天器结构偏转、可居住空间坍塌）和乘组人员因素（骨骼和软组织压缩、收紧，关节伸展、弯曲，剪切力大小和方向，身体部分的偏转）。与乘员有关的内在因素包括年龄、性别、身体状况、飞行引起的生理功能减弱，以及肌肉张力大小。需要有可靠的伤害防护工具和受伤标准，以确保载人航天器的设计有适当水平的乘员防护。

4.14.1.1　适用要求

NASA - STD - 3001 第 2 卷 6.5 节具体说明了乘员防护要求。这些要求的提出，是为了控制高加速度造成乘员负荷过度或乘员束缚不足引起的危害和限制受伤风险，特别是在上升段中止和着陆阶段。

- 加速度伤害防护［V2 6069］；
- 受伤风险标准［V2 6070］

NASA/SP - 2010 - 3407《人整合设计手册》6.5 节提供了更多的信息，以支持乘员防护的系统设计。

4.14.2　乘员防护设计过程

设计一个航天器，将人送入近地轨道或更高的轨道，并让他们能安全返回地球，会面临独特的挑战。因为乘员在飞行的上升、下降和着陆阶段，必须承受不断变化的环境条件。航天器设计解决方案包括：升翼，能够支持范围较大的例行和非例行轨道的舱体形状，横向机动能力，减速手段和着陆模式（例如，陆地、水上，火箭和气囊）。上升段中止方法包括拉升和推进火箭，可用于从发射台到高大气层的不同点。在所有飞行阶段，乘员会经受各种不同强度、不同持续时间和方向的加速度。因此，对于很多航天器来说，简单采用其他行业（如商业飞机）的标准化损伤评估方法是不可行的。每个航天器的设计解决方案都会对飞行乘组产生一组独特的瞬时加速度负荷，因此需要有独特的方法来实现NASA 人-系统标准的乘员防护。本节的目的是提供一个用于评估对 NASA 乘员防护标准符合性的指南，并不是详细列举落实该过程所采用的所有方法。

4.14.2.1　推荐的最佳方法

读者应确定设计和测试过程中该领域使用的最佳方法。NASA 在 HIDH 中提供了一个列表。

在任务期间，例如正常、非正常和应急着陆情况及上升段中止，乘组人员可能会承受各种力和加速度，如果没有充分的缓减措施，就可能会引起严重伤害。通过使用评估乘组防护系统设计的方法，可对加速度负荷情况下的损伤、座椅设计和座椅位置进行预测。这些预测可用于形成建议，以改善航天器设计，阻止或缓减损伤或者将这些损伤降低到NASA 人-系统标准中规定的可接受水平。

4.14.2.2　着陆条件和着陆负荷定义

考虑到生产新的航天器的复杂性和成本，评估和控制加速度以及确定应急、正常和非正常着陆情况及上升段中止对结构完整性和乘组安全的影响时，大部分设计工作都是基于分析的方法。由于影响冲击条件的环境因素具有固有的不确定性，着陆评估通常采用概率方法，包括考虑具体航天器的最糟糕工况。本节高度概述了建立涉及环境因素的着陆条件的过程，以及随后形成详细的乘组评估案例子集的过程。

4.14.2.2.1　环境条件和着陆分布定义

着陆概率分析时应包括影响航天器着陆方向和相对速度的参数，以精确预测着陆概率。在分析中考虑的参数包括降落伞性能、悬吊角度、风速和海况（例如，浪高、频率、角度、波形和方向）或地形（例如，坡度、土壤条件）。因为参数中有些是相关的（例如，水平风速和海况），所以概率方法可能是较好的一种可以减少影响着陆的可能条件数目的方法。分析的输出描述了航天器相对于水面或地面的朝向和动力学等初始条件。这些参数应包括正常速度，相对冲击角度，翻滚、偏航和俯仰角度，以及水平和垂直速度。根据具体项目的设计和验证要求，对于所有的正常着陆环境，选择的异常和应急着陆环境，以及航天器着陆条件，都需完成这个过程。异常和应急着陆环境可能包括降落伞失效情况、导航或滚动控制能力丧失、气囊或其他着陆系统失效、偏离目标着陆点、发射台和上升段中止着陆条件等。

4.14.2.2.2　关键着陆案例选择方法

一旦生成着陆参数分布，就需要采用系统方法选择关键着陆案例，以进行进一步分析。有多种选定案例的方法，这里将讨论其中两种方法：边界选择方法和响应面选择方法。对于任何一种方法，要根据每种案例的发生概率和风险的接受水平，形成成功标准。

4.14.2.2.2.1　边界选择方法

该选择方法的目的是定义分布的边界，从而确定某些因素的可接受和不可接受着陆案例，例如，系统故障、水平和垂直着陆速度、冲击角度、波浪状况和土壤状况等。定义的初始边界包括基于概率分布的大部分着陆案例对其变量进行独立（例如随机故障）或不独立（例如，高度相关的波浪状况、风和水平速度等条件）的评估。典型地，例如建立 3σ 分布来确定认证的边界。这样，系统设计时，边界一侧的所有案例都是可以接受的，并符合乘组损伤要求；边界另外一侧是未认证的案例，应对飞行操作进行控制（即通告）或作为残余风险接受。必须进行更多的分析来证明边界内的案例能够满足乘组防护要求，否则必须修改设计，或者通过通告控制令人不适的环境条件，以避免系统在认证条件之外运行。

一旦建立了满意的边界，边界两侧附近的案例就要选取出来，以进行进一步分析。选择案例的方法应当合理，案例的数量也应当具有统计学上的合理性。分析后，可能不得不修订边界，使其包括基于受伤标准的更宽泛的着陆案例分布。定义认证的着陆分布条件也可用于改善设计，或者作为派生出的条件要求，例如着陆速度或飞行环境通告。

4.14.2.2.2.2　响应面选择方法

也可以独立使用另外一种选择案例进行分析的方法，这种方法可用于定义上述方法的边界。采用该方法，从整个分布中均匀选出有统计学显著性数量的案例。这些案例根据下面章节的描述进行建模。采用响应面选择方法，用分析结果估计所有着陆案例的损伤响应。关于此方法的更多信息见 NASA/TM - 2009 - 215704。一旦完成了该分析，可以选择更多阈值附近不能满足要求的关键着陆案例。这个过程可用来更加准确地定义认证的着陆条件边界。定义认证着陆分布的条件，可用于改进设计，也可作为衍生的条件要求，例如着陆速度或飞行环境通告。

4.14.2.2.3　着陆动力学建模

一旦选定了关键着陆案例，就通过数值分析的方法（例如，利用动态有限元建模）进行整个航天器的着陆模拟。这些模拟提供了关于负荷和动力学的必要信息，用来驱动乘员界面子系统模型，包括乘员、座椅和束缚，以及直接载荷路径上的所有东西，例如压力服和乘员经受的加速度。设计者应考虑冲击、航天器结构变形以及冲击衰减系统的影响，例如着陆装置、气囊、制动火箭、座椅支撑结构和机构。数值分析和子系统建模，会随设计成熟度的增加而具有更高水平的仿真度，使得后面的每个设计阶段都能得到更详细的结果。

4.14.2.2.4　乘组界面和乘组响应建模

完成航天器着陆动力学估算后，下一步就是乘组界面（也就是乘组人员位置）建模。像前面一样，这是一个逐步深化的过程，设计过程的早期可能要使用低逼真模型，然后随着设计的成熟逐渐被高逼真模型取代。采用这些模型，利用关键着陆案例中获取的负荷和动力学信息驱动模型，就能模拟乘组响应。

初始的低逼真度模型应当最起码能够用来评估布林克利（Brinkley）动力学响应标准。为了完成该评估，模型必须考虑航天器级的总加速度，并模拟能量的衰减，以便准确地预测每个乘员位置的加速度。理想情况是，此分析不得迟于 SRR 和 PDR 之间。

一旦知道了航天器加速度总体情况，就需要对乘组人员-航天器的界面进行更加详细的建模，包括座椅以及乘组人员-座椅界面具有的所有其他能量衰减系统。这个仿真度的模型也要求将拟人［即人体测量学设备（ATD）］有限元模型固定在座椅上。如果有可用的服装模型，也要将其纳入进来，即使这时的仿真度不高。此模拟应当不迟于 PDR 和 CDR 之间通知设计。

4.14.2.2.5 模型验证测试

因为上述分析仅是有限元（FE）模型，所以要进行物理测试来验证分析的有效性。获取的物理测试数据能用来将模型的响应与系统的实际性能联系起来。在研发周期中，该测试应尽可能早开始，以便为设计提供信息，为 FE 模型树立信心，并降低最终验证活动的成本。开发和验证测试也应包括降落伞测试，以验证减速度和着陆速度；不同海浪状况和土地类型的全尺寸和缩比航天器的空投试验，以确定航天器级的冲击加速度；负荷衰减子系统的空投试验，例如乘员平台和冲击座椅或者撑杆装置；座椅装置和束缚装置的空投或滑车试验，包括 ATDs 或人（志愿者或尸体）受试者。当测试系统变成类似飞行的系统和子系统时，研发测试就转变为验证测试。测试数据就可用于验证分析模型的结果。

4.14.2.3 损伤评估

当上述的建模活动完成后，就可以进行初步的总体损伤评估。除了布林克利动力学响应标准外，所有的损伤度量都要进行计算，具体描述见 SAE J211/1。然后将结果与下述的损伤评估参照值（IARV）进行比较。

4.14.2.3.1 布林克利动力学响应模型

4.14.2.3.1.1 布林克利动力学响应模型历史

NASA 的布林克利动力学响应模型的多轴动力学响应标准，已用于大量的研究和开发应用中。这些应用包括：挑战者号事故调查，逃逸系统演示弹射座椅中乘员逃逸技术（CREST）的开发、测试和评估等。

航天器着陆或应急逃逸系统执行过程中，定义人体对瞬时加速度暴露限值的动态响应是一个演进的过程，结果就形成了布林克利动力学响应标准。在研发 NASA 水星座、双子星座和阿波罗乘员舱（以及 B-58，XB-70 和 F/B111 逃逸系统）的过程中，设定的加速度限值具体规定了自愿耐受区、引起中度至重度损伤区的加速度增长率、加速度大小和持续时间。这些加速度限值是基于 John P. Stapp 及其他同代人利用军人志愿者和动物（以及偶尔人类暴露得到的结果）进行的研究。关于布林克利动力学响应标准的更多信息参见 AGARD CP-472《高级逃逸系统的加速度暴露限值的制定》和 HIDH 的 6.5 节。

4.14.2.3.1.2 布林克利动力学响应模型的假设和局限性

同一切模型一样，布林克利动力学响应模型也有假设和局限性。只有系统符合下述标准时，该模型才是准确的。

• 加速度的持续时间必须小于等于 0.5 s（例如，起飞、发射逃逸、着陆冲击和开伞过程中）。

• 座垫应防止对传递到乘员的瞬时线性加速度放大。过度装衬垫会造成动态超调，从而造成加速度的放大而不是衰减。

• 乘员必须进行束缚，束缚系统至少包括骨盆束缚、躯干束缚以及反潜束缚，为乘员提供的束缚不应少于通常活动中的 5 点束缚装具。

• 束缚系统必须有足够的预张力以消除松弛。

• 乘员必须适合依托空间、束缚必须合适，以确保受试者和座位支撑面之间没有任何空隙。受试者和座位之间的任何空隙，包括服装内硬物造成的空隙，都会增加受伤风险，而且其不能由布林克利动力学响应模型进行预测。

• 服装不应该改变人体的自然频率或阻尼。

• G_x 限值假定座椅上乘员的头部由飞行头盔保护，其质量不超过 2.3 kg，其带有的衬垫足以通过美国国家标准研究协会（ANSI）Z-90（最新版）或等同的测试要求。

• 要求应用布林克利模型的所有活动中，所有乘员的束缚方式应一致。

有效使用该模型的最终资质和不确定性包括如下内容。

• 布林克利模型预测的是一般损伤风险，而不是损伤的严重程度或位置。对于损伤严重程度和损伤位置预测的不足，限制了其评估不同着陆操作条件下不同损伤的综合医学效果能力。例如，对人尸体进行的研究表明，布林克利模型不能预测在服装内放置硬物造成的损伤（McFarland，2011）。增加物品会极大地增加损伤概率，但是增加量并不用布林克利来预测。

• 模型并没有基于受试者的性别、年龄、体重或航天飞行的生理功能减弱情况进行损伤风险预测。

• 建立初始模型过程中，使用了通用座椅和上述假设。新的座椅配置需要开发新的模型。因此，乘组受伤的概率可能比布林克利给出的预测大或者小。

• 动力学响应模型不能预测局部钝伤或局部点负荷（即由服装内的硬物品或束缚界面引起的点负荷）造成的损伤。服装的硬物品引起的钝伤，会使风险预测失效。

• 模型假设在风险评估过程中有最小的支撑头部质量。更重的飞行头盔会增加颈部损伤风险，但该模型不能预测。

• 身体的自然频率会因为服装和头盔而改变。最初建立模型时并没有使用压力服。服装和头盔的额外质量，以及这些质量不能均匀分布，会对人的阻尼参数产生影响。

• 动力学响应指数（DRI）的形成是针对某个确定的单轴脉冲波形，可能不适用于复杂航天器的着陆脉冲。例如，DRI 主要用于预测 $+G_z$ 轴胸腰部的脊柱损伤，其他轴的限值利用本模型不能很好地预测。

NATO 建议布林克利模型仅用于 $+G_z$ 轴。相反，美国陆军鉴于布林克利模型的局限性并不使用该模型。

·除了定义的脉冲以外，实现有效的应用要求脊柱与负荷矢量的角度在 5°以内。任何超过 5°的应用，会大大增加损伤风险。

4.14.2.3.1.3　布林克利动力学响应模型的应用

只有满足了所有假设并接受其局限性后，才能使用布林克利动力学响应模型。如果满足了这些标准，就可以应用布林克利动力学响应模型，损伤风险标准 β 也可以根据布林克利动力学响应模型和动态响应限值 DR_{lim} 进行计算。

布林克利评估的适当风险水平根据 NASA 健康和医学技术权威（HMTA）和具体的 HSF 航天器开发计划进行确定。理想的动力学响应限值对于所有情况都是低的（约 0.5%）。如果不能正确采用乘员防护原则并且/或者发生了多项异常故障，负荷就会使风险成为引起严重或失能损伤的中等程度风险（大约 5%）和高风险（约 50%）。

计算损伤风险标准 β 的方法，请参见 HIDH 6.5 节。

在本模型中，假定作用在脊柱引起变形的总体质量用单一的一个质量表示。使用动力学响应模型中加速度持续时间限值小于或等于 0.5 s（例如，正常起飞、发射逃逸、着陆冲击和开降落伞），为健康的乘员可提供恰当的安全边界。对经历 6 个月太空飞行后生理功能下降的乘员进行损伤风险预测，可以通过使用该模型和修订的动力学响应限值来实现。对于两种乘组情况，对于给定的输入加速度曲线，动力学响应模型将给出正常或异常故障或多故障情况下的一般损伤风险评估。

如果使用得当，布林克利动力学响应模型可以为新的航天器设计提供可能损伤的早期评估。损伤概率和后果的具体评估，需要进行物理拟人测试装置（ATD）的测试，并使用有限元模型。

关于布林克利动力学响应模型进一步的细节，参见航空航天研究与发展咨询小组（AGARD）的出版物 CP‐472《高级逃逸系统的加速度暴露限值研究》和 NASA TM‐2008‐215198。

4.14.2.3.2　具体乘组损伤类型的局限性

NASA‐STD‐3001 [V2 6069] 要求对加速度引起的损伤进行防护，包括钝力损伤、点负荷冲击和甩打损伤，以及头和颈部的损伤负荷。可以通过多种方法实现防护，通过设计和分析进行检查，验证这项要求是否得到满足，并由测试数据支持验证。

钝力损伤是地面事故中最主要的冲击损伤模式之一，包括航空和汽车事故。当结构故障伴随有加速度并且作用力使得人员撞击周边结构时，当结构本身损坏造成人员生存空间的坍塌或者结构变形侵入生存空间或发生爆炸时，就会发生外伤。为了防止这种损伤类型，设计者要确保乘员所处的空间足够大，能够防止乘员经受加速度时撞击到结构，包括考虑肢体不受控制地甩打。此外，结构设计者和分析人员必须确保安全因素，如结构不会产生变形进入到生存空间或者对乘员造成甩打或撞击。

当加速度均匀分布于大块身体表面时，人体对加速度耐受性最好。为了防止点负荷，座位和束缚装置进行设计时，设计用来提供支撑的座位应在所有方向上最大可能地与人体一致，特别是在臀部、背部、腿部、肩部和头部，应提供较大的、均一的表面来分散负荷。在这方面有多种设计方法，包括俄罗斯联盟号或美国水星号航天器提供的个性化的压膜座椅（如图 4.13.2.3.2 - 1）；美国阿波罗飞船提供的拉紧纤维椅座背、椅座和腿撑；以及美国双子星航天器和猎户座航天器提供的有最少填料的硬金属椅背，这也常见于许多飞机的弹射座椅。对于座椅的正常和异常负荷方向，都应考虑赋形支撑。例如，很多航天器舱体设计注重 x 和 z 轴的正常负荷，但是也要提供横向支撑以防止意外的 y 轴异常负荷。座位或者束缚装置上，如果负荷仅由小的表面不均匀地承担，则这些位置就会产生负荷集中，增加加速度的损伤效应。乘员防护的乘员界面系统应避免所有类似的点，包括束缚装置和航天服界面或者航天服（如果穿的话）中任何硬的部分所产生的负荷集中的点。

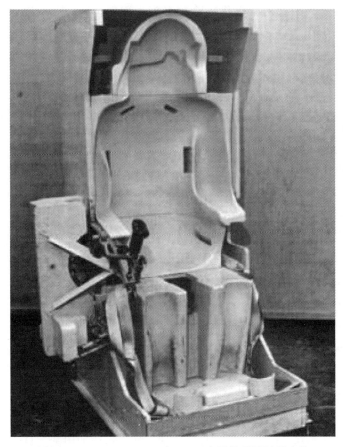

图 4.14.2.3.2 - 1 NASA/NACA 水星号项目赋形座椅

　　如在高加速度阶段产生更大的加速度增长率，人体，特别是上下肢，就可能对抗不了此加速度。如果设计特征中没有甩打对抗措施，就会形成相对于座舱的甩打。当甩打的肢体与结构发生碰撞，或者当一名乘员的肢体与另一位乘员的身体碰撞时，就会引起损伤。肢体甩打也可能会引起过度伸展或弯曲，从而损伤肢体的关节。在设计时，系统设计人员应考虑到肢体甩打效应，并提供对抗措施设计。在可能的情况下，除了控制器外，乘员应当远离结构。此外，设计人员可通过在动力任务阶段为肢体提供束缚，从而限制乘员甩打的幅度。肢体限制装置包括完全限制脚的脚夹、防止胳膊甩打超出设计可达域的肘部或腕部限制器。此外，头盔内的填充物应防止乘员在头盔内发生头和颈部的甩打。应注意确保任何束缚装置都不能妨碍自主出舱或者妨碍乘员够到关键的控制器。

为了从概率和后果的角度来评估具体的损伤类型，NASA 正在开发一套工具和相关措施。操作相关损伤量表（ORIS）从损伤与其可能负面影响飞行乘组任务和功能的角度，对损伤进行了描述。

基于历史可接受的航天飞行系统飞行乘组损伤数据，通过比较其他相关载人航天器系统的可接受风险，还定义了瞬时加速度损伤的可接受风险标准。除了布林克利动力学响应模型以外，汽车工业的最新进展也提供了更多的工具，可用来评估冲击和动力负荷过程中的损伤风险。在确定 NASA 对于损伤风险的态度过程中，NASA 发现，回顾其他领域风险态度是非常有帮助的。

当前，NASA 正在利用人的替代数据以及额外的数据挖掘开发损伤风险函数。正在推导一组损伤评估参考值（IARV），具体说明了人体不同部位的负荷限值及对应可接受的损伤风险。预期这些 IARVs 会聚焦这些负荷限值，无论是功能保持还是功能下降的乘组，在例行还是非例行条件下：

- 头部损伤标准（HIC）；
- 旋转大脑损伤标准（BRIC）；
- 峰值上颈部轴伸张力 [N]；
- 峰值上颈部轴压缩力 [N]；
- 最大胸部压缩位移 [mm]；
- 横向肩部力 [N]；
- 横向肩部偏转 [mm]；
- 腰部轴向压力 [N]；
- 峰值踝背曲动量 [N·m]；
- 峰值踝内翻/外翻动量 [N·m]；
- 接触力 [N]。

一旦建立起来，在任何动力飞行阶段都不得超越 IARVs。关于这些数值应用和推导的更多信息，见 Somers, et al.（2012）。

此外，当乘员已暴露于低重力环境时，必须增加失适应的因素。HIDP 4.15 节描述了航天飞行失适应的效应。每种损伤度量，都在每种损伤类别的具体风险水平上进行评估。为了保守起见，选择最低的 IARV。

参见 HIDH6.5 节，可了解 IARVs 计算的更多信息。随着 NASA 人类研究提供更多的 IARVs 信息，这些描述也会进行更新。提出的这个方法正在研究过程中，但是其他 NASA 批准的方法可用来评估和验证乘组损伤的最低风险概率。

4.14.3　乘员防护设计技术文件

对于每个设计生命周期的主要里程碑，由 NASA 客户推荐的、用于评审的技术文件见表 4.14.3 - 1。

表 4.14.3 - 1　乘员防护设计技术文件

技术文件	阶段 A		阶段 B	阶段 C	阶段 D	
	SRR	SDR	PDR	CDR	SAR	FRR
对 ConOps、函数分配、乘员相关任务列表进行描述。包括确定每个任务可能遇到的潜在错误	I	U	U	U		
环境条件定义	I	U	U	U		
正常着陆、异常着陆的蒙特卡洛概率分布		I	U	U		
着陆边界案例定义,以及每个案例运行的 FE 全着陆模型		I	U	U		
包括座椅与能量衰减系统在内的 ATD 子系统有限元模型,每个关键点的审核检查将提高模型保真度		I	U	U		
布林克利分析						
做布林克利动力学响应模型分析		I	U	U	U	
ATD 测试						
ATD 测试			I			
ATD 验证测试					I	
FE 模型的生物动力学结果						
ATD 测试结果与模型的相关性			I			
(FE)有限元模型评估			I			
FE 建模的初始生物动力学结果			I			
FE 建模的最终设计结果				U		
验证测试后的 FE 建模结果					U	
依据 NPR 8705.2B 标准 2.3.10 条款要求,对目前开展的建模、分析、评价进行总结,并以链接的形式给出对系统影响的详细分析结果			I	U		
系统结构图(结构、装置等),材料规格,接口要求			I	U	U	
验证计划			I	U		
生物动力学响应、乘员伤害限制、脊柱调整验证报告					X	

X 为一次性发布的项目
I 为初始发布的项目
U 为更新发布的项目

4.14.3.1　操作概念和乘员任务列表

3.2.3.1.2节所述的操作概念提供了诸如识别乘员活动以及判断哪一子系统受乘员活动影响等信息。3.2.3.1.3节所述的功能分配确立了具体活动实现方式（自动化还是人工控制）。4.1节描述的乘员任务列表给出了包括用户与系统间的功能分配、乘员活动序列的定义、关键任务的识别等方面的详细信息。

对于乘员防护的考虑，操作概念应考虑到多种因素，例如，座椅配置、束缚装置在例行或非例行情况下的穿脱；束缚或部分束缚情况下必须要完成的关键任务操作，包括够到关键的控制器；与启动乘员防护系统有关的任何手动任务，例如在关键任务阶段系紧束缚装置，或者激活、打开或关闭乘员冲击衰减系统、降落伞或着陆系统等。设计者应确保他们的操作概念和任务列表能用于帮助定义乘员防护系统中需要协调的任务。

4.14.3.2　建模、分析和评价总结

建模、分析和评价的迭代结论为NASA提供贯穿设计流程的人-系统整合方面的技术细节。如3.2.3.3节所述，随着设计的不断成熟，建模、分析和评价应当逐步使用高保真的输入和实物模型。很重要的是，总结中要给出如何对关键设计决策进行评估。按照NPR 8705.2B标准，SAR全阶段均应为每个设计审查提供更新后的结论。此外，在NPR 8705.2B标准2.3.10条款中介绍的人在回路的评价方法，可使操作概念逐步达到系统所设定的目标，即满足操作安全、高效和用户界面设计人性化的系统要求。

出于乘员防护考虑，HITL评估应包括乘组坐姿任务、出舱和进舱，以及出舱和进舱时穿脱束缚装置，以证明乘员防护系统并不妨碍成功地启动关键控制器或者在紧情况下的乘组出舱，并证明设计目标人群在着装情况下（如果可用）座位的合体性和功能性。HITL测试也应包括利用志愿者在模拟着陆和终止加速度脉冲条件下座位和束缚装置的测试。

4.14.3.3　结构、材料和界面规范

图纸、材料和界面规范，为NASA提供了在整个设计过程实施人-系统整合技术的详细信息。

4.14.3.4　验证计划

验证计划是一份正式文档，描述了用于证明每项要求满足情况的可供使用的验证方法。

4.14.4　参考文献

[1]　Association for the Advancement of Automotive Medicine. (2005). Abbreviated Injury Scale 2005. Barrington, IL.

[2]　Brinkley, J. W., & Specker, L. J. (1989). Development of Acceleration Exposure Limits for Advanced Escape Systems (Proceedings No. 472). Presented at the meeting of AGARD NATO Conference.

[3]　U. S. Department of Transportation，Research and Innovative Technology Administration，(2007). Trends in Personal Income and Passenger Vehicle Miles. (Bureau of Transportation Statistics Publication No. SR－006).

[4]　Dub，M. O.，& McFarland，S. M. (2010). Suited Occupant Injury Potential during Dynamic Spacecraft Flight Phases. NASA Johnson Space Center. Houston，TX.

[5]　Duma，S.，Boggess，B.，Bass，C.，& Crandall，J. (2003). Injury Risk Functions for the 5th percentile Female Upper Extremity. In D. Holt (Ed.), Recent Developments in Automotive Safety Technology (pp. 93－101). Warrendale，Pennsylvania：Society of Automotive Engineers.

[6]　Duma，S.，Schreiber，P.，McMaster，J.，Crandall，J.，Bass，C.，& Pilkey，W. (1999). Dynamic injury tolerances for long bones of the female upper extremity. Journal of Anatomy，194，463－471.

[7]　Horta，L. G.，Mason，B. H.，& Lyle，K. H. (2009). A Computational Approach for Probabilistic Analysis of Water Impact Simulations. (NASA TM－2009－215704). Houston，TX：NASA Johnson Space Center.

[8]　Lawrence，C.，Fasanella，E. L.，Tabiei，A.，Brinkley，J. W.，& Shemwell，D. M. (2008). The Use of a Vehicle Acceleration Exposure Limit Model and a Finite Element Crash Test Dummy Model to Evaluate the Risk of Injuries During Orion Crew Module Landings. (NASA－TM－2008－215198). Houston，TX：NASA Johnson Space Center.

[9]　Kuppa，S.，Wang，J.，Haffner，M.，& Eppinger，R. (2001). Lower Extremity Injuries and Associated Injury Criteria. 17th ESV Conference Paper No. 457.

[10]　United States Air Force. (2006). Mapes，P. USAF Helicopter Mishap Data. (The Human Effectiveness Directorate No. AFRL－WS 06－2221).

[11]　McFarland，S. M. (2011). Injury Potential Testing of Suited Occupants during Dynamic Spaceflight Phases. American Institute of Aeronautics and Astronautics.

[12]　Mertz，H. J.，Prasad，P.，& Irwin，A. L. (1997). Injury Risk Curves for Children and Adults in Frontal and Rear Collisions (SAE 973318). (pp. 13－30) Presented at the Forty－First Stapp Car Crash Conference.

[13]　National Highway Traffic Safety Administration. (2012). Motorcycle Helmets (Federal Motor Vehicle Safety Standard No. 218).

[14]　National Aeronautics and Space Administration. NASA Space Flight Human－System Standard Volume 2：Human Factors，Habitability，and Environmental Health，January 2011.

[15]　National Aeronautics and Space Administration，Human Integration Design

Handbook，NASA/SP - 2010 - 3407，January 2010.

[16]　National Center for Statistics and Analysis. (2009) . Motor Vehicle Traffic Crash Fatality Counts and Estimates of People Injured for 2007. DOT HS 811 034，U. S. Department of Transportation，National Highway Traffic Safety Administration，Washington，D. C. National Highway Traffic Safety Administration. (1995) . Final Economic Assessment，FMVSS No. 201，Upper Interior Head Protection.

[17]　Nightingale，R. W.，McElhaney，J. H.，Richardson，W. J.，& Myers，B. S. (1996) . Dynamic responses of the head and cervical spine to axial impact loading. Journal of Biomechanics，29 (3)，307 - 318.

[18]　Federal Aviation Administration. (2011) . Philippens，M.，Forbes，P.，Wismans，J.，DeWeese，R.，& Moorcroft，D. Neck Injury Criteria for Side Facing Aircraft Seats. (Federal Aviation Administration Final Report No. DOT/FAA/AR - 09/41).

[19]　Somers，J.，Granderson，B.，& Scheuring，R. (2010) . Occupant Protection at NASA. JSC - CN - 21380，Houston，TX：NASA Johnson Space Center.

[20]　Somers，J.，Lawrence，C.，Granderson，B.，Jones，J.，Scheuring，R.，Ridella，S.，et al. (2012) . Recommended changes to NASA's occupant protection standards and requirements. In Press.

[21]　Somers，J.，Melvin，J.，Tabiei，A.，Lawrence，C.，Ploutz - Snyder，R.，Granderson，B.，et al. (2011) . Development of head injury assessment reference values based on NASA injury modeling. Stapp Car Crash Journal，55.

[22]　Takhounts，E.，Hasija，V.，Ridella，S.，Rowson，A.，& Duma，S. (2011) . Kinematic Rotational Brain Injury Criterion (BRIC) (11 - 0263) . Presented at the 22nd International ESV Conference.

4.15　为生理功能减弱的乘员进行的设计

4.15.1　简　介

　　生理功能减弱是指处于太空飞行状态的乘组人员工作能力的降低。生理功能减弱的效应是可测量和可观察的，体现在感觉运动功能、有氧能力和立位耐力的降低，以及肌肉和骨骼力量的损失。在设计航天器和航天系统时，必须考虑生理功能减弱的发生以及乘员能力的降低。此外，操作概念中必须包括用于飞行中和着陆后的对抗措施，以有效减小或管理生理功能减弱的影响，确保乘员的健康和工效。虽然个体对于航天飞行的反应不尽相同，但是所有人体器官系统都在某种程度上受到航天飞行环境的影响。NASA已经收集了相关数据并形成了要求，该要求反映了关于太空飞行响应的最新知识。

很多任务会受到乘员生理功能减弱的影响。本章将重点介绍其中的一部分，并将聚焦着陆后自主（紧急）出舱设计过程中的考虑。紧急出舱的活动包括（但不限于）：快速的运动控制任务（包括如对物体的操作等精细的运动任务，也包括如打开舱门等粗精度运动任务）、视觉辨别任务、行走，以及保持空间定向和姿态稳定，以便安全撤离。

4.15.2　适用要求

NASA 关于保护乘员健康和工效的标准，见 NASA 标准 3001 第 1 卷《乘员健康》和第 2 卷《人因、适居性与环境健康》。生理功能减弱的影响会对设计提出要求，需参考如下标准：

- 关于骨骼肌肉系统：[V2 8022]，[V2 8025]，[V2 8040] 和 [V2 8041]；
- 关于心血管系统：[V2 7042]；
- 关于感觉运动系统：[V2 8015]，[V2 8016]，[V2 8018]，[V2 8019]，[V2 8020]，[V2 8021]，[V2 8024] 和 [V2 11002]，以及第 1 卷 4.2.4 节。

这些标准是基于最佳的可用科学和临床证据，以及阿波罗、天空实验室、航天飞机、航天飞机-和平号以及国际空间站计划中获得的操作经验制定的。

4.15.3　背　景

在乘员生理功能减弱中有两个关键因素：失重和重力变化。身处太空环境飞行，乘员会经历解剖学和生理学上的变化。刚刚进入太空飞行环境，由于前庭和视觉信号冲突，乘员会产生感觉运动障碍和空间运动病（SMS）。一旦失去地球引力后，被前庭系统所习惯感知的正常重力指示信号（为地球上的人提供空间定向）就会被曲解。感觉运动系统会逐渐适应这种新的指示信号。在完全适应前，指示信号的错误匹配会导致感觉运动障碍和SMS。感觉运动的干扰典型地发生在飞行的前几天。此外，失重导致体液头向转移以及身体承重力的消失。随着时间的推移，这会导致心血管系统和肌肉骨骼系统的逐渐改变。乘员会因为失重而产生骨质矿化以及操作力和有氧能力的降低。即使使用对抗措施也不能完全防护。

着陆后，乘员会经历新的感觉运动紊乱（步态失调、视敏度降低和姿态不稳定）、运动病、操作力和有氧能力下降，以及立位耐力下降（其典型症状发生在站立时，感觉头轻、心率增加、血压变化，以及有时会晕倒）。鉴于这些生理上的干扰，应仔细考虑由于干扰而导致生理功能减弱的乘员，特别是处于从航天器出舱状态时。如果不能利用对抗措施完全消除或者部分消除失重影响，则人体对航天飞行适应的结果包括肌肉萎缩、立位耐力下降、有氧能力降低、感觉运动障碍（包括步态不稳和动态视敏度变化）、骨密度降低，以及骨结构的变化。下面的章节描述了生理功能减弱，以及涉及感觉运动、肌肉骨骼（肌肉和骨骼）和心血管（有氧能力和立位不耐受）系统的航天器设计所应考虑的内容。

4.15.4　感觉运动适应

4.15.4.1　背景

感觉运动障碍的发生因人而异，但是航天飞行重力变化发生后（进入微重力和着陆）的最初72小时症状最明显。当航天器设计人员开发设计操作概念、乘组任务和乘组界面时，必须考虑重力变化对人的能力的影响。人的中枢神经系统的适应性，使得人能适应航天飞行中变化的刺激条件。但是，达到某种程度的适应水平前，很多航天员会经历空间运动病、步态和眼-手协调紊乱、不稳定的视力、自身与视景或者两者都有的运动错觉过程（Reschke et al.，1998；Clement and Reschke，2008）。

感觉运动损伤可能以效能突然降低或失效的样式出现，例如视敏度消失、操作力下降、步态受损、SMS症状、短暂幻觉，受损的注视控制、振动幻觉或者姿态平衡扰动，对于感觉运动能力紊乱的完整描述见 Reschke et al.，1998。可以根据 NASA 标准 3001 中4.2.4节消除感觉运动功能的降低，使所有需要完成的任务都能成功完成，包括出舱。

进入空间飞行环境时遇到的常见感觉运动困难就是 SMS。SMS 的症状范围包括轻度到重度的恶心、头痛、失定向、呕吐和强烈的不舒服。虽然症状类似于地面的晕船晕车，但机理不同。当前 NASA 对国际空间站 SMS 的对抗措施包括：在上升、飞行最初几天和再入前使用药物和将乘组任务减至最少。异丙嗪药物是 ISS 药箱中的一部分，可作为预防性使用，或者飞行的最初72小时用于 SMS 的治疗。此外，由于许多感觉运动障碍是因为视觉-前庭提示信号不匹配引起的（当个体单独进行眼睛、头和躯干运动时发生），因此对于受到 SMS 影响的乘员，提出的办法常常是工作任务列表的减少或最小化，直到适应后或者 SMS 症状消失后才恢复正常。

再入和着陆时，乘员会遭遇一组独特的神经前庭症状。在设计乘员出舱程序和界面时（例如，座位出口、移动路线、移动辅助设备和应急设备），必须考虑其对功能的影响。任何重力变化后受到损伤的概率和持续时间，都与重力变化的程度和任务持续时间相关。特别地，长期任务需要更长的恢复时间。

水上降落会对生理功能减弱的乘员带来更大的环境挑战。出于安全性和操作的原因，返回的乘员可能需要在各种海况条件下并在水上降落几分钟内从航天器出舱。航天器周围海况引起的即使是低频率（0.2～2.0 Hz）运动的暴露，也会引起显著的精细运动和粗运动控制问题，从而影响到关键任务。此外，对于耳石调节响应的调制常常是单独进行的，这种低频线性加速度可能会错误地被解释为倾斜，而高频加速度可能会错误地被解释为平移。耳石调节信息的模糊在中频部分达到最大，此时倾斜和平移耳石调节响应相互交叉。而这个频率范围也是波浪活动的常见频率范围。对应不同海况（海况1～7）的最低波浪周期所对应的频率范围是0.125～0.5 Hz。惯性运动提示信号的模糊，在倾斜和平移响应交叉的频率区间达到最大（0.1～0.5Hz）。

预计着陆15～30天后，感觉运动才能完全恢复。最近的数据显示，长期飞行（6个月）后返回的航天员，发生了运动功能变化，着陆后第一天（R＋1）完成一个障碍课程的时间增加了 48%。这些数据表明，典型的受试者在飞行后大约 15 天能恢复到飞行前水平的 95%（Mulavara et al. 2010）。国际空间站飞行 6 个月后，在头部滚转运动中，姿态记录仪也观察到了类似的恢复曲线（Wood et al. 2011）。

4.15.4.2　对设计的影响

生理学的变化对于乘员出舱过程中的移动有着显著影响，在设计新的航天器时应当考虑到这些变化并落实。着陆过程中，乘员很有可能会产生控制能力降低，星球表面着陆后（地球或其他行星）立即出舱的能力也会受损。此外，航天员可能会：1）试图走一条直线时感觉转弯；2）出现突然的姿态稳定能力丧失，特别是当转弯时；3）行走时感觉头部夸张的偏转和翻滚运动；4）在非结构化的视觉环境中，突然发生失定向；5）移动时发生明显的振动幻觉（一种视觉障碍，视场中的物体看起来像在振动）。飞行后脚跟着地脚尖向上的肌肉运动模式发生改变（Layne et al.，1998），头部偏转和垂直躯干运动显著减少（Bloomberg et al.，1997）。返回后的乘员通过采用大面积的支撑、小的步幅、比飞行前更多使用胳膊，来补偿潜在的稳定性降低。这些适应是为了维持稳定性，但是行走速度降低了，走过一个指定的距离需要更多的步数。变化的肌肉活动模式可能意味着不能有适当的脚尖空间，造成绊跌，从而增加飞行后受伤的风险。

舱门盖和出舱路径的设计，应当使适应了航天飞行的乘员能够安全地从航天器出舱，并满足 NASA 标准 3001 第 2 卷的要求。这些要求包括出舱路径的设置，使适应了空间环境的乘员能够在要求的时间内（[V2 8013]、[V2 8014]）、着服的情况下（[V2 8015]）出舱。由于姿态稳定受到了损害，乘员可能失定向，因此出舱路径应有足够空间，允许乘员摇摆而不受伤，要有用于平衡的扶手，没有干扰物（[V2 8016]），设计中要阻止乘员暴露于危险或障碍物（[V2 8018]），例如，乘员不必跨越大的物体。此外，因为乘员视敏度受损，通常还有振动幻觉。标记和界面应突出显示，以利于出舱任务，例如束缚装置的解开、出舱路径，以及出舱设备位置和操作（[V2 8019]）。

在水上出舱的巨大挑战环境下，适应航天飞行的生理功能减弱乘员需要更多的时间来解决惯性运动提示信号模糊的问题。这些运动频率与变化的海况（例如海况 6 会产生 4~6 米的浪高）相耦合，会引起人的能力降低。因为在关键的紧急出舱活动中，这会影响到依赖运动和视敏度的技能的效率，例如，显示器的视觉监视、实施不连续的控制、操作辅助设备、与任务控制和救援团队通信等。

出舱活动也可能受到飞行后运动病的危害。从中浪到大浪，危害概率会增加。因此，长期太空飞行后刚刚进入地球引力时，乘组已适应空间飞行环境所引起的感觉运动障碍，这会影响到其完成紧急出舱任务的能力。因此，任务的设计应尽可能简单，为适应后的乘组规划充足的操作时间。此外，乘组应可方便地接触到运动病药箱，不需要移动或过度的头部运动，这也很关键。

4.15.5　立位耐力不良

4.15.5.1　背景

立位耐力不良是一种对直立位的异常反应，原因是血压降低（不能维持动脉压）和大脑血流不足（脑灌注不足），常见于飞行后返回地球的乘员。它也是对飞行操作和乘组安全有负面影响的重要生理变化之一，特别是当进展到晕厥前和晕厥时。立位耐力不良的症状包括心率增加、心搏量减少、脸色发白、出汗、血压降低或立位性低血压。只要不发生立位性低血压，所有的立位耐力不良症状在某种程度上都是可以被接受的。因此，立位耐力不良的对抗措施就重点针对预防立位性低血压。立位性低血压的症状和后果包括头晕、混乱和意识丧失。若对立位性低血压不采取适当减缓措施，飞行后受此影响的乘员就不能安全、成功地下降和着陆（如果以直立位的话），或不能完成着陆后的任务。这些影响可能会造成乘员不能操作控制，不能完成所需的任务（例如航天器着陆）以及从航天器自主出舱。

立位性低血压会影响短期飞行（4～18 天）任务中 20％～30％的乘员（Fritsch - Yelle et al.，1996；Waters et al.，2002；Meck et al.，2004）和长期飞行（129～190 天）任务中 83％的航天员（Meck et al.，2001）。

立位性低血压的病因复杂，目前还不完全清楚。可能因素包括血容量的降低，其仅次于太空中出现的体液头向转移。其他影响可能来自于交感神经系统、肾上腺素-血管紧张素-醛固酮系统的紊乱和/或心脏萎缩造成心搏量降低。这些机理的描述参见《人体研究计划证据书》（HRP - 47072）

4.15.5.2　对设计的影响

对立位耐力不良，NASA - STD - 3001，[V2 7042] 要求中有减缓策略。航天飞机和 ISS 任务中使用的减缓策略包括：

- 再入大气层前补充液体和盐，部分缓解航天飞行引起的血容量损失；
- 着加压服，防止血液进入下体和腹部；
- 着液冷服，预防热应激引起的立位性低血压并维持乘员舒适；
- 倾斜乘员座椅，使沿着身体长轴的加速度影响最小。

补充液体方法用来部分缓解航天飞行引起的血容量损失。NASA 航天飞机飞行规则规定，每次计划脱离轨道时，着陆前 2 小时内，乘员必须饮用加入 12 片盐片的 48 oz（1 oz≈0.28 kg）水，或者饮用一种经过批准的替代等渗溶液饮料（《航天飞机操作飞行规则》，NSTA 12820 A 卷 13 节：航空医学：13 - 57，1996）。如果发生轨道复飞并且已经完成了补液程序，那么再入时进行一半量的（24 oz）补液。如果复飞超过一圈轨道，则重新进行全量（48 oz）补液。

立位性低血压也可通过使用从脚到喉的梯度压力服改善静脉血回流来进行对抗。这些对抗措施服装提供的平均压力应当在 40～80 mmHg 范围内。这个压力水平相当于 NASA

的抗重力服以及俄罗斯再入时穿着的服装提供的压力，在航天飞机和联盟号飞船着陆过程中，该方法非常有效。压力服在再入和着陆后即刻提供压力。如果使用的话，梯度压力服更有优势，该压力服必须在脚踝部位压力最大，向上到腿部压力变小，腹部到隔膜部位压力最低。

热负荷（核心温度增加）及其引起的皮肤血管舒张，会引起血压降低，从而加剧立位性低血压。因此，通过降温或其他方法散掉代谢产生的热负荷，是立位防护的一个重要内容。NASA 乘员目前通过穿着液冷服来预防热应激引起的立位性低血压，并保持乘员的舒适。

另外一种使再入过程中下体血液驻留最小的方法：使用倾斜的座椅，通过脚部高度升高使乘员的体位倾斜，使加速度沿着身体长轴的影响降到最低。请注意，如果乘员采用上面的方式再入大气层时，则不能使用下体加压；只有在着陆后，当乘员试图将体位转移到头向上的直立体位时，才能使用下体加压方法。

生理功能减弱的乘员有着最大的低血压风险，但在任务早期不需要采用对抗措施，在 ISS 开始对接操作前也不能使用。此外，根据 NASA 现有数据判断，可以推定未来探索任务中的大部分乘员都将发生飞行后的立位性低血压，应当为所有乘员配备适当的对抗服装。

因为立位性低血压会引起头晕、视物模糊或意识丧失，所以设计中应考虑如下因素。

• 在上升和着陆阶段要依靠自动化，以应对乘员潜在的操作控制能力丧失。

• 如果乘员发生意识丧失，应制定相应规定，使其能安全出舱。这可能包括在服装上安装适当的把手，使其他乘员能容易地抓住意识丧失的乘员；或者提供滑行路径，用于将失能的乘员拖出航天器。

• 在所需的设备附近张贴清晰的程序或图表以避免混淆，防止出错。

• 顺畅的出舱路径，避免可能引起损伤的障碍物或突出物。

关于航天飞行引起的心血管生理功能减弱和立位耐力不良的信息，以及 NASA 在防护服方面开展大量研究的详细信息，参见 HRP - 47072《人体研究计划证据书》，以及 NASA/SP - 2010 - 3407《人整合设计手册》6.5.2.2 节和 6.5.2.4 节。

4.15.6　肌肉、骨骼和有氧能力的生理功能减弱

4.15.6.1　肌肉生理功能减弱

4.15.6.1.1　背景

紧急情况下的成功出舱，要求出舱界面的设计者考虑到肌肉的生理功能减弱。肌肉的生理功能减弱降低了乘员的操作力。骨骼肌对航天飞行的适应，影响了肌肉的结构和功能。在地球重力环境条件下维持姿势（抗重力肌）的肌肉，对于航天飞行引起的适应易感性最高，因为这些肌肉在地球上所承受的几乎连续程度的重力环境生成的生物力负荷，在航天飞行中不再起使用。NASA - STD - 3001 第 1 卷 4.2.8 节提供了飞行前、中、后的肌肉操作力标准，提出这个要求是为了确保所有任务的成功，包括出舱；该文档的 4.5.4 节说明了操作力的设

计过程，以确保航天飞行设备和界面对所有有望成为乘员的人来说都是可操作的。

长期航天飞行导致肌肉操作力的降低带来了安全和工作效能方面的风险，特别是对于紧急出舱。骨骼肌质量、操作力和耐力降低所产生的风险不仅取决于其降低的程度，也取决于乘员个体初始的健康水平。因此，需要确定乘员完成一项任务所需的操作力，并应在飞行过程中尽可能保持在该操作力水平。对抗的目标是在轨道飞行中乘员发生生理功能减弱后，要防止功能性操作力低于需要完成关键任务操作水平的情况发生。对于乘员完成任务的操作力要求应当清楚，并在乘员具体的操作力限值范围内。

NASA 根据飞行后的测量以及估算的生理功能减弱后的操作力降低，为星座计划（现改为 MPCV）和商业乘员计划制定了航天飞行乘员操作力限值。根据估算，飞行后平均操作力降低，NASA 为这些计划制定了最大和最小操作负荷限值，参见 MPCV 70024《人-系统整合要求（HSIR）》、JSC 65993《商业人-系统整合要求（CHSIR）》，以及 HIDH 的附录（见附录 B）

骨骼肌大小和功能降低引起的生理功能减弱，会产生工作效能和医学方面风险，自载人航天飞行开始就有相关报道（Kakurin et al.，1971）。通过人体成分测量得到的结果可知，航天飞行造成身体肌肉量的减少造成了下肢周长的缩短。航天飞行研究数据表明，尽管使用锻炼对抗措施，也会发生肌肉质量/体积和操作力的显著降低，即使短期飞行任务也是如此。8 天航天飞机任务后，LeBlanc 等（2000）发现了相对于飞行前肌肉体积明显降低：比目鱼肌/腓肠肌（－6％）、腿后肌（－8％）、股四头肌（－6％）、背部肌（－10％）、前小腿（－4％）。和平号任务 16～28 周的长期飞行后，肌肉体积降低为股四头肌（－12％）、腿后肌（－16％）、背部肌（－20％）、腓肠肌（－24％）、比目鱼肌（－20％）、前小腿（－16％）。伴随肌肉体积的减小，肌肉操作力也降低了，但是其变化幅度似乎比肌肉体积减少所能解释的程度还要大。Greenisen 等（1999）研究显示，乘员在航天飞机持续 16 天的任务后，膝盖的伸展操作力减少了 12％，躯干弯曲操作力减少了 23％。乘员在和平号和国际空间站长期飞行后（大于 30 天），膝盖伸展和躯干弯曲操作力的降低分别为 23％和 25％（S. Lee，数据来源于个人沟通）。此外，ISS 乘员的最新数据显示，航天飞行 163±38 天后（均值±SD；未发表数据），平均等速肌力降低 8％～17％。最后，大部分的降低发生在下体，因为这些肌肉在 1 g 时高度活跃，在 0 g 时不怎么活跃。上体操作力的降低程度通常大大低于下体的降低。

4.15.6.1.2　对抗措施

操作力损失的减缓策略包括生理上和工程上的对抗措施。类似于卧床状态的无负荷期间，使用高负荷的阻抗锻炼，是防止肌肉质量和功能降低的有效减缓策略（Alkner ＆ Tesch，2004；Trappe et al.，2004；Trappe et al.，2007；Trappe et al.，2007；Trappe et al.，2008）。NASA－STD－3001 要求航天系统应提供对抗措施来减缓肌肉的损失（[V2 7038]）。

锻炼对抗措施应提供足够的刺激量，帮助减缓微重力对人体的影响。为了达到优化和通用的效果，阻抗锻炼硬件应能适合完成多种锻炼，以对抗肌肉萎缩、操作力降低，实现保护姿态、维持肌肉。这些锻炼可能包括深蹲、硬拉、提踵、髋部屈/伸、髋外展/内收、直立、俯身、侧举、前平举、后举、压肩、曲肱二头肌、三头肌伸展、侧弯、侧弯（颈）、颈部伸展、颈部前屈和卧推。

应进行需求分析，来确定所需的硬件能力以及锻炼制度。完成需求分析后，开发人员应全面综合当前文献、当前的 ISS 硬件，以及设计新理念时当前可用的技术。涉及的一些设计特征包括：

• 肌肉运动的类型——推荐硬件能提供向心（肌肉收紧时缩短）和离心（肌肉收紧时伸长）能力，最大可能地模拟地面的阻抗锻炼。离心锻炼很重要，因为它能产生比单独的向心锻炼更大的操作力（Hilliard‐Robertson et al.，2003）。

• 负荷增量——负荷增量应能调节，以适应不同能力的乘员。

• 最小和最大负荷——需求分析过程中应确定的负荷水平，以适应不同能力的乘员。

• 运动速度——文献认为锻炼运动的速度，对肌肉操作力和骨内矿物质密度（BMD）有影响。因此，中等负荷、高速度（操作力训练）比高负荷、低速度的效果好或相当（von Stengel et al.，2007）。

• 乘组使用——如果要乘员一个人进行锻炼，那么硬件的设计就应当使单个乘员能够自主完成所有的配置、负荷设置调节和锻炼，不需要他人协助。

当前 NASA 的 ISS 程序，为超过 7 天的所有航天飞行任务提供阻抗锻炼对抗措施，包括一组以深蹲、硬拉和提脚后跟为核心的锻炼活动。进行这些锻炼的主要设备是先进阻抗锻炼设备（ARED）。ARED 使用了真空筒来提供高达 272 kg（600 lb）的向心负荷，离心-向心比率约为 90%，整个活动范围内力恒定并有惯性飞轮。飞轮要求受试者克服惯性移动负荷。ARED 的部署是使飞行中经过主要的阻抗锻炼后飞行乘员的操作力损失降低，但是其并不能完全消除损失。乘组的日程安排包括了两小时的锻炼，具体为展开硬件、进行阻抗和有氧锻炼、收起硬件，以及乘员的卫生和清洁。

4.15.6.2　骨骼生理功能减弱

4.15.6.2.1　背景

航天飞行中发生骨内矿物质丢失，主要是因为骨骼系统的重力负荷消失。根据飞行前和飞行后的评估，平均的丢失率大约为每月 1.0%～1.5%。骨再吸收（矿物质减少或骨丢失）的靶点是承重骨所在位置，对于典型的 180 天任务，与飞行前的 BMD 相比，局部骨内矿物质密度（aBMD）的丢失范围为 3%～9%。LeBlanc et al. (2000) 对和平号航天器任务航天员（$n=16\sim18$）飞行前和飞行后（任务时间 4～14 个月），用双能量 X 射线吸光测量法（DXA）进行了骨内矿物质测量，并报道了整个任务期间的 BMD 变化。但是，因为数据搜集期间的任务持续时间范围长，BMD 的丢失被标准化为每月变化百分比，报告结果是：每月平均丢失 1.0%～1.5%。BMD 丢失较多发生在下肢和中心骨骼的承重部位，这些部位包括髋和脊柱，即容易发生骨质疏松性骨折的位置。还不清楚 BMD 在飞行早期是否稳定在某个低水平，或者是否在整个任务期间持续降低。也不清楚月球或火星上的部分重力环境能否减少这种丢失。飞行超过 30 天的乘组证据显示，若骨骼系统适应了无重力负荷（造成飞行中的乘员骨内矿物质丢失），则其倾向于在返回地球后加速发生骨质疏松。参见 4.14 节可了解该风险的更多信息。在这些计算中，生理功能减弱因素用于解释乘员的骨生理功能减弱。

股骨近端体积骨密度降低显著降低了收缩操作力、弯曲操作力和髋部操作力。在飞行后紧急航天器出舱情况下，降低的肌肉操作力和耐力，以及感觉运动适应，增加了跌倒的风险。在重要的任务中，这种风险和骨骼操作力的下降综合作用，增加了骨折的风险。

若想要知道骨骼是否面临骨折的风险就需要评估骨强度，即骨骼承受一定机械负荷的耐受能力（如在着陆和出舱时）。用 DAX 进行局部骨密度（aBMD，g/cm^2）的测量被广泛用于人体骨骼强度的评估。临床上常用其作为"骨骼脆性"的判断依据或是骨质疏松症的诊断依据。但是，DAX 检测仅仅反映了骨密度而不是骨强度，NASA 现在致力于一种新的骨骼强度的检测方式——利用 OCT（定量计算机断层扫描）进行髋关节的扫描并做有限元分析，这种方法能够更好地评估因太空飞行而产生的骨骼变化情况。此外，NASA 格伦研究中心已研发出一种预测模型，即整体医学模型（IMM）中的骨折风险模块（BFxRM）。由于缺少骨折发生率的数据，这个模块使用了生物力学的算法，依据每次任务的具体执行情况和飞行中航天员骨密度的下降情况来估算骨折的概率。这个模块可更多地了解出舱过程中骨损伤的情况和骨折的风险。这个模块为设计出舱任务的强度和时间限以减少骨折危险提供了重要数据。

4.15.6.2.2　对抗措施

飞行中需要尽量维持骨骼质量。锻炼对抗中有几个因素非常重要：1）拉伸的强度和速度（更大的拉伸强度激发更多骨生成）；2）多样的拉伸状态分布（不同的肌肉活动和外界负荷对骨的形成作用不同）；3）重复（最低的重复次数取决于负荷的大小，越高的负荷重复次数越少）；4）休息与间隔（骨对于机械性负荷的刺激非常敏感，因此锻炼中的休息间隔提供了骨骼重新恢复的机会）。为空间探索任务而最新设计的锻炼装置应该基于以上几个基本因素，最大程度地维持骨骼正常状态，减少出舱时骨折发生的风险。

NASA 最近针对骨骼的矿物质丢失进行了 2 个对抗措施的研究：运动方案的制定和用药。运动方案通过使用阻抗运动装置在身体表面不同位置对骨骼施以不同负荷，协助骨状态的维持和骨的生成。NASA 调查了一项飞行中高强度、短间隔的训练方案的应用，以确定长期飞行任务中维持骨骼质量的锻炼效果。通过提高锻炼适用性，增加锻炼负荷，提高锻炼速度来提高锻炼对抗措施的有效性，最大程度地保持骨骼质量。除此之外，NASA 检测了一种抗吸收的药物药效，这种药物通过抑制破骨细胞介导的骨的重吸收来防止骨骼中矿物质的丢失。这种被检测的药物（阿仑膦酸盐药物）被当作飞行期间骨丢失的预防措施。还需要进一步的研究来确认此药物是否能作为一种有效的骨防护药物。

4.15.6.3　有氧锻炼能力下降

4.15.6.3.1　背景

乘组的有氧运动能力在飞行中降低。这种现象是每天运动量减少和心脏应急能力下降的后果。它导致执行剧烈体力任务能力的降低，也影响了乘员执行出舱活动的能力。因此，设计无协助的出舱程序和辅助设备时必须考虑到乘组有氧运动能力的降低。

有氧运动能力下降的影响需要被降至最低，这需要乘组在任务中维持身体在全重力或部分重力环境中的直立锻炼能力。维持该能力对于任务的成功甚至紧急情况发生时乘组的幸存极为重要（Lee et al.，2007；Watenpaugh et al.，2000）。紧急出舱活动时，运动的受试者出现极大的新陈代谢的变化（>2.5 L·min^{-1}）和极大的心血管压力变化（>160 beats·min^{-1}），这对于执行 6 个月或更长时间任务的乘员来说是一个很大的挑战。

有氧运动能力的黄金标准是最大耗氧量（$V_{O2\,max}$），这与个体的身体能力直接相关（ACSM，2009；Astrand，2003）。最大耗氧量是氧气使用的最大程度，可通过对需要大量肌肉参与的运动进行检测获得该数据（McArdle et al.，2004）。很多生理因素会影响有氧运动能力（Stegemann et al.，1997），血容量降低是它的主要影响因素（Stegemann et al.，1997），也是空间飞行时最早发生的适应性反应。Convertino（1997）报道 70％最大耗氧量的变化发生在卧床实验后的恢复期，可解释为血容量减少产生的后果。循环血量的减少对于运动的心搏量会产生负面的影响，使输送给运动肌肉的氧气和养分减少且新陈代谢的废物排除减慢。着陆后，减少的血容量依然是个大问题，因为直立运动或活动能够导致腹腔及下肢血容量的增加，那么就会降低乘组执行更难任务的能力，如航天服穿脱及出舱门的能力。

NASA-STD-3001 第 1 卷中的 4.2.3 节说明了有氧运动能力的健康标准是要求维持有氧运动能力可以成功支持所有需要完成的任务，包括出舱。来自于国际空间站的最新数据表明，有氧运动能力在飞行的初期就开始降低，然后随着锻炼增加至接近飞行前水平。乘组人员在飞行前后均要进行有氧能力的测试，在飞行中大约每 30 天要进行分等级的锻炼测试。结果显示，心率水平在飞行早期的每个锻炼阶段都有提高，降低的氧脉搏与飞行前的基础水平相关（未发表的数据）。除此之外，增加的心率响应和减少的氧脉搏也发生于着陆后不久。有氧能力的降低发生在飞行后的早期，着陆 30 天后重新恢复至飞行前水平。

这些数据表明有氧能力下降可能存在于飞行初始阶段，随飞行时间的延长逐步减轻，推测是由于锻炼对抗措施的使用。飞行后早期心率的增加和氧脉搏的减少的可能原因是相对血容量的减少和心脏短暂萎缩，但是着陆后 30 天内可以恢复。这些数据表明，乘员在飞行早期及飞行后早期的时间段内易出现有氧能力的下降。

总的来讲，乘员生理功能的减弱程度取决于乘员发射时的身体健康水平、运动硬件的总能力（无论运动设备是否提供了足够的运动负荷或运动速度）、乘员完成规定的锻炼方案的动机或能力（考虑到锻炼过程中因进行对接操作、航天器巡视、出舱等中断锻炼的因素），以及食品是否提供了飞行所需的足够的热量和营养。

4.15.6.3.2 对抗措施

减少有氧能力功能降低的策略包括生理和工程两方面的措施，如跑步机、自行车或划行功量计，可用于部分减轻飞行中有氧能力损失的情况。在模拟飞行的卧床实验研究中（削弱了有氧运动的能力），其情况与飞行任务中的情况一致（Guinet et al.，2009；Lee et al.，2007；Lee et al.，2009)。

　　国际空间站中目前使用的锻炼装置是二代跑步机（T2），以及带有隔振和稳定功能的自行车功量计（CEVIS）。这些设备支持每位乘员在 75% 最大耗氧量水平上做 30 分钟的连续锻炼，一周几次。除此之外，还需有最大耗氧量的高强度间隔性锻炼，锻炼时间最少为 30 秒，最多 4 分钟。

4.15.6.4　对设计的影响

　　即便使用目前的锻炼装置，飞行乘员仍存在 5%～25% 的操作力下降，有氧能力在飞行后的初期有所下降。因此，出舱活动的设计、标识的设计及设备接口的设计，比如解开束缚装置、出舱通路、出舱设备的固定和使用，需要注意以下几点：1）仪器使用的操作力范围，如那些在 HIDH 附录 B 中特别提到的生理功能减弱的乘员的操作力；2）对出舱人员提供支持功能。这些功能包括无障碍的出舱通路（NASA‑STD‑3001，[V2 8014]）、扶手装置、脚踏装置、通往出舱口的梯子和优化的机械装置。乘员救生装置可供操作力下降的乘员在需要时使用（如：质量轻、易展开的救生筏）。

　　出舱活动需要通道顺畅无障碍（如：无钉子、突出物及存放物品等），标识清晰，紧急操作设备上有亮起的提示灯，所需设备及操作量应缩减至最少（如避免不方便打开的舱门或复杂的舱门操作过程，[V2 8014]）。舱口盖板和开门装置设计时应考虑生活功能减弱的乘组成员能够使用（NASA‑STD‑3001，[V2 8025]），这样能够使乘员在规定时间内安全出舱（NASA‑STD‑3001，[V2 8014] 和 [V2 8024]）。

　　体力、耐力的下降及感觉运动系统新的适应过程的综合作用，增加了乘员摔倒的风险。这种风险加上骨密度降低和骨骼操作力的下降，增加了着陆后乘员骨折的风险。由于无法在飞行前精确预计出骨丢失的程度和其对功能的影响，因此必须尝试设计出减少摔倒及发生骨折的设备。其中包括出舱过程中无障碍物，乘员无须执行运动剧烈的任务或让乘员的身体处于不方便的姿态的任务，防止骨骼上负荷大。对肌肉和有氧功能减弱有支持作用的方法同样也会防止骨骼操作力的损失。

　　必须考虑乘组任务的设计和时间安排。就肌肉功能降低而言，以下几点非常重要，需要确认：1）乘组保持了执行应急任务和紧急反应的能力；2）组合任务应能安全及有效地完成。例如，乘员能独自完成给予的任何正常或非正常的任务，但是在状态下降时执行组合任务可能超出了生理功能减弱的乘员的能力。

4.15.7　结　论

　　本节主要提出了因空间飞行导致的主要身体变化。生理功能减弱的效应是可测量和可观摩的，体现在感觉运动功能、有氧能力、立位耐力的降低，以及肌肉和骨骼力量的损失。飞行着陆后可注意到，如果在飞行对抗措施中没有全部或部分减缓，就会出现包括肌肉萎缩、立位耐力降低、有氧能力减弱、感觉功能障碍（包括步态不稳和改变的动态视敏度）、骨密度降低、骨结构改变的情况。表 4.15.7‑1 所示为乘员生活功能减弱概述，介绍了在轨飞行、返回和着陆阶段乘员生理功能减弱的症状、影响及设计因素。

表 4.15.7 - 1　乘员生理功能减弱概述

	在轨飞行			返回和着陆		
	症状	影响	设计因素	症状	影响	设计因素
感觉运动功能	SMS（飞行早期）恶心、呕吐、身体不适、头晕	运动受限、活动减弱	活动最小化、能够方便获取呕吐袋和医疗包、提供辅助装置	SMS 恶心、呕吐、身体不适、头晕	降低动态的视敏度、恶心或呕吐、步态和/或眼-手协调障碍、运动失调，以及能力降低	适应生理功能减弱乘员的通道和通口；辅助出口；提供扶手；将活动、全身和头部移动降到最少；增加任务时间
肌肉	力量降低	—	锻炼设备	疲劳、力竭	降低肌肉质量、操作力和耐力；能力降低	适应生理功能减弱乘员的通道和通口；提供扶手和梯子以方便稳定；将举起质量降到最小；将机械装置的力量需求降到最小；辅助出口
骨骼	—	—	锻炼设备	无	降低骨骼密度、改变骨骼构造、增加骨折风险	移除出口障碍物；提供扶手和梯子以方便稳定；提供辅助出口
立位性低血压	—	—	压力服和锻炼设备	先兆昏厥或昏厥、下肢肿胀	乘员丧失能力	为出舱提供压力服；为流体装载补充方案提供液体和盐；提供冷却；提供休息座椅；提供辅助出口
有氧能力	耐力降低、疲劳	—	锻炼设备	疲劳、力竭	耐力降低、能力降低	适应生理功能减弱乘员的通道和通口；提供扶手和梯子以方便稳定；将机械装置的力量需求降到最小；提供辅助出口

　　一般来说，不能因为任何原因要求着陆后的乘组人员不借助辅助就从座位上起身。在紧急情况下，如无辅助的出舱活动中，不能要求乘员突然运动、举重物及做出不恰当的姿势。出舱的途中需要清理障碍物（留出合适的空间，无钉子、无突起物，妥善放置好物品以及其他障碍物），标识清晰，紧急操作指示灯亮起，所需操作应精简到最少。已设计的对抗措施应该在整个飞行中得到使用和/或在着陆前使用，以减少着陆后生理功能减弱造成的影响，包括锻炼设备和方案，压力服和流体载荷。

　　想要全面科学地了解由空间飞行引发的生理变化，请参看《人体研究计划证据书》（http：//humanresearchroadmap. nasa. gov/evidence/）。该书根据目前的各种记录和研究，对 NASA 未来的空间探索任务中每一项有关人类健康和操作的风险提供了明确的依据。

4.15.8　技术文件

作为每个设计生命周期中的主要里程碑，推荐的技术文件见表4.15.8-1。

表 4.15.8-1　乘员生理功能减弱技术文件

技术文件	阶段 A		阶段 B	阶段 C	阶段 D	
	SRR	SDR	PDR	CDR	SAR	FRR
操作概念的描述	I	U	U	U		
针对定义好的操作概念和脚本,对所选择的生理功能减弱的减缓策略和对抗措施的描述及理由		I	U	U		
在设计中概述如何适应生理功能减弱情况			I	U	U	
在适当的飞行模拟中评估对抗措施的功效			I	U	U	
验证计划,包括如何评估生理功能减弱的减缓措施			I	U	U	
所选择的生理功能减弱对抗措施的功效验证			I	U	U	

X 为一次性发布的项目
I 为初始发布的项目
U 为更新发布的项目

操作概念

3.2.3.1.2节描述的操作概念,其提供的信息如任务目标的识别、任务持续时间和预期出舱次数。

所提出的应对策略理由

开发者将考虑所有的应对策略和最适合任务的设计方法,并给出这种方法为什么是最合适的理由。

建模、分析和评价总结

建模、分析和评价的迭代结论为 NASA 提供了贯穿设计流程的人-系统整合方面的技术细节。如3.2.2.3节所述,随着设计的不断成熟,建模、分析和评价应当逐步使用高保真的输入和实物模型。很重要的是,总结中要给出如何对关键设计决策进行评估。建模、分析和评价可使操作概念逐步达到系统所设定的目标,即满足操作安全、高效和用户界面设计人性化的系统要求。

验证计划

验证计划是一个正式的文档，描述了用来说明每一项要求满足情况的、可供使用的验证方法。

验证方法

对验证进行总结是必要的，以确定所选的应对策略是否确保了乘员的安全和效率。

4.15.9　参考文献

［1］　Alkner，B. A.，& Tesch，P. A.（2004）. Efficacy of a gravity‐independent resistance exercise device as a countermeasure to muscle atrophy during 29‐day bed rest. Acta Physiologica Scandinavica，181，345‐57.

［2］　American College of Sports Medicine（2009）. ACSM's Guidelines for Exercise Testing and Prescription，8th edition. Baltimore，Maryland：Lippincott Williams and Wilkins.

［3］　Astrand，P. O.（2003）. Textbook of Work Physiology. Champaign，Illinois：Human Kinetics.

［4］　Bishop，P. A.，Lee，S. M.，Conza，N. E.，Clapp，L. L.，Moore，A. D.，Jr.，Williams，W. J.，Guilliams，M. E.，& Greenisen，M. C.（1999）Carbon dioxide accumulation，walking performance，and metabolic cost in the NASA launch and entry suit. Aviation Space and Environmental Medicine，70，656‐65.

［5］　Bloomberg，J. J.，Peters，B. T.，Smith，S. L.，Huebner，W. P.，& Reschke，M. F.（1997）. Locomotor head‐trunk coordination strategies following spaceflight. Journal of Vestibular Research，7（2‐3），161‐77.

［6］　Carpenter，R. D.（2006）. Mechanobiology of Bone Cross‐Sectional Development，Adaptation，and Strength.（Unpublished doctoral dissertation）. Stanford University，Stanford，CA.

［7］　Clement，G.，& Reschke，M. F.（2008）. Neuroscience in Space，New York，New York：Springer.

［8］　Cody，D. D.，Gross，G. J.，Hou，F. J.，Spencer，H. J.，Goldstein，S. A.，& Fyhrie，D. P.（1999）. Femoral strength is better predicted by finite element models than QCT and DXA. Journal of Biomechanics，32（10），1013‐1020.

［9］　Convertino，V. A.（1997）. Cardiovascular consequences of bed rest：effect on maximal oxygen uptake. Medicine and Science in Sports and Exercise，29，191‐6.

［10］　Edgerton，V. R.，Zhou，M‐Y.，Ohira，Y.，Klitgaard，H.，Jiang，B.，Bell，G.，Harris，B.，Saltin，B.，Gollnick，P. D.，Roy，R. R.，Day，M. K.，Greenisen，M.（1995）. Human fiber size and anymatic properties after 5 and 11 days of spaceflight. Journal of Applied Physiology，78，1733‐1739.

[11] Fitts, R. H., Trappe, S. W., Costill, D. L., Gallagher, P. M., Creer, A. C., Colloton, P. A., Peters, J. R., Romatowski, J. G., Bain, J. L., & Riley, D. A. (2010). Prolonged spaceflight - induced alterations in the structure and function of human skeletal muscle fibres. Journal of Physiology, 588, 3567 - 3592.

[12] Fritsch- Yelle, J. M., Whitson, P. A., Bondar, R. L., & Brown, T. E. (1996). Subnormal norepinephrine release relates to presyncope in astronauts after spaceflight. Journal of Applied Physiology, 81 (5), 2134 - 2141.

[13] Greenisen, M., Hayes, J., Siconolfi, S., & Moore, A. Functional performance evaluation. In: Sawin, C. F., Taylor, G. R., Smith, W. L. (Eds.). Extended Duration Orbiter Medical Project Final Report 1989 - 1995. NASA SP - 1999 - 534, 3.1 - 3.24. Houston, TX: NASA Johnson Space Center.

[14] Guinet, P., Schneider, S. M., Macias, B. R., Watenpaugh, D. E., Hughson, R. L., Le Traon, A. P., Bansard, J. Y., & Hargens, A. R. (2009). WISE - 2005 Effect of aerobic and resistive exercises on orthostatic tolerance during 60 days bed rest in women. European Journal of Applied Physiology, 106 (2), 217 -27.

[15] Hilliard- Robertson, P., Schneider, S. M., Bishop, S. L., & Guilliams, M. E. (2003). Strength gains following different combined concentric and eccentric exercise regimens. Aviation Space and Environmental Medicine, 74, 342 - 347.

[16] Kakurin, L. I., Cherapakhin, M. A., Ushakov, A. S., Senkevich, I. A. (1971) Functional insufficiency of the neuromuscular system caused by weightlessness and hypokinesia. Presented at the 14th Plenary Session, Life Sciences and Space Research X. Seattle, WA. Berlin: Akademia - Verlag, 61 - 4.

[17] Layne, C. S., McDonald, P. V., & Bloomberg, J. J. (1997). Neuromuscular activation patterns during treadmill walking after spaceflight. Experimental Brain Research, 113 (1), 104 - 16.

[18] Layne, C. S., Lange, G. W., Pruett, C. J., McDonald, P. V., Merkle, L. A., Mulavara, A. P., Smith, S. L., Kozlovskaya, I. B., & Bloomberg, J. J. (1998). Adaptation of neuromuscular activation patterns during treadmill walking after long - duration spaceflight. Acta Astronautica, 43 (3 - 6), 107 - 19.

[19] LeBlanc, A., Lin, C., Shackelford, L., Sinitsyn, V., Evans, H., Belichenko, O., Schenkman, B., Kozlovskaya, I., Oganov, V., Bakulin, A., Hedrick, T., & Feeback, D. (2000). Muscle volume, MRI relaxation times (T2), and body composition after spaceflight. Journal of Applied Physiology, 89, 2158 - 2164.

[20] LeBlanc, A., Schneider, V., Shackelford, L., West, S., Oganov, V., Bakulin, A., & Voronin, L. 2000. Bone mineral and lean tissue loss after long duration

spaceflight. Journal of Musculoskeletal Neuronal Interactions，1 (2)，157 – 160.

[21] Lee, S. M. , Schneider, S. M. , Boda, W. L. , Watenpaugh, D. E. , Macias, B. R. , Meyer, R. S, & Hargens, A. R. (2007) . Supine LBNP exercise maintains exercise capacity in male twins during 30 – d bed rest. Medicine and Science in Sports and Exercise，39，1315 – 26.

[22] Lee, S. M. , Schneider, S. M. , Boda, W. L. , Watenpaugh, D. E. , Macias, B. R. , Meyer, R. S. , & Hargens, A. R. (2009) . LBNP exercise protects aerobic capacity and sprint speed of female twins during 30 days of bed rest. Journal of Applied Physiology，106，919 – 28.

[23] McArdle, W. D. , Katch, F. I. , Katch, V. L. (2004) . Exercise Physiology：Energy, Nutrition, and Human Performance. Baltimore, Maryland：Lippincott Williams and Wilkins.

[24] Meck, J. V. , Reyes, C. J. , Perez, S. A. , Goldberger, A. L. , & Ziegler, M. G. (2001) . Marked exacerbation of orthostatic intolerance after long – vs. short – duration spaceflight in veteran astronauts. Psychosomatic Medicine，63 (6)，865 –873.

[25] Meck, J. V. , Waters, W. W. , Ziegler, M. G. , deBlock, H. F. , Mills, P. J. , Robertson, D. , & Huang, P. L. (2004) . Mechanisms of post – spaceflight orthostatic hypotension：low alpha1 – adrenergic receptor responses before flight and central autonomic dysregulation postflight. American Journal of Physiology – Heart and Circulatory Physiology，286 (4)，H1486 – H1495.

[26] Mulavara, A. P. , Feiveson, A. , Fiedler, J. , Cohen, H. S. , Peters, B. T. , Miller, C. A. , Brady, R. , & Bloomberg, J. J. (2010) . Locomotor function after long – duration spaceflight：Effects and motor learning during recovery. Experimental Brain Research，202 (3)，649 – 59.

[27] NASA (2007) . NASA Space Flight Human System Standard Volume 1：Crew Health. NASA – STD 3001.

[28] NASA (2009) . NASA Space Flight Human System Standard Volume 2：Human Factors, Habitability, and Environmental Health. NASA – STD 3001.

[29] Paloski, W. H. , Oman, C. M. , Bloomberg, J. J. , Reschke, M. F. , Wood, S. J. , Harm, D. L. , Peters, B. T. , Mulavara, A. P. , Locke, J. P. , & Stone, L. S. (2008) . Risk of sensorimotor performance failures affecting vehicle control during space missions：A review of the evidence. Journal of Gravitational Physiology，15 (2)，1 – 29.

[30] Reschke, M. F. , Bloomberg, J. J. , Harm, D. L. , Paloski, W. P. , Layne, C. S. , & McDonald, P. V. (1998) . Posture, locomotion, spatial orientation, and

motion sickness as a function of spaceflight. Brain Research. Brain Research Reviews, 28 (1 - 2), 102 - 17.

[31] Stegemann, J. , Hoffmann, U. , Erdmann, R. , & Essfeld, D. (1997). Exercise capacity during and after spaceflight. Aviation Space and Environmental Medicine, 68, 812 - 7.

[32] Trappe, S. , Trappe, T. , Gallagher, P. , Harber, M. , Alkner, B. , & Tesch, P. (2004). Human single muscle fibre function with 84 day bed - rest and resistance exercise. Journal of Physiology, 557, 501 - 513.

[33] Trappe, T. A. , Burd, N. A. , Louis, E. S. , Lee, G. A. , & Trappe, S. W. (2007). Influence of concurrent exercise or nutrition countermeasures on thigh and calf muscle size and function during 60 days of bed rest in women. Acta Physiologica Scandinavica, 191, 147 - 159.

[34] Trappe, S. , Creer, A. , Slivka, D. , Minchev, K. , & Trappe, T. (2007b) Single muscle fiber function with concurrent exercise or nutrition countermeasures during 60 days of bed rest in women. Journal of Applied Physiology, 103, 1242 - 1250.

[35] Trappe, S. , Creer, A. , Minchev, K. , Slivka, D. , Louis, E. , Luden, N. , & Trappe, T. (2008). Human soleus single muscle fiber function with exercise or nutrition countermeasures during 60 days of bed rest. American Journal of Physiology - Regulatory, Integrative and Comparative Physiology, 294, R939 -947.

[36] Trappe, T. (2009). Influence of aging and long - term unloading on the structure and function of human skeletal muscle. Applied Physiology, Nutrition, and Metabolism, 34 (3), 459 - 464.

[37] Watenpaugh, D. E. , Ballard, R. E. , Schneider, S. M. , Lee, S. M. , Ertl, A. C. , William, J. M. , Boda, W. L. , Hutchinson, K. J. , & Hargens, A. R. (2000). Supine lower body negative pressure exercise during bed rest maintains upright exercise capacity. Journal of Applied Physiology, 89, 218 - 27.

[38] Waters, W. W. , Ziegler, M. G. , & Meck, J. V. (2002). Post - spaceflight orthostatic hypotension occurs mostly in women and is predicted by low vascular resistance. Journal of Applied Physiology, 92, 586 - 594.

[39] Wood, S. J. , Loehr, J. A. , & Guilliams, M. E. (2011). Sensorimotor reconditioning during and after spaceflight. NeuroRehabilitation, 29, 185 - 195.

4.16　缓解减压病设计

4.16.1　简　介

地球生命生存在地球正常大气压（14.7 psia，101.3 kPa，760 mmHg）和地球标准重力（1 g）下。地球正常大气压指人类可以舒适生存的一个高低气压范围。减压病（decompression sickness，DCS）的产生与环境由高压快速变为低压有关。这种压力变化出现在潜水和航天飞行的不同阶段。潜水员于深海（高压）完成任务返回海平面正常大气压环境时可能发生 DCS。相反，航天员穿着航天服执行出舱活动（EVA）时，由于航天服的压力低于舱内压力，航天员同样面临 DCS 的威胁。尽管在两种情况下 DCS 都是严重的健康风险，但是高空 DCS 会损害航天员健康，阻碍舱外活动成功及任务的最终完成。高空 DCS 既是医学问题也是生产率问题，在制定可接受风险水平及研究缓解流程时需同时考虑这两方面。

预防 DCS 胜于治疗其症状和体征。DCS 是完全可以预防的，但成本巨大，而通过缓解流程控制 DCS 风险通常是切实可行的方法。本节旨在讨论计划减压中的 DCS 缓解方法。减压通常发生在有出舱活动时，但描述的一些缓解策略同样适用于运载舱为 EVA 活动频繁时进行的阶梯减压准备，以此作为降低全程 DCS 风险的阶段性减压策略。

4.16.2　DCS 症状和体征

DCS 的症状和体征通常分为 I 型、II 型及皮肤型屈肢症。约翰逊航天中心将 I 型症状定义为"仅有疼痛"且局限于肌肉（群）或（多）关节，并可有局部感觉异常及单纯皮肤屈肢。I 型症状可导致 EVA 终止或放弃，并阻碍任务的成功。如果不经治疗，I 型症状可能最终导致出舱乘员失去工作能力并影响恢复。

II 型症状是全身性的，常为神经系统，包含中枢神经系统；或心肺循环，导致肺"气栓"，循环衰竭、休克，甚至死亡；可能引起多个部位感觉异常。发生 II 型减压病时需立即放弃 EVA，其将同时危及任务成败和乘员健康。II 型减压病的症状早于或不早于 I 型减压病而发生，可能危及生命，特别是在舱外环境无加压治疗和辅助治疗的情况下。

大理石样皮纹是皮肤屈肢症的一种，比 I 型皮肤症状更严重，其表现为皮肤大理石花纹或斑片样外貌。约翰逊航天中心将这种严重的皮肤屈肢症区别于 DCS I 型和 II 型，单独分类。

DCS 还与气体栓塞（脉管系统内出现气泡）相关，包括静脉气栓（VGE）和动脉气栓（AGE）。多数医师认为无论是否有卵圆孔未闭（PFO）都不应在循环内有 VGE，卵圆孔是分隔心脏左右心房房间隔上的一个孔洞。PFO 是胎儿时期留下的残迹，胎儿从胎盘循环来的氧合血液从这里分流出肺循环。大部分人在新生儿期卵圆孔关闭，但约 25％的成年人仍留有一些小的开放（洞），允许含氧血和缺氧血混合，导致其 DCS 的风险大大增加。

无论是因为航天器设计缺陷还是预呼吸（PB）操作流程的缺陷，如果排氮不充分，将导致特定情况下 EVA 时出现的 VGE 可以穿过患者的未闭卵圆孔，从而导致动脉化。大量的 VGE 进入肺循环而未被正常肺脏过滤出可使航天员处于 VGE 动脉化的高风险中。AGE 使航天员承担血管栓塞的风险，导致大脑和其他器官的缺血性损害。

4.16.3　背　景

太空飞行 DCS 可能在从高气压进入低气压环境时出现。这种压力变化通常在 EVA 时发生，但在为准备 EVA 活动进行舱室减压或紧急情况下也可发生。DCS 的本质是局部组织内短时间气体过饱和，或称为超压或压差（ΔP）。局部组织内所有气体组分分压和大于外周压力会导致气体的溢出。以方程表示即当 ΔP 为正时，过饱和出现。

$$\Delta P = \sum_{i=1}^{N}(P_i - P_2) \qquad \text{（公式 1）}$$

其中，P_i = 组织内溶解的氧气（O_2）、二氧化碳（CO_2）、氮（N_2）和水蒸气（H_2O）的分压之和；P_2 = 减压后的环境压力。气泡成核能力和气泡增长速度是与过饱和相关的函数。

组织内的气体过饱和本身并非有害，但它是组织和周围环境间的一种热力学不稳定状态。组织和环境压力间的压差可以轻易通过相互转换而缓解，而多余质量（摩尔）的气体形成气泡可以由组织吸收而不引起任何症状。然而，当因为过饱和组织部分或全部减压而形成气腔时，就有发生 DCS 的可能〔P（DCS）；Weathersby, Homer, & Flynn, 1984〕。DCS 发生的必要不充分条件是组织中气相的形成，而这可能引起疼痛。虽然有假说认为，除仅有疼痛的 DCS 以外，气体逸出超过一个临界点后造成组织变形，从而带来的疼痛可能不能算做症状，但气体逸出肯定是所有并发症状和体征的主要原因。组织内逸出气体的存在甚至是容积大小对于仅有疼痛的 DCS 均不重要，含气腔室与组织间的压差才是重要的。这种压差称为"变形压力"（Nims, 1951）。

可以使用多种策略来预防 DCS。第一个方法是防止环境压力的变化。这可以通过使用各种机械结构使人体存在的环境中有足够的压力来实现。在飞船、居住地或航天服内使用地球正常大气压力（14.7 psia）可消除 DCS 的风险。

第二个方法是将人体暴露在低气压（低压）环境中，但以一定的速度降低环境压力，这能避免或限制组织内气泡形成的速度，在缓慢降压中完成排氮。然而，当航天员进入低压环境中时，惰性气体（非生理性的）在新的低压环境中超出原本可溶解的范围时，有可能从溶解组织中逸出，从而形成气腔挤压或损伤组织。

组织因受限的气腔移位或血流栓塞影响代谢功能可引起一系列症状和体征。为避免这种情况，第三种有效的方法是在进入低压环境前、在静息或运动下进行预氧呼吸（O_2 PB）。当前的航天服技术难以在不增加组员疲劳及降低灵活性的前提下提高行动时的航天服内压力，特别是对手套的设计。所以，在 EVA 时通过穿着高气压航天服行动以降低 DCS 风险的方式在执行过程中有很大的限制。因此，由于 EVA 的条件限制，目前 NASA 主要的缓解策略是通过多种方式来实现排氮。

排氮是去除身体组织中惰性氮气的过程，通常由通过呼吸 100％氧气（O_2 预呼吸或预呼吸）来完成。O_2 预呼吸可以通过密闭式口鼻面罩或在 EVA 航天服内完成。这两种方法都有一些相应的困难。使用面罩需要中断预呼吸以穿上 EVA 航天服，而在 EVA 航天服中进行 O_2 预呼吸需要延长在航天服内的停留时间。排氮流程能够有效减少 VGE 和 AGE，以及 P（DCS）。排氮后，航天员组织内 N_2 含量减少了。预呼吸后，溶解的 N_2 经过适当过饱和后变为逸出气体的量很少，但因为在新的低压环境下体积膨胀（波义尔定律）而仍很显著。排氮流程不如维持地球正常大气压力的方法安全，但其增加了预呼吸执行方案的效率以完成出舱行动。

4.16.4　适用要求

以下 NASA - STD - 3001 第 2 卷的要求与缓解 DCS 相关：
- 减压病风险识别［V2 6008］；
- 减压病能力［V2 6009］；
- 航天服减压病治疗能力［V2 11008］。

4.16.5　开发 DCS 缓解流程

新的太空飞行项目需要选定和优化现有的 DCS 缓解策略或重新开发一个新的策略，并与航天器设计相结合。在设计周期中尽早考虑策略的选择以减少之后潜在的重设计成本是明智的。以下列出的几个策略对设计有重大影响，需要在设计周期之初就考虑 EVA 的频率和 DCS 的缓解。

4.16.5.1　定义可接受的风险水平

在随后修订的 NASA - STD - 3001 第 1 卷中，对正常 EVA 中航天飞行 DCS 的可接受风险进行一个标准定义。正常 EVA 应按照有效流程执行，于 95％置信区间内，使执行 EVA 的 DCS 总风险≤15％且四级 VGE≤20％/人，且无 II 型 DCS 发生。其理论依据为当 I 型 DCS 报道≤15％时，未出现过 II 型 DCS 的报告。在此标准之上，可能需要进一步降低 P（DCS）以确保任务成功。特定任务情景下 EVA 成功的重要性、P（DCS）及症状严重程度的相关性（Allen，Maio，& Bancroft，1971），以及在远距离有效的 DCS 治疗能力的可行性都需纳入考虑范围之中。下一步的工作将确立航天器计划减压的可接受风险水平，但在此之前所有减压过程均应满足已有的 EVA 限制要求。

4.16.5.2　制定操作概念和描述 EVA 特性

对操作概念（ConOps）的评估应包括对任务目标、舱内大气环境、目标 EVA 次数、EVA 频率、EVA 准备时间、EVA 中要求的行动以及每个 EVA 目标的清晰理解。EVA 是选择 DCS 缓解策略的主要因素。当前用于国际空间站的流程可能不足以用于支持远期探索任务的 EVA，因其需要消耗大量的乘员时间和物资。在探索任务中，尤其在 EVA 持续时间短而频繁的时候，EVA 的准备时间期望可最小化。因其 EVA 时的类型、强度和活动持续时间都对 P（DCS）有着重大影响，因此在小行星、行星或月亮表面的体力活动均需进行考量。同时，也需对意外 EVA 行动制定缓解策略。

如下所述，如果任务中 EVA 的频率较高，以现有的知识水平，阶段性减压结合穿脱容易并能快速通过航天器入口/出口的 EVA 航天服将是最好的设计方案。如果 EVA 的准备时间最小化，那么利用间歇加压的生理特性在 1 天内多次 EVA 是可能的。然而，如果 EVA 相对不频繁（如每月 1 次甚至每周 1 次），阶段性减压也是有利的，但预呼吸流程和气闸入口/出口策略可能就足以预防 DCS。但不能仅按照 EVA 的频率选择合适的缓解策略，必须在成本、消耗品耗费（及质量）、乘员工作量及其他因素间达到适当的平衡。

4.16.5.3　开发缓解解决方案

一旦确定可接受的风险，明悉了 EVA 和整体任务目标，下一步就是制定 DCS 缓解策略。可以通过适合行动流程的工程设计方案达到完成 DCS 缓解的目的。目前在国际空间站上使用的 4 种协议全部基于行动流程。用于航天飞机的分级协议是一个结合使用航天飞机部分减压与减少行动中航天服内预呼吸时间的很好例子。

假定标定航天器内气压为 14.7 psia。于是从这一气压下转出就要考虑 DCS 的风险缓解策略。然而，即使是对于较低的标定航天器内压力（如 10.2 psia），如果乘员需进入其他气压环境如 EVA 航天服中，也需要对 DCS 进行缓解。舱外移动装置（EMU）目前在 4.3 psia 下运行，但其他航天服内压力也是可行的。例如，阿波罗航天服在 3.75 psia 下行动，这是为了在可以防止缺氧的范围内尽可能降低压力。选择航天服标定压力需考虑多个因素。

乘员克服僵硬的航天服花费的体力随航天服内压力的降低而减少，但可达到的航天服内最低压力受低氧限制。排氮过程的时长和复杂性由舱室与航天服内的气压差决定。为了降低这种压差，可以使用在更高气压下运行的航天服或使用分级减压流程以降低标定航天器内压力。降低航天器内压力减少了环境中 N_2 分压，可以增加 O_2 浓度以缓解低氧血症并进一步降低 N_2 分压。这种方法当然影响了航天器的设计，虽然降低了组织内 N_2 分压、减少了总体航天服内预呼吸时间，但引入了可燃性增加的新风险以及增加了选择兼容材料的成本。

以下小节将详细说明几种降低 P（DCS）的缓解策略。按照 EVA 和任务目标并结合可用的资源，选择使用部分或全部策略。

4.16.5.3.1　最小化气压降

避免或者减少过渡到一个低张力（低压）环境中可避免或限制组织内气泡形成。因此，第一个合理的缓解方法为最小化气压降。但是，如果必须要执行 EVA，由于活动性的限制，在 8~10 psia 间工作从而最小化预呼吸需要的高压航天服尚不实用，因此乘员们仍需要过渡到低压的环境。然而，在未来可能使用更高压力的 EVA 航天服以达到消除 DCS 的压力阈值（约 9.0 psia）。甚至从当前 EMU 压力 4.3 psia 基础上适度地增加都可以显著减少预呼吸（排氮）时间。例如，俄罗斯航天局使用奥伦航天服在约 60 分钟的有效预呼吸后，乘员可在 5.8psia 压力下工作，因此更高压力的航天服是一个可能的解决方案。

4.16.5.3.2　制定预呼吸流程

如果必须执行 EVA，就必须使用排氮流程。14.7 psia 压力下的预呼吸流程是对低频 EVA 任务的好选择。一般来说，预呼吸需要几个小时完成，因此对有高频 EVA 的任务可能执行起来不够高效。

制定全新预呼吸流程的第一步是要明确对新流程的实际要求。目前在国际空间站（ISS）使用 4 种预呼吸协议，每种方法都各有优点和缺点（取决于计划的 EVA）。任务管理员和乘员在选择预呼吸流程时会权衡多个因素，如消耗品和乘员时间、可用设备的功能（运动器材、预呼吸面罩、O_2 监测器），以及乘员的偏好。允许使用这些流程是因为地面测试分析和行动实践已经证明这些流程是安全可靠的。

以下为预呼吸注意事项。

• 规定最短预呼吸持续时间十分重要，其可以保护正常体型范围内、无论男女的大多数进行 EVA 的航天员。普遍来说，女性脂肪组织中的 N_2 的含量大于男性，男性非脂肪组织中的 N_2 含量略大于女性。给予充分预呼吸后，男性与女性将排出相同总量的 N_2。因为预呼吸时间总是有限的，就必须考虑 N_2 排除的动力学和在有限预呼吸时间内脂肪与肌肉组织对 N_2 的相对贡献。

• 鉴于预呼吸时间是有限的，可以通过限制减压后的暴露时间和体力活动以降低 DCS 风险。虽然这些方法有效，但多数需要进行 EVA 的行动无法采纳其作为缓解方法。

• 有证据表明特定人群可能抵抗 DCS（Kumar，Waligora，& Gilbert，1992；Weathersby，1989；Webb，Pilmanis，Balldin，& Fischer，2005）。已评估了的特定因素包括年龄因素（Conkin，Klein，& Acock，2003；Eckenhoff，Olstad，& Carrod，1990；Cameron，Olstad，Clark，Gelfand，Ochroch，& Eckenhoff，2007；Sulaiman，Pilmanis，& O'Connor，1997；Carturan，Boussuges，Vanuxem，Bar-Hen，Burnet，& Gardette，2002）、性别因素（Vann，Denoble，Emmerman，& Corson，1993；Webb，Kannan，& Pilmanis，2003；Conkin，2010；Thompson，Chhikara，& Conkin，2003）、有氧适能因素（Dujic，Duplancic，Marinovic-Terzic，Bakovic，Ivancev，Valic，Eterovic，Petri，Wisloff，& Brubakk，2004；Dujic，Valic，& Brubakk，2008；Carturan，Boussuges，Burnet，Fondaral，Vanuxem，& Gardette，1999）、水合因素（Fahlman & Dromsky，2006）以及卵圆孔未闭因素（PFO；Saary & Gray，2001；Foster，Boriek，Butler，Gernhardt，& Bove，2003）。遴选天然抗性尚存在问题且在有效排氮流程可行的情况下并非必须。因此，在 EVA 程序中，排氮是大多数航天员行之有效的方法。

• 可以通过在预呼吸时结合锻炼活动来减少排氮时间。运动的顺序、持续时间和强度是需要考虑的因素，且值得进一步研究。

• 通过分级减压排氮也是可行的（见下文）。尽管它需要较长的时间，但很大一部分排氮可以在航天员睡眠时进行，这样就减少了对任务活动的影响。

• 需要考虑在预呼吸时提供 O_2 的方式及最小化中断。供氧方法包括紧扣式面罩、

EVA 航天服或可操作的富含 O_2 的气闸。使用 EVA 航天服是目前唯一确保没有中断预呼吸的方法。任何使用面罩的预呼吸最终都需要中断预呼吸并转移进入到 EVA 航天服中，而关于中断预呼吸后果的认识仍不充分。因为它的易燃性问题，以及如果不使用另一个系统回收大量未使用的氧气可能造成浪费，含有 100% O_2 的气闸不是实施预呼吸的好选择。为减少中断预呼吸方面的顾虑，可进行部分氧气富集的气闸可能是一个可行的选择。

4.16.5.3.2.1　限制组织内微核成为增长气泡

除了减少组织内 N_2 外，DCS 预防也包括防止组织内微核变为增长的气泡（Tikuisis & Gerth，2003；Blatteau，Sourauld，Gempp，& Boussuges，2006）。组织内存在的气态微核可导致在恰当减压下 DCS 的发生（Weathersby，Homer，& Flynn，1982）。呼吸 100% O_2 时应用短时高压峰值是减少微核的数量和大小（或改变分布）的可用方法，因其在随后的减压后，气泡或 DCS 发生明显减少（Evans & Walder，1969；Ikles，1970；Vann，Grimstad，& Neilson，1980）。EVA 之前可能在预呼吸时的高压峰值，是一种减少组织中微核大小分布的可行干预方法。

然而，提供产生压力峰值的技术难度可能限制此缓解方法的应用。同时，常规体力活动在组织内产生的大小不均的微核组织可以通过改变活动方式或适应微重力改善。实际运作中，美国国家航空航天局认识到锻炼的时机策略对于频繁的 EVA 任务十分重要。当 EVA 和锻炼活动安排在同一天时，应在全天的 EVA 已经完成后进行运动。另外，如果应用运动下预呼吸，高强度阶段应安排在预呼吸流程的早期。

4.16.5.3.2.2　再呼吸时供气中断

预呼吸可以通过紧扣式口鼻面罩或 EVA 航天服实现。如果使用面罩，则最后需从面罩转入航天服内环境中。预呼吸时长时间中断是个操作上的现实问题，其可能影响安全排氮过程并危及到既定的 EVA。现行的 NASA 航空医学飞行规则根据预呼吸中供气中断的阶段与时长制定了 O_2 补偿时间。补偿时间是用于弥补原预呼吸中断所需的额外预呼吸时间分钟数。对于静息下预呼吸的供气中断，100% O_2 条件下的补偿时间为供气中断时长的 2 倍。对于运动下的预呼吸早期发生的供气中断，补偿时间为供气中断时长的 4 倍。预呼吸时大于 10 分钟的中断情况要求重新开始再次预呼吸，或令乘员选择其他预呼吸方式。

在 JSC 评估过多种用于保证从面罩转移至航天服中预呼吸质量与可信度的方法，但均被证明不够充分（Bateman，1951；Clarke，Humm，& Nims，1945；Cooke，1976；Adams，Theis，& Stevens，1977；Horrigan，Wells，Hart，& Goodpasture，1979；Dixon，Adams，Olson，& Fitzpatrick，1980；Barer，Vakar，Vorob'yev，Iseyev，Filipenkov，& Chadov，1983；Pilmanis，Webb，Balldin，Conkin，& Fischer，2010）。因此补偿时间是必需的。事实上，无法避免 14.7 psia 压力下预呼吸时可能的长时间供气中断，以及预呼吸时供气中断后果的不确定性正是在航天飞机和 ISS 上发展分级排氮的原因（Powell，Horrigan，Waligora，& Norfleet，1994；Horrigan & Waligora，1980）。如有长时间供气中断出现，使用其他缓解方法或与预呼吸相结合是必要的。任何 EVA 系统的设计都应将中断预呼吸的可能最小化，这种中断可使组织再次充氮。例如，在航天飞机分级协议下，ISS 在轨生活时以及在 ISLE 预氧程序中，在 10.2 psia 压力（26.5％ O_2）大气下移除 O_2 面罩是可接受的预呼吸中断，因为这是在继续缓慢排氮而非充氮。乘员可以按要求的时间完成航天服穿着，而不必急着完成最终的航天服内排氮。

4.16.5.3.3　分级减压

对有高频率 EVA 要求的任务阶段，分级减压策略是最有效的解决方案，因为它可最大限度地减少航天服内预呼吸时间，最小化预呼吸时供气中断的影响，并提供了不干扰乘员活动下部分排氮的可能性。分级减压涉及在预定时间内（如 24 小时）降低整个舱室内压力（如从 14.7 psia 到 10.2 psia），然后完成穿着航天服所需的 O_2 预呼吸。由于舱内压力在航天服穿着前降低，最后的航天服内预呼吸时间相应减少（允许更频繁的 EVA）。一旦 EVA 完成，舱内压力恢复至正常运行压力（如 14.7 psia）。

航天飞机分级协议是一个成功的例子。轨道飞行器舱内维持在 10.2 psia 和 26.5％ O_2 的设定值下，直到所有 EVA 任务完成。近期研究提出了 8.0 psia 和 32％ O_2（NASA，2010）的舱室环境，更近期的研究则提出了 8.2 psia 和 34％ O_2（新航天器/气密室设计）的环境。一旦血液在此环境中经过 O_2 饱和 24～36 小时，O_2 预呼吸的要求就降低至只需要完成航天服穿着过程。当此环境联合快速航天服穿着过程，如使用有航天服入口的后入式 EVA 航天服时，则从机舱过渡到 EVA 的时间可能短于 15 分钟。

分级减压方案面临的一个挑战是投入产出平衡处理。通过最初的地球标准 PIN_2 减少吸入氮气分压（PIN_2），降低环境压力减少了 DCS 的风险（Maio，Allen，& Bancroft，1970；Allen，Maio，Beard，& Bancroft，1969；Cook & Robertson，1974；Horrigan & Waligora，1980；Waligora，Horrigan，Hadley，& Conkin，1983）。为了减少缺氧，分级减压方法需要增加氧气浓度，其进一步减少了 PIN_2。然而，O_2 只能富集到一定程度，出于可燃性的考虑将限制其进一步增加。所以，必须在高 O_2 浓度增加火灾风险和随着 PIN_2 降低减少 DCS 风险间取得平衡。所以，对于给定的环境压力，氧气浓度和火灾风险可通过使 PIO_2 小于 150 mmHg 进一步降低，但不会低到引起严重缺氧（Conkin & Wessel，2008）。排氮可有效降低 P（DCS），但即使是有效的预呼吸流程也可能有 VGE 发生；相比较报告的 DCS，有更多的受试者出现 VGE，即使在 DCS 发病率低的流程中。4.3 psia 下干扰肺脏的明显 VGE 增加了血液运输中 VGE 通过肺部血管或卵圆孔未闭的机会（Foster，Boriek，Butler，Gernhardt，& Bove，2003；Moon，2000；Pilmanis，Meissner，& Olson，1996）。未来居住地的设计师应考虑低 PIN_2 大气环境以缩短或消除预呼吸时间。减少 PIN_2 的一个可行方法是增加 PIO_2 的同时降低环境压力（Allen，Maio，Beard，& Bancroft，1969；Cooke，1974；Horrigan & Waligora，1980）。天空实验室的大气环境达到了风险与收益间的可行平衡。因地球等价 PIO_2 为 150 mmHg，科学与医学团体认可 5.0 psia 气压下的 70％ O_2 环境，且因大气中有 30％ 的 N_2，肺不张的风险也达到最小化。科学家在地面上的对比研究不需提供低氧或高氧环境，所以 μg 是唯一的实验变量。穿着加压至 3.7 psia 的航天服从天空实验室出发的 EVA 不需要提前进行特定的预呼吸，因身体组织最终会平衡至不超过 1.2 psia 的 PIN_2 水平，这远低于航天服内压力。因在 70％ O_2 大气中严重的失火风险增加了各种限制，如不舒适的阻燃聚苯并咪唑的衣服。天空实验室是成功的例子；在任务早期需要面对一些技术问题表明，有效的 EVA 能力是长周期任务成功的关键。

分级减压方案的另一个问题是降低初始压力可能导致一些航天员部分组织内微核转变为"静默"（无症状）气泡，所以在环境压力缓慢降至 10.2 psia 时航天飞机开始分级减压流程前使用面罩预呼吸 60 分钟（Degner，Ikels，& Allen，1965；Waligora，Horrigan，Conkin，& Hadley，1984；Damato，Highly，Hendler，& Michel，1963；Vann & Torre-Bueno，1984；Hills，1985）。分级降压至 8.0 psia 舱内压力时也可进行某种形式的初步预呼吸。

考虑到预呼吸所需时间和穿着航天服时预呼吸的中断，需要频繁进行 EVA（例如，多于每周 1 次）的任务更倾向于使用分级减压。分级减压流程要求航天器（在设计周期早期）被设计为能够保证对较低压力和 O_2 富集环境的兼容性，并以某种控制方法完成该转变，从而在第一次从 14.7 psia 过渡到增压时能将 DCS 风险最小化。硬件和系统必须被设计为能在多种预定的气压及氧浓度下安全运转。设计师还必须考虑如何使 EVA 乘员进出航天器，如果 EVA 航天服的准备流程占用了更多的时间，减少预呼吸时间的好处并不会实际体现。

4.16.5.3.4 间歇加压

间歇加压是一种在分级减压甚至其后 EVA 探索中通过短时间暴露于更高的压力从而逆转气泡增大的技术。乘员在 EVA 航天服内进行的加压步骤更有效，因为乘员呼吸的是 100% O_2，但当乘员回到航天器/气密室的气压和呼吸环境时其也同样有效。间歇加压是压力的增加，但较上述的"峰值"压力更小、持续时间更长。操作的基本原理是基于当气泡增长时增加压力后组织与气泡之间气体交换的物理特性（Gernhardt，1991；Abercromby，Gernhardt & Conkin 2008；Conkin，Gernhardt，Abercromby，& Dervay，2008）。在加压过程中，增加的氧气窗口（Van Liew，Conkin，& Burkard，1993）和微小气泡的表面张力的帮助暂时扭转 N_2 的扩散梯度，使 N_2 离开气泡以溶解状态运输。当减压恢复时，仅少量 N_2 可以移动回更小的气泡中。净效应是为了减小静默气泡中逸出气体达到引发 DCS 症状和体征阈值的可能性。这种技术已经成为国际空间站执行的预呼吸流程的一部分，并可能用于未来的 EVA 探索行动。

现行的 ISS 操作流程中间歇加压的例子包括：运动预呼吸和在航天服内轻运动（ISLE）预呼吸流程中，在 10.2 psia 下短时间航天服穿着时间后压力回升至 14.7 psia，以及为空间站在轨生活准备的更长的预呼吸过程中 2 次回升至 14.7 psia。这些间歇加压可通过去除静默气泡减少后续 P（DCS）。在初始减压至 10.2 psia 时，数量有限的大半径微核有可能形成静默气泡。气泡形成后，呼吸 100% O_2 并复压至 14.7 psia 时气泡发生重吸收，组织内暂留了半径更小的微核，其在最终减压至 4.3 psia 过程中形成气泡。研究显示，重复低张力减压中不需要担心 DCS 的累加（Conkin，Edwards，Waligora，Stanford，Gilbert，& Horrigan，1990；Cooke，Bollinger，& Richardson，1975；Pilmanis，Webb，

Kannan，& Balldin，2002）。

当结合 8.2 psia/34％O$_2$环境、后入式航天服以及快速航天服入口及航天器出入口时，如果预呼吸时间和 EVA 航天服准备时间可以减少，EVA 可按要求完成，则可能更频繁地使用间歇加压，这也是对使用多任务空间探索载具（MMSEV）进行探索的期望（见下文）。间歇加压是对阶梯减压流程的额外补充，当在 24～48 小时内计划进行多次 EVA 时适用。航天员可以在一天中执行多个短时 EVA 活动，经过数个加压过程且整体 P（DCS）降低，而非国际空间站现行的每日长时间 EVA 活动。航天器的设计可优化从 EVA 航天服进出到航天器的方法。

4.16.5.3.5　流程注意事项

设计师在选择 DCS 缓解策略和开始航天器设计之前必须考虑以下多个因素。

· 对于航天器有什么 EVA 要求？——当任务需要频繁的 EVA 时，应首选可最大限度缩短乘员时间，尤其是预呼吸和预呼吸中断时间的 DCS 缓解策略。

· 航天器的出舱方法是什么？——选择不同的气闸、航天服气闸舱、航天服舱门或减压舱可以极大地影响航天器的设计。气闸被广泛地接受，并成为航天飞机项目和国际空间站的选择。减压舱是阿波罗计划曾使用的方法，因它具备所需的低质量，并有低压气密室，但它提供了最少的降低灰尘和行星保护功能。而航天服舱门提供了从航天器到 EVA 航天服的直接通路，是最快速的入口/出口的方案，但是它依赖于一个可以增压到标定舱内压力的 EVA 航天服。同样还有航天服气闸舱，其为航天服舱门和气闸的组合，能使航天服与舱室隔绝，但在不使用时需保存在一个封闭的环境中。

· 乘员需要以多快的速度离开航天器？——对于需要单人、频繁或计划外的 EVA 活动，乘员可能需要以相对快速、高效的方法离开航天器。如果乘员需要快速离开航天器，则不中断预呼吸以减少预呼吸时间，减少航天服穿着时间及气密室气体损失的方案是首选策略。

· 气体回收——出于效率的考虑，应考虑回收在压力变化和航天服换气过程中排出的气体。最有效的策略是回收航天器所处环境的气体。然而，航天器的大小影响了有多少气体可以回收，因为整体 O$_2$、N$_2$ 和 CO$_2$ 浓度必须相对稳定，且在人体健康的范围要求之内。

· 目标工作效率指数——目标工作效率指数（WEI）在规划 EVA 时十分实用。目前，NASA 使用的指数为 EVA 时间（航天器外）/ EVA 准备时间。国际空间站的工作效率目前小于 0.5。需要建立目标工作效率指数高达 2～3 的架构，这将需要对分级排氮流程与高效航天服穿脱流程和高效的航天器入口/出口进行组合。

· 航天服穿着——航天服应被设计为能迅速穿着。在面罩预呼吸作为主要排氮方法时，预呼吸的中断是一个严重的问题。此外，要求频繁 EVA 的任务也需要高效的航天服穿脱流程。

· 压力和 O$_2$ 浓度——一个稳健、高频的 EVA 项目可能需要使用分级排氮策略，使乘员们在任务的 EVA 阶段生活在一个较低压力、O$_2$ 富集的环境中。所有航天器元件需要要么兼容要么隔离于这样的环境。这样的例子包括在 10.2 psia 和 26.5% O₂ 下操纵航天飞机，以及最近讨论过的环境，如 8 psia 和 32% O₂（NASA，2010 年），此环境参数已调整到 8.2 psia 和 34% O₂（HMTA 备忘录）。

大气探索行动工作组的最终报告（NASA，2010 年）提供了地球标准大气环境替代选择权衡研究范例，其中包括所有设计师需要考虑的因素。在选择 DCS 缓解策略或进行大气权衡分析时，除本 HIDP 部分内容外也可参考这份报告。

4.16.5.3.5.1　航天器实例

MMSEV 是一个以 DCS 和 EVA 能力作为航天器设计驱动力，并有 DCS 缓解能力和高 EVA 能力的航天器模型。MMSEV 将被设计用于在兼容其他空间航天器的环境下运行。这些环境的特征包括舱内气压 14.7 psia（21% O₂）和 10.2 psia（26.5% O₂）。此外，MMSEV 会被设计为在 EVA 阶段工作于 8.2 psia/ O₂ 34%。MMSEV 有多个入口，包括 2 个航天服舱门和 2 个舱门，且如有需要能在紧急情况下完全减压。MMSEV 使用航天服舱门作为指定入口/出口策略。预期的进入航天服、操作复核、航天服舱门操作及预呼吸总时间大约 15 分钟。MMSEV 上使用的 EVA 航天服将为一套可变压航天服，最高兼容8.2 psia 的舱室环境，但标定的预计使用气压为 4.3 psia。可变压航天服在发生 DCS 时可快速加压到 8.2 psia，可以实现对任何 DCS 症状几乎即刻的治疗和快速缓解。

4.16.5.4　流程验证

传统的标准方法是验证可能影响乘员健康、效能和安全性的任何流程。通过测试进行的实践验证优于通过分析进行的验证。除非已通过 DCS 数学建模证实了高可信度，否则总会有通过实践来验证一种新的预呼吸流程的要求。

4.16.5.4.1　DCS 概率模型

NASA 对不同的情景使用一系列 DCS 预测模型，但是目前认为任何模型组合都没有足够的有效性以验证一个新的预呼吸协议。这些模型被用作产生潜在可行的预呼吸方案的工具，但这些方案需要继续在地面低压舱室内进行验证测试。模型是用来评估对 P（DCS）十分关键的细微参数变化的良好工具，如减压时间或 O₂ 预呼吸时间。因此，可以通过建模结合专家意见对实际操作中提出的小改进进行评估，从而可能不需要进行地面验证测试。对 DCS 概率模型更深入的讨论可参见 Conkin（2011）近期的综述。

使用逻辑回归和生存分析以及对组织内气泡动力学生物物理建模的方法，对低张力暴露下 DCS 和 VGE 的统计描述结果在过去 20 年取得了显著的进步。整合 2 种方法建立了复杂的概率模型。对减压容量的单纯描述，如组织比（TR）或 ΔP，接近于真实的容量（Conkin，1994；Weathersby, Homer, & Flynn，1982），模型考虑到组织内气泡动力学并尽力通过基于扩散的物理学和质量平衡分布得出真实容量（Srinivasan, Gerth, & Powell，2003；Epstein & Plesset，1950；Van Liew & Hlastala，1969；Gernhardt，1991；Gerth & Vann，1997；Thalmann, Parker, Survanshi, & Weathersby，1997；Srinivasan, Gerth, & Powell，2002；Nickolaev，2008）。以上引用的作者及很多其他人（Ball, Himm, Homer,

& Thalmann，1995；Tikuisis，Gault，& Nishi，1994；Vann，1982；Wienke，1991）都对描述无论潜水或高空减压病的某个 P（DCS）模型有过贡献，他们引入了多个组织分区、多重有限可扩散气体，以及减压时在不同时间开始生长的气泡核的分布。

4.16.5.4.2　实证测试

在潜在的、连续的、统计学驱动的地面测试中使用能够代表航天员身体特性的被试者是最佳方案。这种方案完整地包含对于一项 PB 操作流程的接受和拒绝条件。排氮操作流程选择的改良取决于一个对于验证试验的优先成功标准。验证试验应旨在评估此项操作流程的 DCS 发病率。

Kumar 等使用了一个效果良好的贯序设计（Kumar，Powell，& Waligora，1994）作为一种用于当获得统计学意义时停止一项试验的方法，从而最大限度地减少试验被试者的风险。国际空间站的 PB 操作流程选择中应用了贯序设计的概念。首先，根据对一次 DCS 事件有可能对完成国际空间站组装产生的影响与在轨 DCS 有效治疗的能力之间的平衡所进行的评估，创造了验证试验的 3 个"接受"条件。例如，一个 PB 操作流程在验证试验中未观测到严重 DCS 事件（II 型）发生、仅发生疼痛的 DCS 发生率≤15%，以及 IV 级 VGE 的发生率≤20%（Gernhardt，Conkin，Foster，Pilmanis，Butler，& Fife，2000），其将会被国际空间站的 EVA 行动接受。其次，贯序试验中的"接受"区域设定为 95% 可信区间，同时"拒绝"区域设定为 70% 可信区间，从而避免对无效操作流程的后续测试。图 4.16.5.4.2-1 是一个关于一项前瞻性连续统计设计实施的可视化例子。70% 拒绝和 95% 接受区域之间的空间定义了一个区域，在此区域内进行继续试验是有效的。随着试验的继续，结果反映出真实的 I 型 DCS 发生率。在操作流程验证出 40 个暴露者中出现 2 个 DCS 事件后，为了降低第 II 类统计学错误的发生机会，试验将继续进行。试验将在 47 项测试完成且方案能有效缓解 DCS 被验证后停止。

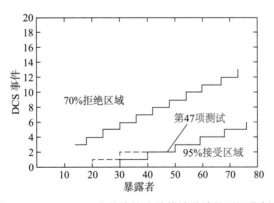

图 4.16.5.4.2-1 一个前瞻性连续统计设计的可视化例子

其可以用于在 95% 可信区间内，限制 I 型 DCS 真实发生率≤15%。47 项试验中出现 2 例表明在 95% 可信区间内，P（DCS）≤15% 是成立的。

对于运动加强的 PB 方案，为满足接受条件，在 50 个暴露者中观测到的 DCS 不能超过 3 例（6%），观测到的 IV 级 VGE 不能超过 5 例（10%）。其中一项试验（国际空间站目前使用的运动 PB 方案）满足了 45 个暴露者中无 DCS 出现并仅有 3 例 IV 级 VGE 出现的可接受条件。另一项试验（国际空间站目前使用的 ISLE PB 运动方案）满足了 48 例暴露者中出现 2 例 I 型 DCS 的接受条件且不符合出现 8 例 IV 级 VGE 的接受或拒绝条件。这些方案被认可并用于飞行中，经过了广泛同行评议研究，并且一个具有可操作性的 PB 的操作实施通常比地面测试包含更多 PB。这对于探索级别的任务来说可能是非必须的。

4.16.5.5　后验证

一旦一项 PB 方案被 NASA 验证并批准用于实战，则实施此方案需要付出大量的努力。其中包括记录详细步骤、采购和调试每个特殊装置、开发一个 PB 的乘员训练操作流程、开发针对事件性 DCSM 的发生治疗方案、更新航空医学飞行条例并针对飞行外科医师和任务指挥进行新方案的教学。

对于任何已批准并验证的 PB 方案，需在飞行前完成乘员的培训。执行一个 PB 的步骤分为记录、训练和第一次实战前的模拟。PB 方案基于个人特征，例如运动 PB 过程中的有氧运动，需要乘员在模拟器上进行训练，同时制定并向乘员提供一个飞行前训练计划。DCS 的症状识别、影响程度和当 DCS 发生时如何应对也需要加入乘员的飞行前训练计划中。

训练通常在模拟太空飞行环境中进行。在美国中性浮力实验室（NBL）和俄罗斯航天局的水下实验室中低压舱内着服暴露及美国国家航空航天局极端环境任务（NEEMO）水下气密舱中进行潜水活动后，训练方针及训练程序均遵循高压着服暴露后 P（DCS）最小化的原则。EVA 的目标被编辑入模拟飞行的硬件中，该硬件置于 NBL 内 40 ft 深的水底（FFW）。模拟实际 EVA 场景的训练可以持续 6 个小时。为了避免长时间暴露于 50 FFW（水池深度加航天服压力）的最大生理深度后产生 DCS，航天员呼吸一种 $46\%O_2$ 和 54% N_2 的混合气体。在这种极端情况下，等效空气深度为 23 FFW。呼吸混合气体无须在长时程训练结束时进行逐级减压（Fitzpatrick & Conkin，2003）。航天员暴露于 JSC 多种高度的真空舱室进行训练并保持熟练操作航天服。在某些情况下，航天员需要在 T-38 飞机上完成其他训练活动，或在暴露于高压或低压环境后短时间内因个人原因乘坐商业飞机。在这些情况下，基于可获得的最好的研究成果（Horrigan, LaPinta & Conkin, 1989；Vann, Denoble, Emmerson, &Corson, 1993；Poollock& Fitzpatrick, 2004）的具体指令，指示了适当的时间间隔及如何在随后的低压暴露中使 P（DCS）最小化的 PB 过程。

在轨发生 DCS 时，有相应的处置方案和设备，并且成功治疗 DCS 后的航天员经过训练和相应的处置能重回飞行状态。遵循这些经过定期审查和更新的方针、方案和航天医学飞行条例，可使 DCS 成为一个备受关注的医学问题的机会以及妨碍训练完成或 EVA 安全执行的阻碍，将被最小化。

4.16.6　当前 DCS 缓解流程

国际空间站和航天飞机运行的 PB 执行方案有助于理解排氮过程中的复杂性，即便是简单目的的实现。本节概述了当航天员从地球正常 14.7 psia 气压的载人飞船或气密舱转移入低气压 EVA 环境时，NASA 所使用的通过增加气体逸出从而减轻 DCS 风险的技术。

4.16.6.1　过程 1：4 小时航天服阶段

航天飞机的航天员选择服装内排氮策略，令其进行 EVA 前在原位呼吸 3.5～4 小时 100% O_2。航天服中的工作量及工作类型及减压时间使最终的 PB 时间达到一个可接受的 DCS 风险（Conkin，Waligora，Horrigan& Hadley，1987）。此操作中的挑战在于平衡 PB 的长度和可接受的 DCS 低发生率（Waligora，Horrigan& Conkin，1987）。Waligora、Horrigan、Conkin 和 Hadley 在 JSC 描述了 3.5 小时和 4 小时的 PB 测试。1982 年 8 月，第一项关于几种 PB 执行方案的测试对男性志愿者进行了评估，在第一个 3.5 小时 PB 后，报道了一个受试者和一个多普勒技术人员发生了 DCS（Conkin，Powell，& Gernhardt，2003；Conkin，Edwards，Waligora，Stanford，Gilbert，& Horrigan，1990）。静息 4 小时的 PB 与静息 3.5 小时的 PB 相比，对于 4.3 psia 的环境中运动的男性，DCS 的发病率由 42% 减少至 21%，VGE 的发病率由 71% 减少至 46%（Waligora，Horrigan，Conkin，& Hadley，1984；Conkin，Edwards，Waligora，Stanford，Gilbert，& Horrigan，1990）。

4.16.6.2　过程 2：航天飞机阶段

最终成为航天飞机首选 PB 的方案包含下列 3 个步骤。第 1 步为初始 60 分钟面罩 PB，其中 45 分钟使航天飞机的气压由 14.7 psia 降至 10.2 psia，且空气压缩至含 26.5% O_2，以提供 1 127 mmHg 的吸入氧分压之前完成。第 2 步至少保持在中间压力下持续 12 小时。第 3 步为最终减压至 4.3 psia 前在原位进行 PB，持续 40～75 分钟，并取决于在 10.2 psia 压力下消耗的时间。对于航天飞机，机舱在飞行过程中通常在第 2 天从 14.7 psia 减压至 10.2 psia，并保持 10.2 psia 直到最后一个 EVA 完成。

最后一个航天飞机 10.2 psia 阶段减压执行方案的优化经历了数月的计划和数年的验证。由于航天飞机原本并非为这种低压和富氧的条件而设计，因此第一个关键步骤就是证明航天飞机在这种大气环境中能够工作。对多个相互作用的变量进行了单独或组合评估：提升至中等压力的速率、中等压力本身（equipment cooling issues；Horrigan，Waligora，& Nachtwey，1985）、中等压力下的氧分压（ppO_2）和氮分压（ppN_2）、低氧及可燃性问题（Waligora，Horrigan，Bungo，& Conkin，1982）、停留时长（Waligora，Horriganm，Hadley，& Conkin，1983；Damato，Highly，Hendler，& Michel，1963）、静止气泡的可能性、航天服终末压力、EVA 持续时间、航天服中完成的工作、上升前的原位 PB 最终时间及 EVA 期间 DCS 有限治疗手段和可接受风险的平衡（Waligora，Horrigan，Conkin，& Hadley，1984；Adams，Dixon，Olson，Bassett，& Fitzpatrick，1981）。

4.16.6.3　过程 3：国际空间站在轨生活阶段

目前国际空间站使用的是航天飞机阶段减压方案的改良版本，称作在轨生活方案。因为国际空间站的整体大气压力无法降低至 10.2 psia 并浓缩至 26.5% O_2，所以 2 名航天员必须在国际空间站的气闸内保持 10.2 psia/26.5% O_2 在轨生活。鉴于多种操作原因，在

10.2 psia 压力下的时间限制在 8 小时 40 分钟内，其中大部分时间乘员在睡觉。气闸中食物储备和如厕设备的缺乏意味着需要复压至 14.7 psia，以便乘员使用厕所和准备食物。在此休息期间，航天员通过面罩和软管呼吸 100% 的 O_2 至少 70 分钟。回复 10.2 psia 压力后，面罩被移除，乘员即可进食并完成穿着航天服的过程。在航天员穿好航天服后，为了使助手在 14.7 psia 压力下离开，气闸再增压至 14.7 psia，而后航天员在气闸内压力最终减至真空前完成 50 分钟的原位 PB。经过广泛审查之后，在轨生活 PB 和航天飞机阶段 PB 的相似性，以及航天飞机 PB 良好的操作经验，否定了在轨生活 PB 的经验验证（地面测试）。

4.16.6.4　过程 4：运动 PB 和 ISLE PB

在国际空间站的气闸于 2001 年 7 月交付 STS - 104.7A 后、在轨生活方案于 2006 年 9 月投入使用之前，国际空间站实行运动-增强的排氮方案。由于 N_2 的消除和吸收是一个限制性灌注的过程，在 PB 的过程中加入运动可以加速排氮。除了能将 4 小时原位 PB 时间缩短至一半外，运动 PB 方案可有效避免国际空间站 EVA 时的时程约束。交付 Quest 气闸前，为了使用航天飞机阶段 10.2 psia PB 方案，支持国际空间站建设的 EVA 均在国际空间站和航天飞机的舱门关闭的情况下进行。第一次使用运动 PB 是为了完成国际空间站的气闸安装。在 PB 过程中增加有效的运动间隔的复杂度必须与获益保持平衡［与另一种静息 PB 相比，较少的总 PB 时间和显著的 P（DCS）水平降低］；否则，这种选择不适合于航天员。此外，虽然运动是一种有效的增强排氮方式，但其也被认为会影响组织微核。因此，运动对 P（DCS）有正面和负面两种影响，如果在 O_2 PB 的过程中使用，则应进行恰当运用。

简要描述两种可以在国际空间站应用的运动 PB 方案。第一种是使用具有防振与稳定功能的周期性测力计装置（CEVIS）的运动 PB 方案，第二种是使用舱外移动单元（EMU）作为对抗运动装置的原位轻度运动（ISLE）PB 方案。

运动 PB（CEVIS）

在运动 PB 方案中，航天员在发射前数月通过周期性测力计进行峰值 O_2 消耗量测试（VO_2 峰值测试），进而对 VO_2 与 W（工作载荷）的关系进行线性回归。对上肢（12%）和下肢（88%）进行适当的工作载荷分配，就产生了一个运动处方。在进行 EVA 之前，航天员通过面罩吸氧，并在心率 75 rpm 时使用 CEVIS 由 37.5% 至 50% 再至 62.5% 峰值 VO_2 的方案进行 3 分钟增量运动，同时有节奏地对抗拉伸弹性手术管以引入上肢活动。在达到 75% 的峰值 VO_2 7 分钟后结束这项运动。等待通过面罩吸入纯氧的 50 分钟后，航天员和一名助手减压进入 10.2 psia 的国际空间站气闸中停留 30 分钟。在减压过程中，航天员通过液冷方式给航天服下部分降温。一旦气闸内 O_2 浓度稳定在 26.5%，航天员和助手就移去面罩并穿上航天服的上半部分。因此，相当一部分 PB 时间内，航天员都处在穿航天服的过程中。检漏后向航天服中充入 100% O_2 清除航天服中的 N_2 以完成穿航天服的过程。原位 PB 从 5 分钟的气闸内复压至 14.7 psia 开始，剩余 55 分钟为原位 PB，同时助手退出气闸。最后需要 30 分钟的时间使航天服内逐级减压至 4.3 psia 及真空状态。

ISLE

在 ISLE PB 方案中，航天员无须在进入 10.2 psia 气压下的航天服之前使用 CEVIS 进行短周期的高强度 PB 练习，而是利用 EMU 进行较长周期的适度训练。ISLE PB 方案与运动 PB 方案有许多相同步骤，不同之处在于通过面罩吸入纯氧 40 分钟后，随之进行 20 分钟减压过程直至 10.2 psia。一旦航天员完成穿着航天服的过程，上下肢进行 4 分钟的运动，随后休息 1 分钟，与此同时，气闸内进行 5 分钟的复压过程至气压达到 14.7 psia。这种适度的运动模式持续 50 分钟并达到 $6.8\ mL \cdot kg^{-1} \cdot min^{-1}$ 的最小 VO_2。此后静息状态下再经过 50 分钟的原位 PB 及 30 分钟的时间使气闸内减压至真空状态，至此操作流程最终完成（Gernhardt & Pollock，2006）。

4.16.7　总　结

DCS 的产生与环境由高压快速变为低压有关。对于航天员来说，首要关心的问题是由大气舱到航天服间的转换。由于太空 DCS 阻碍舱外活动成功及任务的最终完成，因此防止 DCS 的发生尤为重要。可以使用多种方法来预防 DCS。第一种方法是防止气压的变化。第二种方法是将人体暴露在低气压（低压）环境中，但以能避免或限制组织内气泡形成的速度来降低环境压力，在缓慢降压中完成排氮。第三种方法是，在减压前转移到低压环境，而且通常同时启动 O_2 PB 排氮过程，以避免血栓或栓子阻塞血液流动。国际空间站目前使用 4 个 PB 方案。开发一个新的缓解策略，例如一个 PB 方案，应包含对可接受风险水平、操作概念、缓解策略的开发（如前所述）、验证、可操作性和培训的评估。

4.16.8　技术文件

对于每个设计生命周期的主要里程碑，推荐的技术文件见表 4.16.8 - 1。

表 4.16.8 - 1　缓解减压病设计技术文件

技术文件	阶段 A		阶段 B	阶段 C	阶段 D	
	SRR	SDR	PDR	CDR	SAR	FRR
对操作概念、舱内气压，以及 EVA 的次数和频率的描述	I	U	U	U		
对所定义的操作概念和任务情节 [包括舱内减压（正常和应急）和 EVA] 的 DCS 缓解策略的描述		I	U	U		
对目前开展的 DCS 缓解策略进行总结			I	U	U	
验证计划			I	U	U	
对基准任务所选择的 DCS 缓解策略如何验证并确定为可接受的进行描述			I	U	U	

I 为初始发布的项目
U 为更新发布的项目

操作概念

3.2.3.1.2 节中描述的操作概念（ConOps）提供了对目标任务的清晰理解、舱内气压、目标 EVA 次数、EVA 的频率和 EVA 的目标。当前用于国际空间站的方案可能不足以用于支持远期探索任务的 EVA，因其需要消耗大量的乘员时间和物资。在探索任务中，尤其在 EVA 持续时间短而频繁的时候，EVA 的准备时间期望可最小化。因其 EVA 时的类型、强度和活动持续时间都对 P（DCS）有着重大影响，在小行星、行星或月亮表面的体力活动均需进行考量。同时，也需对意外 EVA 行动制定缓解策略。

对缓解策略的评判

开发人员将根据设计基准任务，衡量所有缓解策略并提出最合适的方法，并给出这个方法是最合适的理由。

建模、分析及评价总结

建模、分析和评价的迭代结论为 NASA 提供贯穿设计流程的人-系统整合方面的技术细节。如 3.2.3.3 节所述，随着设计的不断成熟，建模、分析和评价应当逐步使用高保真的输入和实物模型。很重要的是，总结中要给出如何对关键设计决策进行评估。对逐步论证操作概念是否满足操作安全、高效和用户界面设计等系统要求均需要进行建模、分析和/或评估。

验证计划

验证计划是一份正式的文档，该文档描述的具体方法与每一项要求相符合。

方法验证

为了确保所选缓解策略将保证乘员的安全及效率，需要提供有效执行的总结。

4.16.9　参考文献

[1]　Abercromby，A. F. J.，Gernhardt，M. L.，& Conkin，J.（2008，May）. Potential benefit of intermittent recompression in reducing decompression stress during lunar extravehicular activities［abstract no. 425］. Proceedings of 79th Annual Scientific Meeting of the Aerospace Medical Association，Boston，MA，p. 306.

[2]　Adams，J. D.，Dixon，G. A.，Olson，R. M.，Bassett，B. E.，& Fitzpatrick，E. L.（1981，May）. Preventing of bends during space shuttle EVAs using staged decompression. Proceedings of the 1981 Aerospace Medical Association Annual Scientific Meeting，San Antonio，TX，pp. 55 - 56.

[3]　Adams，J. D.，Theis，C. F.，& Stevens，K. W.（1977，May）. Denitrogenation/renitrogenation profiles：interruption of oxygen prebreathing. Proceedings of the 1977 Aerospace Medical Association Annual Scientific Meeting. Las Vegas，NV，pp. 42 - 43.

[4]　Allen，T. H.，Maio，D. A.，& Bancroft，R. W.（1971）. Body fat，denitrogenation

and decompression sickness in men exercising after abrupt exposure to altitude. Aerospace Medicine, 42, 518 - 524.

[5] Allen, T. H., Maio, D. A., Beard, S. E., & Bancroft, R. W. (1969). Space - cabin and suit pressures for avoidance of decompression sickness and alleviation of fire hazard. Journal of Applied Physiology, 27, 13 - 17.

[6] Ball, R., Himm, J., Homer, L. D., & Thalmann, E. D. (1995). Does the time course of bubble evolution explain decompression sickness risk? Undersea & Hyperbaric Medicine, 22, 263 - 280.

[7] Barer, A. S., Vakar, M. I., Vorob' yev, G. F., Iseyev, L. R., Filipenkov, S. N., & Chadov, V. I. (1983). Influence of addition of nitrogen to inhaled oxygen on efficacy of two - hr denitrogenation before decompression from 760 to 220 mm Hg [in Russian]. Space Biology and Aerospace Medicine, 17, 66 - 69.

[8] Bateman, J., B. (1951). Preoxygenation and nitrogen elimination. Part I: Review of data on value of preoxygenation in prevention of decompression sickness. In: J. F. Fulton (Ed.), Decompression sickness (pp. 242 - 277). Philadelphia, PA: WB Saunders.

[9] Blatteau, J. - E., Souraud, J. - B., Gempp, E., & Boussuges, A. (2006). Gas nuclei, their origin, and their role in bubble formation. Aviation, Space, and Environmental Medicine, 77, 1068 - 1076.

[10] Cameron, B. A., Olstad, C. S., Clark, J. M., Gelfand, R., Ochroch, E. A., & Eckenhoff, R. G. (2007). Risk factors for venous gas emboli after decompression from prolonged hyperbaric exposures. Aviation, Space, and Environmental Medicine, 78, 493 - 499.

[11] Carturan, D., Boussuges, A., Burnet, H., Fondaral, J., Vanuxem, P., & Gardette, B. (1999). Circulating venous bubbles in recreational diving: relationship with age, weight, maximum oxygen uptake, and body fat percentage. International Journal of Sports Medicine, 20, 410 - 414.

[12] Carturan, D., Boussuges, A., Vanuxem, P., Bar - Hen, A., Burnet, H., & Gardette, B. (2002). Ascent rate, age, maximal oxygen uptake, adiposity, and circulating venous bubbles after diving. Journal of Applied Physiology, 93, 1349 - 1356.

[13] Clarke, R. W, Humm, F. D., & Nims, L. F. (1945). The efficacy of preflight denitrogenation in the prevention of decompression sickness. (National Research Council, Committee on Medical Research, Report 472). New Haven, CT: Yale Aeromedical Research Unit, Yale University.

[14] Conkin, J. Diver and aviator decompression sickness and gender. (2010). In: C. E. Fife & M. St. Leger Dowse (Eds.) Women and pressure (pp. 27 - 40).

Flagstaff, AZ: Best Publishing Co.

[15] Conkin, J. (2011, June). Preventing decompression sickness over three decades of extravehicular activity (NASA Technical Publication 2011 – 216147). Houston, TX: NASA Johnson Space Center.

[16] Conkin, J. (1994). Probabilistic modeling of hypobaric decompression sickness [dissertation]. Buffalo, NY: State University of New York at Buffalo.

[17] Conkin, J., Edwards, B. F., Waligora, J. M., Stanford, J., Jr., Gilbert, J. H., III, & Horrigan, D. J., Jr. (1990, October). Updating empirical models that predict the incidence of aviator decompression sickness and venous gas emboli for shuttle and space station extravehicular operations (NASA Technical Memorandum 100456 Update). Houston, TX: NASA Johnson Space Center.

[18] Conkin, J., Gernhardt, M. L., Abercromby, A. F. J., & Dervay, J. P. (2008). Delaying venous gas emboli formation with oxygen prebreathe and intermediate recompression [abstract no. 52]. 79th Annual Scientific Meeting of the Aerospace Medical Association, Boston, MA, pp. 219, May 11 – 15, 2008.

[19] Conkin, J., Klein, J. S., & Acock, K. E. (2003, July). Description of 103 cases of hypobaric decompression sickness from NASA – sponsored research (1982 to 1999) (NASA Technical Publication 2003 – 212052). Houston, TX: NASA Johnson Space Center.

[20] Conkin, J., Powell, M. R., & Gernhardt, M. L. (2003). Age affects severity of venous gas emboli on decompression from 14.7 to 4.3 psia. Aviation, Space, and Environmental Medicine, 74, 1142 – 1150.

[21] Conkin, J., Waligora, J. M., Horrigan, D. J., Jr., & Hadley, A. T., III. (1987). The effect of exercise on venous gas emboli and decompression sickness in human subjects at 4.3 psia (NASA Technical Memorandum 58278). Houston, TX: NASA Johnson Space Center.

[22] Conkin, J., & Wessel, J. H., III. (2008). Critique of the equivalent air altitude model. Aviation, Space, and Environmental Medicine, 79, 975 – 982.

[23] Cooke, J. P. (1976). Denitrogenation interruptions with air. Aviation, Space, and Environmental Medicine 47, 1205 – 1209.

[24] Cooke, J. P., Bollinger, R. R., & Richardson, B. (1975). Prevention of decompression sickness during a simulated space docking mission. Aviation, Space, and Environmental Medicine, 46, 930 – 933.

[25] Cooke, J. P., & Robertson, W. G. (1974). Decompression sickness in simulated Apollo – Soyuz space missions. Aerospace Medicine, 45, 297 – 300.

[26] Damato, M. J., Highly, F. M., Hendler, E., & Michel, E. L. (1963). Rapid

decompression hazards and prolonged exposure to 50 percent oxygen – 50 percent nitrogen atmosphere. Aerospace Medicine, 34, 1037 – 1040.

[27] Degner, E. A., Ikels, K. G., & Allen, T. H. (1965). Dissolved nitrogen and bends in oxygen – nitrogen mixtures during exercise at decreased pressures. Aerospace Medicine, 36, 418 – 425.

[28] Dixon, G. A., Adams, J. D., Olson, R. M., &Fitzpatrick, E. L. (1980, May). Validation of additional prebreathing times for air interruptions in the shuttle EVA prebreathing profile. Proceedings of the 1980 Aerospace Medical Association Annual Scientific Meeting. (pp. 16 – 17). Anaheim, CA.

[29] Dujić, Z., Duplancic, D., Marinovic – Terzic, I., Bakovic, D., Ivancev, V., Valic, Z., Eterovic, D., Petri, N. M., Wisløff, U., & Brubakk, A. O. (2004). Aerobic exercise before diving reduces venous gas bubbleformation in humans. Journal of Physiology 555: 637 – 642.

[30] Dujić, Z., Valic, Z., & Brubakk, A. O. (2008). Beneficial role of exercise on scuba diving. Exercise and Sport Sciences Reviews, 36, 38 – 42.

[31] Eckenhoff, R. G., Olstad, C. E., & Carrod, G. E. (1990). Human dose – response relationship for decompression and endogenous bubble formation. Journal of Applied Physiology, 69, 914 – 918.

[32] Epstein, P. S., & Plesset, M. S. (1950). On the stability of gas bubbles in liquid – gas solutions. Journal of Chemical Physics, 18, 1505 – 1509.

[33] Evans, A., &Walder, D. N. (1969). Significance of gas micronuclei in the aetiology of decompression sickness. Nature, 222, 251 – 252.

[34] Fahlman, A., & Dromsky, D. M. (2006). Dehydration effects on the risk of severe decompression sickness in a swine model. Aviation, Space, and Environmental Medicine, 77, 102 – 106.

[35] Fitzpatrick, D. T., & Conkin, J. (2003). Improved pulmonary function in working divers breathing nitrox at shallow depths. Aviation, Space, and Environmental Medicine, 74, 763 – 767.

[36] Foster, P. P., Boriek, A. M., Butler, B. D., Gernhardt, M. L., &Bové, A. A. (2003). Patent foramen ovale and paradoxical systemic embolism: a bibliographic review. Aviation, Space, and Environmental Medicine, 74 (suppl), B1 – B64.

[37] Gernhardt, M. L. (1991). Development and evaluation of a decompression stress index based on tissue bubble dynamics [dissertation]. Philadelphia: University of Pennsylvania.

[38] Gernhardt, M. L., Conkin, J., Foster, P. P., Pilmanis, A. A., Butler, B. D.,

& Fife, C. E. (2000). Design of a 2 – hr prebreathe protocol for space walks from the international space station [abstract no. 43]. Aviation, Space, and Environmental Medicine, 71, 49.

[39] Gernhardt, M. L., & Pollock, N. W. (2006, April). Prebreathe reduction program V – 4 status report and options for protocol V – 5. Houston, TX: NASA Johnson Space Center. Contact authors for copy of report.

[40] Gerth, W. A., & Vann, R. D. (1997). Probabilistic gas and bubble dynamics models of DCS occurrence in air and nitrogen – oxygen diving. Undersea & Hyperbaric Medicine, 24, 275 – 292.

[41] Hills, B. A. (1985). Compatible atmospheres for a space suit, space station, and shuttle based on physiological principles. Aviation, Space, and Environmental Medicine, 56, 1052 – 1058.

[42] Horrigan, D. J., Jr., LaPinta, C. K., & Conkin, J. (1989, December). NASA requirements for underwater training and surface intervals before flying. In P. J. Sheffield (Ed.) Flying after diving. Proceedings of the 39th Undersea and Hyperbaric Medical Society Workshop (UHMS Report 77). (pp. 11 – 27). Bethesda, MD: Undersea and Hyperbaric Medical Society.

[43] Horrigan, D. J., Jr., & Waligora, J. M. (1980, May). The development of effective procedures for the protection of space shuttle crews against decompression sickness during extravehicular activities. Proceedings of the 1980 Aerospace Medical Association Annual Scientific Meeting. (pp. 14 – 15). Anaheim, CA.

[44] Horrigan, D. J., Jr., Waligora, J. M., & Nachtwey, D. S. (1985, July). Physiological considerations for EVA in the space station era (SAE Technical Series No. 851313). Paper presented at 15th International Conference on Environmental Systems. San Francisco, CA.

[45] Horrigan, D. J., Jr., Wells, C. H., Hart, G. B., & Goodpasture, J. E. (1979, May). The uptake and depletion of inert gases in muscle and subcutaneous tissues of human subjects. Proceedings of the 1979 Aerospace Medical Association Annual Scientific Meeting (pp. 264 – 265). Washington, DC.

[46] Ikles, K. G. (1970). Production of gas bubbles in fluid by tribonucleation. Journal of Applied Physiology, 28, 524 – 527.

[47] JSC CMO Health and Medical Technical Authority (HMTA) (2012, August). Level II position on potential atmospheres for exploration (HMTA Memo SA –12 – 067). Houston, TX: Johnson Space Center.

[48] Kumar, K. V., Powell, M. R., & Waligora, J. M. (1994). Early stopping of aerospace medical trials: application of sequential principles. Journal of Clinical

Pharmacology, 34, 596 – 598.

[49]　Kumar, K. V. , Waligora, J. W, &.Gilbert, J. H. , III. (1992) . The influence of prior exercise at anaerobic threshold on decompression sickness. Aviation, Space, and Environmental Medicine, 63, 899 – 904.

[50]　Loftin, K. C. , Conkin, J. , &.Powell, M. R. (1997) . Modeling the effects of exercise during 100% oxygen prebreathe on the risk of hypobaric decompression sickness. *Aviation , Space , and* Environmental Medicine, 68, 199 – 204.

[51]　Maio, D. A. , Allen, T. H. , & Bancroft, R. W. (1970) . Decompression sickness and measured levels of exercise on simulated Apollo missions. Aerospace Medicine, 41, 1162 – 1165.

[52]　Moon, R. E. (2000) . Patent foramen ovale (PFO) and decompression illness (DCI) in space [abstract no. 380] . Aviation, Space, and Environmental Medicine, 71, 125.

[53]　National Aeronautics and Space Administration. (2010, October) . Recommenda – tions for exploration spacecraft internal atmospheres: The final report of the NASA Exploration Atmospheres Working Group (NASA Technical Publication 2010 – 216134) . Houston, TX: NASA Johnson Space Center.

[54]　Nikolaev, V. P. (2008) . Simulation of cumulative risk of developing altitude decompression sickness. Aviation, Space, and Environmental Medicine, 79, 21 –29.

[55]　Nims, L. F. (1951) . Environmental factors affecting decompression sickness. Part I: Physical theory of decompression sickness. In J. F. Fulton (Ed.), Decompression sickness (pp. 192 – 222) . Philadelphia, PA: WB Saunders.

[56]　Pilmanis, A. A. , Meissner, F. W, &.Olson, R. M. (1996) . Left ventricular gas emboli in six cases of altitude induced decompression sickness. Aviation, Space, and Environmental Medicine, 67, 1092 – 1096.

[57]　Pilmanis, A. A. , Webb, J. T. , Balldin, U. I. , Conkin, J. , & Fischer, J. R. (2010) . Air break during preoxygenation and risk of altitude decompression sickness. Aviation, Space, and Environmental Medicine, 81, 944 – 950.

[58]　Pilmanis, A. A. , Webb, J. T. , Kannan, N. , & Balldin, U. I. (2002) . The effect of repeated altitude exposures on the incidence of decompression sickness. Aviation, Space, and Environmental Medicine, 73, 525 – 531.

[59]　Pollock, N. W, &.Fitzpatrick, D. T. (2004) . NASA flying after diving procedures. In P. J. Sheffield &.R. D. Vann (Eds.) DAN flying after diving workshop proceedings (pp. 59 – 64) . Durham, NC: Divers Alert Network.

[60]　Powell, M. R. , Horrigan, D. J. , Jr. , Waligora, J. M. , &.Norfleet, W. T.

(1994). Extravehicular activities. In A. E. Nicogossian, C. Leach Huntoon, &S. L. Pool (Eds.), Space physiology and medicine, 3rd ed. (pp. 128 – 140). Philadelphia, PA: Lea &Febiger.

[61] Saary, M. J., & Gray, G. W. (2001). A review of the relationship between patent foramen ovale and type II decompression sickness. Aviation, Space, and Environmental Medicine, 72, 1113 – 1120.

[62] Srinivasan, R. S., Gerth, W. A., & Powell, M. R. (2003). Mathematical model of diffusion – limited evolution of multiple gas bubbles in tissue. Annals of Biomedical Engineering, 31, 471 – 481.

[63] Srinivasan, R. S., Gerth, W. A., & Powell, M. R. (2002). A mathematical model of diffusion – limited gas bubble dynamics in unstirred tissue with finite volume. Annals of Biomedical Engineering, 30, 232 – 246.

[64] Sulaiman, Z. M., Pilmanis, A. A., & O' Connor, R. B. (1997). Relationship between age and susceptibility to altitude decompression sickness. Aviation, Space, and Environmental Medicine, 68, 695 – 698.

[65] Thalmann, E. D., Parker, E. C., Survanshi, S. S., &Weathersby, P. K. (1997). Improved probabilistic decompression model risk predictions using linear – exponential kinetics. Undersea & Hyperbaric Medicine, 24, 255 – 274.

[66] Thompson, L. A., Chhikara, R. S., Conkin, J., & Cox. (2003, March). Proportional hazards models for modeling the time to onset of decompression sickness in hypobaric environments (NASA Technical Publication 2003 –210791). Houston, TX: NASA Johnson Space Center.

[67] Tikuisis, P., Gault, K. A., & Nishi, R. Y. (1994). Prediction of decompre – ssion illness using bubble models. Undersea & Hyperbaric Medicine, 21, 129 – 143.

[68] Tikuisis, P., &Gerth, W. A. (2003). Decompression theory. In A. O. Brubakk &T. S. Neuman (Eds.) The physiology and medicine of diving, 5th ed. (pp. 419 – 454). New York, NY: Saunders.

[69] Van Liew, H. D., Conkin, J., &Burkard, M. E. (1993). The oxygen window and decompression bubbles: estimates and significance. Aviation, Space, and Environmental Medicine, 64, 859 – 865.

[70] Van Liew, H. D., & Hlastala, M. P. (1969). Influence of bubble size and blood perfusion on absorption of gas bubbles in tissues. Respiratory Physiology, 7, 111 – 121.

[71] Vann, R. D. (1982). Decompression theory and applications. In P. B. Bennett & D. H. Elliott (Eds.), The physiology and medicine of diving, 3rd ed. (pp. 366 –370). San Pedro, CA: Best Publishing.

[72]　Vann，R. D. ，Denoble，P. ，Emmerman，M. N. ，& Corson，K. S. (1993) . Flying after diving and decompression sickness. Aviation，Space，and Environmental Medicine，64，801 – 807.

[73]　Vann，R. D. ，Grimstad，J. ，& Nielsen，C. H. (1980) . Evidence for gas nuclei in decompressed rats. Undersea Biomedical Research，7，107 – 112.

[74]　Vann，R. D. ，& Torre – Bueno，J. R. (1984) . A theoretical method for selecting space craft and space suit atmospheres. Aviation，Space，and Environmental Medicine，55，1097 – 1102.

[75]　Waligora，J. M. ，Horrigan，D. J. ，Jr. ，Bungo，M. W. ，& Conkin，J. (1982) . Investigation of combined effects of bedrest and mild hypoxia. Aviation，Space，and Environmental Medicine，53，643 – 646.

[76]　Waligora，J. M. ，Horrigan，D. J. ，Jr. ，& Conkin，J. (1987) . The effect of extended oxygen prebreathing on altitude decompression sickness and venous gas bubbles. Aviation，Space，and Environmental Medicine，58 (suppl 9)，A110 –A112.

[77]　Waligora，J. M. ，Horrigan，D. J. ，Jr. ，Conkin，J. ，& Hadley，A. T. ，III. (1984，June) . Verification of an altitude decompression sickness protocol for shuttle operations utilizing a 10. 2 psi pressure stage (NASA Technical Memorandum 58259) . Houston，TX: NASA Johnson Space Center.

[78]　Waligora，J. M. ，Horrigan，D. J. ，Jr. ，Hadley，A. T. ，III，& Conkin，J. (1983，May) . Evaluation of a stage decompression protocol to prevent altitude decompression sickness. Proceedings of the 1983 Aerospace Medical Association Annual Scientific Meeting (pp. 124 – 125) . Houston，TX.

[79]　Weathersby，P. K. (1989) . Individual susceptibility to DCS. In: Vann R. D. ，ed. The Physiological Basis of Decompression. 38th Undersea and Hyperbaric Medical Society Workshop，Bethesda，Md，June 1，1989. 1989: 372 – 373. Reproduces data from J. S. Gray. (1947) . Studies on altitude decompression sickness. IV. Attempts to avoid decompression sickness by selection of resistant personnel. Journal of Aviation Medicine，18，88 – 95.

[80]　Weathersby，P. K. ，Homer，L. D. ，& Flynn，E. T. (1984) . On the likelihood of decompression sickness. Journal of Applied Physiology，57，815 – 825.

[81]　Weathersby，P. K. ，Homer，L. D. ，& Flynn，E. T. (1982) . Homogenous nucleation of gas bubbles in vivo. Journal of Applied Physiology，53，940 – 946.

[82]　Webb，J. T. ，Kannan，N. ，& Pilmanis，A. A. (2003) . Gender not a factor for altitude decompression sickness risk. Aviation，Space，and Environmental Medicine，74，2 – 10.

[83]　Webb，J. T. ，Pilmanis，A. A. ，Balldin，U. I. ，& Fischer，J. R. (2005) .

Altitude decompression sickness susceptibility：influence of anthropometric and physiologic variables. Aviation，Space，and Environmental Medicine，76，547 – 551.

[84] Wienke，B. R. (1991). Basic decompression theory and application. Flagstaff，AZ：Best Publishing Co.

4.17　航天食品系统设计

4.17.1　简　介

　　航天食品系统必须提供安全的、营养丰富的及飞行乘组接受的航天食品，以确保航天飞行期间乘组的健康和工作绩效。航天食品系统的供给首先必须具备专业人才、设施及设备。航天食品系统的研制必须符合 NASA – STD – 3001 列出的需求。航天食品系统很复杂，必须考虑到多种因素，包括食谱设计、微重力环境下适应性、可接受性、包装、安全性及配积载。本节介绍在研制航天食品系统时是如何考虑这些因素的，并提供 NASA 食品系统的样例及经验。关于航天食品研制必须要考虑的因素细节可以参考《人整合设计手册》7.2 节。

4.17.2　适用条件

　　以下要求出自 NASA – STD – 3001 第 2 卷，适用于航天食品系统：
- 航天器最大允许空气污染物浓度［V2 6004；V2 6005；V2 6050］；
- 食品质量［V2 7001］；
- 食品可接受性［V2 7002］；
- 食品热量［V2 7003］；
- EVA 食品热量［V2 7004］；
- 食品宏量营养素［V2 7005］；
- 食品微量营养素［V2 7007］；
- 食品制备［V2 7008］；
- 食品制备及清洁［V2 7009］；
- 食品污染控制［V2 7010］；
- 食品及饮料加热［V2 7011］。

4.17.3　食品研制

　　航天食品的研制必须确保食品安全、营养和可接受性，并满足任务需求。为了实现这个目标，食品科学家从地面广泛食用的食品中选取了多种食品进行研发，以满足航天员每日能量需求（参照 NASA – STD – 3001），同时提供多种宏量营养素和微量营养素。当前的航天食品系统有 200 多种食品，包括市售产品及为满足航天飞行要求专门研制的产品，涵盖肉食、佐食、蔬菜、水果、面包、零食及饮料。目前，航天食品运输和储存条件为室温，所以通常选择热稳定食品、辐照食品、冻干食品或低水分含量食品以确保货架期稳定。随着工业加工技术的发展，也许可以采用其他方法以提升食品质量。通过配置调味品，比如蛋黄酱、芥末酱、番茄酱及辣酱等，可以缓解食品种类有限造成的单一性。再补给任务之后的前几天里，也可以提供有限的新鲜食品食用。新鲜食品的供给取决于发射之前的装载能力（以及转运到乘组所需的时间）。关于航天食品种类的更多信息可以参考《人整合设计手册》的 7.2.3.4 节。

4.17.3.1　任务需求

在航天食品研制之前，需要明确任务需求以及系统要求。这些任务需求包括任务的一般信息（例如，任务周期）和专门针对食品系统更详细的信息（例如，食谱周期、食品相关系统设施的局限性）。通常，航天食品系统的特殊要求是由任务需求、历次飞行经验和专家建议衍生出来的。

任务周期是食品研制的关键因素。在执行 3 天以内的飞行任务期间，可能由于质量及能源限制不具备用以支持某些种类食品（比如复水食品和加热食品）的资源。若市场上货架期稳定的食品能满足航天食品系统的要求（包括全营养），则可以提供此类食品。但是，这些食品可能需要重新包装以适用于微重力环境下使用。对于超过 3 天的飞行任务，必须提供资源以满足复水和不同包装食品的加热需求，以确保任务期间乘组健康。随着飞行时间的延长，需要研制更多能够满足要求的食品品种，其可以促进健康饮食习惯形成和保持乘组健康和工作绩效。

食谱周期则是食品研制的另一个关键因素。目前，在国际空间站，NASA 和俄罗斯各为其 3 人乘组提供了 8 天的食谱周期。当前的 NASA 食品系统包括 200 多种食品，随着飞行时间的延长，食品品种数需要相应地增加（比典型的国际空间站任务要多）。此外，为了保持食品消耗量，也需要更多的食品品种。多个乘组反馈当前的食谱周期对于 6 个月的国际空间站飞行任务来说是不够的，而乘员之间自由地共享食品（比如美俄航天员之间）可以增加食品多样性和食谱周期的可接受性。随着飞行时间增加到 6 个月以上，食谱周期必须相应地延长（超过 8 天）以确保其多样性，这可以促进进食量。

在食品研制过程中必须对系统和基础设施的适用性和局限性进行评估。对于超过 3 天的飞行任务来说，复水和加热功能是必备的。缺少复水及加热功能，食品种类会减少，影响进食量，从而会导致健康问题。提供冷水及热水对食品进行复水，可以实现冻干食品、粉状饮料及咖啡的制备。对于不宜冷食的热稳定食品或辐照食品，通过加热可以提高适口性。

对于不超过 3 天的飞行任务，由于质量、体积及能源限制，一般不配置复水及加热装置。当前的航天食品系统为每人每天配置的食品量（含包装）为 1.83 kg，体积测试结果为 0.004 72 m^3，提供的能量为 3 000 kcal/d，满足 NASA - STD - 3001 规定的营养素需求。这些数据不包含食品装载容器或防护材料的质量和体积，因为仅有在装载计划确定之后才能够确定装载容器或防护材料的质量与体积，它随飞行器装载计划而有所不同。

4.17.3.2 航天食品产品的研制

任务需求一旦明确，食品产品的研制就要围绕营养素含量、安全性和可接受性展开。典型的航天食品系统由市场食品成品和由食品科学家专为航天飞行设计的食品组成。研制的食品在满足营养和安全需求之后，就要进行感官接受性评价（即适口性）。满足营养需求、安全性和感官接受性要求标准的食品即可入选航天食品系统。

航天食品系统必须满足 NASA–STD–3001［V2 7003～7006］所规定的能量和营养需求。目前，食品检测项目包括宏量营养素及一些微量营养素的检测，通过实验室检测（目前在 NASA JSC 中心水和食品分析实验室）或者外包进行。大部分的微量营养素是通过电脑程序中的食品数据库进行分析的。食品加工 SQL（ESHA Research，Salem，OR）就是食品程序之一，用以提供营养素估计值。对于长期飞行任务，选择任务期间宏量和微量营养素含量稳定的食品十分重要。这可能需要对整个货架期食品营养素含量进行实际测定，以确保航天食品系统能够持续满足需求，即使这对于庞大的食品系统来说，可能在经济上较难实现。

每个批次的食品，包括市场采购再包装（航天适用包装）的食品，必须进行微生物安全检测。对于商业无菌食品，依据 SD–T–0252《微生物指标和检测程序》进行检测，对于 NASA–STD–3001［V2 7007］及《人整合设计手册》中 7.2.3.1.2 节规定的非商业无菌食品，依据 SD–T–0251《微生物指标和检测程序》进行检测。

为了使乘员摄入与需求量匹配的能量和营养素，以保持最佳的身体机能和认知操作能力，飞行任务期间食品系统必须确保可接受性和易使用性。提供营养充足但是感官接受性差的食品，将会导致摄食不足、营养缺乏、体重减少、认知操作能力降低、身体机能下降，甚至疾病（Friedl and Hoyt，1997）。

在完成营养素含量及微生物安全检测之后，所有有机会入选的飞行食品必须由志愿者小组成员在食品的评价会（见《人整合设计手册》7.2.2.1 节）上进行接受性评估。采用 9 分制进行喜好度打分，9 分代表"非常喜欢"，1 分代表"非常不喜欢"，这种方法可以对食品的多种质量因素进行评价，包括外观和风味。鉴于统计功效随着评价小组成员数量的不同而变化，当评价可接受性时，最好使用较大的受试样本（Meilgaard，Civille，& Carr，1999）。目前每一种新食品的评价均有 30 名评价小组成员参加。总评分在 6 分及以上的食品将入选航天食品系统（6 分对应着"喜欢"）。在入选航天食品系统之后、航天飞行之前，每批次的食品包括内部生产及市场采购，都必须由 4 个成员进行评价，通常是航天食品系统实验室人员。任务之前，飞行乘员会对所有的飞行食品进行评价。这些信息可以用来指导食谱研制，如下所述。

除了食品的营养素含量、安全性和可接受性外，还需要考虑食品研制过程中的其他重要因素，包括贮存时间（覆盖任务周期、加工测试和运输周期）及货架期（取决于每种食品的组成及制备方法）。选择和研制航天食品过程中，食品科学家必须考虑任务周期及是否有后续补给计划。对于长期飞行任务，需要研制和选择保质期长的食品。可以通过加工（热杀菌或辐照）使食品达到商业无菌，或者降低水分活度使微生物无法繁殖（冻干或低水分食品）来获得货架期稳定的食品。这些食品的品质随着时间逐渐劣化，所以需要进行货架期寿命试验以检验不同储存时间营养素含量及感官接受性。在包装未破损的情况下，食品需保持安全。

航天食品研制需要考虑的第二个附加因素是食品包装。合适的食品包装类型对于保证食品在整个货架期内的安全性、营养品质及感官接受性是非常重要的。食品包装必须满足安全性及气体污染物指标（NASA - STD - 3001［V2 6004］、［V2 6005］、［V2 6050］）。食品包装在食品系统中的体积和质量占比显著。软包装（可被压缩）与硬包装形式相比，其能够减少质量、体积、配积载及废弃物。目前使用的食品包装形式的更多信息可以参考《人整合设计手册》7.2.3.4 节。

航天食品研制需要考虑的第三个附加因素是在微重力下的适用性。对于易损的食品类型（例如，薯条），在太空环境下由于其不便进食，是不能入选航天食品的。产生碎屑的食品（例如，薄脆饼干）应该以一口大小的形式提供，以减少碎屑量。食谱食品必须有足够的水分含量，确保食品能够通过表面张力附着在包装或餐具上。通过将食品包装成为一人份食量大小，可以避免食品的转移及使用额外的餐具。食品接受性的影响因素需要考虑食品种类、食品熟悉度、制备时间、饮食制度、就餐场所、微重力环境下味嗅觉变化以及人的其他因素（在《人整合设计手册》7.2.2.1 节有阐述）。这些信息大部分是通过前期飞行任务的经验及乘组执行任务情况而获得的。

4.17.4　食谱研制

食谱研制可以通过多种方式开展。在位于约翰逊航天中心的 NASA 航天食品系统实验室已经采用两种食谱系统：个人喜好食谱及标准食谱。两种类型的食谱都需要一个预先获准的飞行食品清单。

个人喜好食谱是通过食品评价环节中的得分为每一名乘员单独研制的。采用 9 分制方法，乘员评分为 6.0 分及以上的食品由营养师选入营养数据库程序（例如，食品加工 SQL，ESHA Research，Salem，OR）。这个计算机程序包括一个数据库，由个人食品营养信息组成。这些信息对于研制食谱来说是必需的，以确保所需营养素充足。如果乘员偏好的食品有限，则营养师可能增加必需的食品以满足营养需求。个人喜好食谱受到乘员的欢迎，但是事实证明，对于国际空间站弹性再补给计划来说，这是不可行的。由于国际空间站再补给计划的不确定性，使得乘员喜好的食品种类不能够得到及时补充以维持他们的需求。对于一些不涉及乘组轮换和/或食品再补给的飞行任务，可以考虑采用个人喜好食谱。

为了研制一个标准食谱，注册营养师将飞行食品输入营养数据库程序，程序需包含的功能有：1）市售食品或原料数据库；2）能够计算组合后食品的营养素含量；3）能够使用这些营养素含量的计算值来确定给定乘员的日营养素含量。营养师通过宏量和微量营养素的适当平衡来选择食品，以满足每一个乘员的营养需求。这样形成的食谱供所有乘员使用，能够提供任务所需营养素水平。食谱周期的长短应该随任务时间来进行调整，对于长期飞行任务，相应地采用较长的食谱周期。食谱可能附加额外食品包，包括乘员请求的货架期稳定的市售食品或飞行前经过感官接受性评价选定的食品。目前，对于 6 个月的国际空间站任务，每一位乘员拥有 0.11 m³ 的额外食品储存空间。

4.17.4.1　食品装载

为确保食品包装不被刺穿或损坏，航天食品可以采用多种形式装载。可能采用的两种装载类型包括：按食品类型装载和按餐装载。按食品类型组装（例如，肉食、佐餐、饮料及零食）也被称为配餐模式，乘员可以根据现有食品选择配置他们自己的食品，而且不受食谱周期的限制。采用按餐装载的方式，乘员按照预置的食品周期进食。实践证实，对于长期飞行任务，按食品类型装载（配餐模式）更受欢迎。对于短期飞行任务，两种装载方式都可以采用，由航天食品系统设计者与装载项目组或乘组共同确定。按餐装载的模式需要将一餐的食品放在一起或者彼此靠近，以缩短食品准备时间。

4.17.5　评价、设施与设备

为了提供适用于微重力环境的航天食品系统，专业知识、设施和设备是必需的。

4.17.5.1　专业知识

食品特性需要由食品科学家进行研制，包括原料、配方及加工条件；需要研制新的食品并确定食品加工方法；还需要进行感官接受性测试，以确定食品安全性、食品保存条件、货架期及微重力环境适用性。食谱的研制和营养素含量的确定需要由注册营养师承担。需要食品包装工程师来对食品包装的功能进行检测，并确保食品包装的微重力适用性、设计包装参数（包括封口和真空）、测试预包装食品与包装的相容性。食品装载程序设计及食品库存量的监测由货运专家来进行。设计和维护食品数据库规范需要由一名程序员承担。自行设计食品加工设备的情况下，包括食品复水和加热设备，需要一名食品系统工程师负责。

4.17.5.2　设施及设备

航天食品分析实验室的组成包括：一个质构分析仪，用来评价食品质构及包装材料的物理特性；一个水分分析仪及水分活度分析仪，用来评价食品的水分特性；一个吸湿等温线分析仪，用来评价食品货架期；一个黏度计，用来测定流体特性；一个顶空分析仪，用来测定包装食品中的残氧量。

一个食品加工试车间或者测试厨房，包括冷冻干燥机、杀菌锅、速冻机及通用食品生产试车间设备，比如蒸汽夹层锅。

用于食品接受性测试的感官评价设施包括评价室及感官分析计算机程序。

包装间包括具有气调功能的真空封口机和专门的微重力适用包装设备，比如通过封装实现包装内食品的复水。

装载间需要有开展食品装载所需的场地以及食品在运输或发射前的受控存储区。

同时需要为食品实验室人员提供办公空间进行配方研制、食品研制、营养素分析及其他事务，比如库存和规格的维护。

4.17.6　技术文件

对于每一个设计生命周期内主要里程碑，由 NASA 客户推荐的、用于评审的技术文件见表 4.17.6-1。

表 4.17.6-1　航天食品系统技术文件

技术文件	阶段 A		阶段 B	阶段 C	阶段 D	
	SRR	SDR	PDR	CDR	SAR	FRR
操作概念	X					
飞行食谱			X			
复水和加热硬件性能			I	U	U	U
食品硬件测试结果			I	U	U	U
食品安全和测试程序			X			
食品装载容积充足的证明			I	U	U	U

X 为一次性发布的项目
I 为初始发布的项目
U 为更新发布的项目

操作概念

3.2.3.1.2 节所述的操作概念提供了诸如识别乘员活动以及判断哪一子系统受乘员活动影响等信息。根据操作概念，可以确定既定任务的飞行时长及食谱周期时长，据此即可确定食品类型。

任务食谱

交付的飞行任务食谱必须满足 NASA-STD-3001 规定的营养和接受性标准。

复水和加热硬件性能

如果任务期间确定需要复水食品及热食，必须有证据证明所需硬件设施与食品包装相兼容。

食品安全和测试程序

对于所有生产批次，食品安全的证据及测试程序必须准备就绪，并在初步设计阶段提交 NASA 评审。NASA 希望提供与证据报告里面阐述的程序一致的任务用食品。

装载体积

针对给定任务周期需要的食品及包装，需要提供装载体积充足的证据。

4.17.7　参考文献

[1]　Friedl，K. E，& Hoyt，R. W.（1997）. Development and biomedical testing of military operational rations. Annual Review of Nutrition，17，51-75.

[2]　　Meilgaard，M.，Civille，G. V.，& Carr，B. T.（1999）. Sensory evaluation techniques（3ʳᵈ ed.）Boca Raton，FL：CRC Press.

4.18　易读性评价

4.18.1　简　介

易读性是界面可用性的一项关键指标，界面设计应便于乘员简单、快速地识别和阅读文本、数字及任何标识。在太空飞行中，很多任务（包括迅速响应和命令）都需要显示要素方便、快速地被识别。易读性不好的字体、数字与符号，会延长执行任务的时间，致使错误增加，引起延误；在极端情况下，会导致任务失败。

4.18.2　背　景

4.18.2.1　易读性定义

易读性是指视觉元素的清晰感知，对于视觉刺激细节达到可辨识的程度（Sheedy，Subbaram，Zimmerman，Hayes，2005）。影响易读性的因素包括显示生成方法、正确描述与任务要求相关的对象的人因指南的应用、环境条件和视力标准。文本的易读性往往定义为词语、句子和段落是否可读和可理解。

4.18.2.2　适用要求

NASA-STD-3001 第 2 卷所述下述要求适用于易读性：
- 视觉显示易读性［V2 10047］；
- 视觉显示参数［V2 10048］；
- 视觉显示特征参数［V 10049］；
- 显示字体［V2 10050］；
- 标识显示标准［V2 10062］；
- 标识字体高度［V2 10056］。

4.18.2.3　影响易读性的因素

影响易读性的最重要因素是使用的字体，例如类型和大小。然而，改变能见度和视野的环境因素，例如照明条件、振动以及穿着航天服和戴头盔等也与此有关。

字符是宽度和高度变化的复杂图形元素。一个字符的大小通常取决于大写字母 H 的高度。在一系列广泛的研究中，Legge 与其同事们（Legge，Pelli，Rubin & Schleske，1985）研究了随字母大小、对比度、字体、颜色和其他变量变化的阅读率。他们变动某个固定宽度字体的字符宽度和字母尺寸，视角为 0.3°～2°的字符阅读率最大；而小于 0.3°的字母，其阅读率下降相对较快。此外，视角大于 2°的字母，其阅读率逐步下降（Legge et al.，1985）。NASA - STD - 3001 第 2 卷要求标签字体的高度为 0.4°或更大，视觉显示字符至少为 0.25°（最好为 0.4°）。除了字体类型和大小以外，易读性还要考虑笔画宽度、字符间距、行间距和字体的其他特点（McNeese & Katz，1987）。

4.18.2.4　易读性的测量

在实践中，易读性往往以对其进行研究所用标准和方法来定义。在对易读性研究的调查中，Pyke（1926）调查了 1825 年到 1926 年期间所发表的 100 多篇研究文献，发现研究人员采用了 15 种不同方法度量易读性。所述方法有阅读速度（由时间阈值和阅读量确定）、距离阈值（直接距离与周边距离）、眼跳距离、照明阈值、聚焦阈值、疲劳、眼睛停顿数、眼睛再注视数、眼球运动规律、阅读节奏、易读性系数、具体易读性、文字大小、接受训练的人眼辨别力以及审美价值。

在 1963 年发表的《打印易读性》一文中，Tinker 提出了能代表这些通用内容的更简洁的调查标准一览表：

1）感知速度：在短的阅读时间内，能感知字符的速度与精确度；

2）在一定距离内的感知能力：眼睛能精确地感知字符的距离。

3）周围视觉的感知能力：在周边范围内眼睛能精确感知字符的点和"定点"之间的距离。

4）可见度：有一种通过转动滤波器来遮蔽和明晰字符的视觉设备，利用该设备测量字符能被感知的点。

5）眨眼的测量：阅读字体不同的文本时眨眼的频率。

6）工作速率：测量方法包括"阅读速度、在设定时间内完成的阅读量、查找电话号码所用时间、从数学表中查找幂或根所用时间、在不同视觉辨别水平下的工作输出"。

7）眼球运动：采用如角膜反射和电信号等方法来对阅读时的眼球运动进行测量。

8）阅读疲劳：这种方法尚未证实是否是测量易读性的一种有效方法。

然而，上述任何一种方法（或标准，取决于它们如何描述）都无法测量易读性的所有方面。必须按其有助于解读更广义的易读性的价值，来了解与考虑每种方法。

依据所列标准，可将易读性方法分为三大类。

1）字母识别的大小阈值（视力）。在显示器上用 5 个字母的字符串来测量大小阈值，字符大小由大到小以 0.05log 为单位变化（Levitt，1971）。大小阈值（或相反，距离阈值）大概是评估文本易读性最常用的方法并被广泛应用（Tinker，1983），如公路标牌以较低的大小阈值来提高易读性。研究可采用不同种类的刺激：所有字母小写、所有字母大写和随机选择大小写字母的随机字符串；以及从英语中的 2010 个最常用的 5 个字母所组成的单词中随机选择所有字母大写或所有字母小写（Francis，Kucera & Mackie，1982）。

2）快速系列视觉呈现（RSVP）测量的阅读速度。依据这项标准，易读性越高，阅读速度越快。快速系列视觉呈现（RSVP）可以在较短时间间隔内一次呈现一个刺激（词语、字母）。阅读速度是一种不常见的易读性测量方法，但它比大小阈值更有代表性。因为快速系列视觉呈现（RSVP）能支持极高的阅读速率，所以它对易读性中的微妙差异更敏感。

对快速系列视觉呈现（RSVP）可以用独特的句子进行测试，改变阅读速度以确定能支持50％单词正确读出的速度。

　　3）用标准化测试（第9级水平）的文本段落进行连续阅读测量阅读速度。

　　《办公室视觉显示终端（VDTs）的工效学要求-第11部分》（ISO 9241-11）也描述了一种推荐的易读性测量方法：要求使用者在50 lx 到 5 000 lx 范围的照明水平下阅读显示器中的系统信息和指令。在正常的视觉距离（从眼睛到屏幕通常为 20 in）下，应当正确读出系统信息和指令中所用词语的98％。

4.18.3　使用 RSVP 进行易读性评价和验证过程

　　下文描述的易读性的测量与验证方法基于的假设包括：

　　·眼睛到显示器的视觉距离为 20 in。

　　·基于任务分析，定义了多个观察角度。例如，若采用 3 台显示器，其中 2 台是倾斜的，则需要评估 3 个观察角度。

　　·设计符合工作站的一般人因标准与指南，如字体大小、亮度和对比度等（例如，NASA-STD-3001）。标准与指南提供了好的基线设计的信息；然而，在典型任务的典型状态下，这些设计不能替代可用性和易读性测试。

　　·字体大小、间距和其他的设计参数是基于振动和加速度研究提出的建议和要求，并考虑最小字体大小、对比度和其他参数。此外，这些指南提供了良好的基线，但并不取代评估与评价。

　　推荐采用的易读性评价过程包括以下 3 个阶段：

　　1）在研制阶段，在迭代的可用性测试中进行迭代的、简要的易读性评估。

　　2）在研制阶段，采用快速系列视觉呈现（RSVP）进行综合而深入的易读性评价。

　　3）最后的易读性验证。

　　前两个阶段——可用性研究中的易读性评价和综合易读性评价——以迭代方式进行补充。最后阶段——最后的易读性验证——在设计过程结束时连同其他验证一起完成。下文将更详细地描述这些阶段。

　　这种易读性评价过程是针对软件界面的。然而，稍加修改可将其用于硬件标识和告示，例如，用测量阅读时间代替快速系列视觉呈现（RSVP）。这种方法也可用于其他环境条件下的易读性评价，如振动和加速度环境条件等。为了提高效率和节省时间，在可行情况下，可以将易读性评价与其他如可用性和工作负荷评估和验证（参见 HIDP 4.2 节与4.3 节）结合起来综合测试。

　　所选用的过程和验证方法要便于实施，因为这些方法不需要专用设备和专用软件，而且可在应用设置和各种环境中使用。

4.18.3.1　可用性测试中的迭代简要易读性评估

　　在设计和研制阶段，通常在大量的界面上进行迭代的可用性测试。作为可用性测试的一部分，测试实施人员应询问关于具体界面要素易读性的有关问题（例如，在熟悉阶段）。

易读性涉及的界面要素包括：文本、数字、符号、图标和图形。

关于界面元素易读性的评论和意见应当记录与分析，应当根据收到的反馈进行修改以改进易读性。这样做能确保在设计早期阶段存在的易读性问题在需求验证时被发现并纠正。如果有问题或对特定界面的易读性有所关注，则可用性测试应包括一个与易读性验证类似的易读性性能测试。

4.18.3.2　在研制期间采用快速系列视觉呈现（RSDP）的综合易读性评估

随着设计的成熟，需要在集成界面设备上进行综合易读性评估。在设备上有一些相似界面的情况下（例如，显示格式），测试策划人员应定义一些类别以便分组，例如，主要基于文本的格式、基于图表的格式和飞行显示格式。应从每一类中选取代表性的一些格式进行测试。如果界面是单一样式的，也应对其进行测试。

测试应该覆盖一定数量的照明条件和视角。这些条件的界定必须基于在研制阶段进行的任务分析，以确保它们覆盖了这些条件的大部分相关组合。测试程序应包括测试实施人员让参与者来识别每个界面的选用部分，询问文本、数字、符号、图标和图形。

对于表 4.18.3.2 - 1 中示例所示的全部因素或多数因素组合，应当收集各组组合条件下的辨别精度。

表 4. 18. 3. 2 - 1　显示要素易读性测试因素组合示例

	文本显示 （测试文本）	图表显示 （测试对象）	飞行显示 （测试符号）
照明 1	视角 1 视角 2 视角 3	视角 1 视角 2 视角 3	视角 1 视角 2 视角 3
照明 2	视角 1 视角 2 视角 3	视角 1 视角 2 视角 3	视角 1 视角 2 视角 3
照明 3	视角 1 视角 2 视角 3	视角 1 视角 2 视角 3	视角 1 视角 2 视角 3

测试方法应能迅速向参与者呈现条目，并要求他们认出屏幕上的某项提示要素/突显要素（示例见图 4.18.3.2 - 1）。对于诸如词、数字或符号等简单的条目，突显条目在屏幕上的呈现时间应当为 1 s。这个时间的确定是基于认知心理学文献：简单的刺激，例如在显示器上单独呈现的常用词，用 $200 \sim 250$ ms 左右感知（Backer，2011）。在如图 4.18.3.2 - 1 所示的复杂显示中，为了感知某个元素需要进行一次视觉搜索，因此，辨别某个元素所需时间也增加。尽管这样，在 1 s 的时间内，人们也应能在复杂显示中识别某个元素。依据 ISO 9241 — 11 标准，在这个时间内所有元素的辨别精度应达到 98% 左右。

显示元素应通过遮蔽其余显示部分或突出感兴趣区域呈现。应提示受试者关注待识别

橙色框

图 4.18.3.2 - 1　在电子屏幕中橙色框所突出的符号是要求受试者识别的提示要素

项目的突出显示区域。可大声说出响应并由评估人员记录响应，或由受试者将响应输入计算机。如果界面元素清晰可辨，则其精度应达到 98%。

4.18.3.3　易读性验证

正如 4.18.3.2 节所述，在验证中快速系列视觉呈现（RSVP）方法应采用 98% 的精度标准。应选取一组有限的代表性显示元素和在一组有限的最坏情况条件中（例如，降低的能见度、小视角）的显示元素。应在考虑临界、代表性和使用频率情况下，基于任务分析来确定这些集合。

本文所述的测量与验证易读性的方法分为 3 个阶段，这种方法将有助于确保发现和及早纠正问题，并确保采用一种标准的有效客观方法来进行易读性格式上的验证。

4.18.3.3.1　采用阅读时间的易读性验证评估

当不能使用快速系列视觉呈现（RSVP）方法（例如硬件标签的易读性）时，或当修改软件来适应快速系列视觉呈现（RSVP）方法不可行时，可以修改快速系列视觉呈现（RSVP）方法来适应评估条件。在这些情况中，可以测量和使用阅读总时间来计算显示器上单个元素的阅读时间。在这种情况下，要求所有参与者像读书一样逐行地、自上而下地读出屏幕上所显示的所有词语、符号和数字。每个元素的阅读时间可以通过显示部分的阅读总时间除以该部分元素数量计算。与快速系列视觉呈现的情况一样，每个元素的阅读时间低于 1 s 且精度应高于 98% 时方可通过验证。

4.18.4　易读性技术文件

对于每个设计生命周期的主要里程碑，推荐采用表 4.18.4 - 1 所述的技术文件。

表 4.18.4 - 1　易读性技术文件

技术文件	阶段 A		阶段 B	阶段 C	阶段 D	
	SRR	SDR	PDR	CDR	SAR	FRR
对操作概念、功能分配与乘员相关列表和乘员界面的描述	I	U	U	U		
对显示易读性达到 98% 的迄今已进行的建模/分析/评估的总结			I	U	U	
验证计划			I	U	U	

X 为一次性发布的项目
I 为初始发布的项目
U 为更新发布的项目

操作概念与乘员任务列表

3.2.3.1.2 节所述的操作概念提供了诸如识别乘员活动以及判断哪一子系统受乘员活动影响等信息。3.2.3.1.3 节所述的功能分配确立了具体活动实现方式（自动化还是人工控制）。4.1 节中描述的乘员任务列表给出了包括用户与系统间的功能分配、乘员活动序列的定义、关键任务的识别等方面的详细信息。随着设计周期中乘员任务列表的发展，其最终迭代设计结果即是乘员程序。

对于易读性测试来说，任务分析必须包括：在显示应可读的条件下对可能出现情况所作的分析。

建模、分析和评价总结

建模、分析和评价的迭代结论为 NASA 提供贯穿设计流程的人-系统整合方面的技术细节。如 3.2.3.3 节所述，随着设计的不断成熟，建模、分析和评价应当逐步使用高保真的输入和实物模型。很重要的是，总结中要给出如何对关键设计决策进行评估。按照 NPR 8705.2B 标准，SAR 全阶段均应为每个设计审查提供更新后的结论。此外，在 NPR 8705.2B 标准 2.3.10 条款中介绍的人在回路的评价方法，可使操作概念逐步达到系统所设定的目标，即满足操作安全、高效和用户界面设计人性化的系统要求。

关于可用性，应包括显示器的评估，评估结果应表明显示器上各单元精度达到 98% 易读性。

验证计划

验证计划为一份正式文档，该文档描述用来说明各项要求满足情况的、可供使用的验证方法。

4.18.5　参考文献

[1]　ASTM D 7298. Standard Test Method for Measurement of Comparative Legibility by Means of Polarizing Filter Instrumentation.

[2]　Becker SI (2011) Determinants of Dwell Time in Visual Search: Similarity or

Perceptual Difficulty? PLoS ONE 6 (3) .

[3]　Francis. W. N. , Kucera, H. , & Mackie, A. W. (1982) . Frequency Analysis of English Usage: Lexicon and Grammar. Houghton Mifflin, Boston, MA.

[4]　ISO 9241 - 11. Ergonomic requirements for office work with visual display terminals (VDTs) - Part 11 - Guidance on Usability.

[5]　Legge, Pelli, Rubin, & Schleske, (1985) . Psychophysics of reading. Normal vision. Vision Res, 25 (2), 239 - 252.

[6]　Levitt, H. (1971) . Transformed Up - Down Methods in Psychoacoustics. The Journal of the Acoustical Society of America, 49, 467.

[7]　McNeese, M. D. , & Katz, L. (1987) . Legibility evaluation of a large screen display system under medium ambient illumination. Proceedings of the Society for Information Display, 28 (1), 59 - 65.

[8]　Pyke, R. L. (1926) . Report on the legibility of print, Medical Research Council, Special Research Series. London, UK.

[9]　Sheedy, J. E. , Subbaram, M. , V. , Zimmerman, A. B. , Hayes, R. J. (2005) . Text legibility and the letter superiority effect. Human Factors: The Journal of the Human Factors and Ergonomics Society, (47) 4, 797 - 815.

[10]　Tinker, M. A. (1963) . Legibility of print. Iowa State University Press, Ames, IA.

附录 A　缩略词与含义

缩略词	含义
ABF	人体测量学与生物力学设施
ACES	高级乘员逃逸服
AGARD	航空航天研究与发展咨询小组
ALARA	尽可能低地合理完成
ANCP	听觉噪声控制计划
ANSI	美国国家标准协会
ANSUR	军事人员人体测量调查
ATD	人体测量测试设备
BEA	边界元分析
BMD	骨密度
BTE	屏障厚度求值程序
CAD	计算机辅助设计
CCT	商业乘员输运
CDR	关键设计评审
CEV	乘员探索飞行器
CG	重心
CHSIP	商业人-系统整合流程
CHSIR	商业人-系统整合要求
CMORD	商业医学操作要求文件
COM	质心
ConOps	操作概念
COTS	商业轨道运输服务
CREST	乘员逃逸技术
dB	分贝
DDPF	贴花纸设计和生产设施
DRATS	沙漠探索与技术研究
DRM	设计基准任务

续表

缩略词	含义
ECLSS	环境控制与生命保障系统
EMU	出舱机动装置
ESPO	出舱活动系统项目办公室
EVA	出舱活动
ExMC	探索医学能力
FAA	联邦航空管理局
FAST	功能分析系统技术
FCI	飞行乘组整合
FEA	有限元分析
FMEA	故障模式效应分析
FRR	飞行准备评审
g	重力
GCR	银河宇宙射线
GFE	政府供应的设备
H&M	健康与医学
HCD	以人为中心的设计
HEA	人误分析
HIC	头部损伤标准
HIDH	人整合设计手册
HITL	人在回路
HRCP	适人性评价认证计划
HQ	操作品质
HSI	人-系统整合
Hz	赫兹
IARV	损伤评估参照值
IMS	库存管理系统
IRD	接口需求文档
ISO	国际标准化组织
ISS	国际空间站
IVA	舱内活动
JSC	约翰逊航天中心

续表

缩略词	含义
LEA	发射、进入、中止
LEO	近地轨道
LET	线性能量传输
MOI	转动惯量
MPCV	多用途载人飞行器
MTL	主要的任务列表
NASA	美国国家航空航天局
NASA - TLX	NASA 任务负荷指数
NBL	中性浮力实验室
NCRP	美国辐射保护和测量委员会
NHV	净居住空间
NPR	NASA 程序要求
OpsCon	操作概念
ORR	运行准备评审
PABF	精密气浮平台
PDR	初步设计评审
PEPC	便携式的设备载荷和货物
POGO	液压卸载部分重力模拟器
PRA	风险概率评估
PRR	产品准备评审
RAMSIS	一个用于设计与结构分析的模拟软件
REID	致死风险
RHC	旋转手控制器
RID	审查条目不符
ROM	活动范围
RPOD	交会对接
SAINT	任务整合网络的系统分析
SAR	系统的接受检查
SDR	系统定义评审
SEA	统计能量分析
SIR	系统整合评审

续表

缩略词	含义
SME	主题专家
SMEMCL	航天医学探索医疗状况表
SPE	太阳粒子事件
SRAG	航天辐射分析组
SRR	系统需求评审
S&MA	安全与任务保证
TA	技术部门
THC	平移手控制器
TLX	任务负荷指数
TRR	测试准备评审
V&V	验证和确认
WBPBA	基于分析的全身姿势

附录 B　术语表

术语	中文	定义
Abort	中止	由于失效或危及航天乘员生命等情况,而使任务达到任务目标之前早期中止。在"中止飞行"被申明那一时刻起,操作的重点就从预案的任务飞行到挽救乘员生命,"中止飞行"包括飞行器被损坏或不能恢复
Accessible	通达性	"Accessible"就是物品可被着服和有一定装备的乘员操作、控制、服务、移动、替换的状态,着服和有一定装备的乘员的身体外围尺寸必须满足人体测量学或预先指定的数据要求,合适的身体外围尺寸就是便于人员执行操作、控制、移动或替换任务的关键设计尺寸
Advisory	公告	表明一个安全或正常配置、基本设备的操作或例行告知活动等的消息
Analysis	分析	通过分析技术和工具的运用来确定需满足的要求和记录结果的过程,这些技术和工具包括计算机与硬件模拟器、模拟建模与数字建模、相似性与继承性的评估、记录的校验、多个测试结果的评估与分析
Anthropometry	人体测量学	测量人体、各组成部分以及功能能力的科学,包括身高、外围周长、身体质量等
Assembly	组合体	一个可试验的、具有独立功能的特体,它被认为是一个完整且独立的实体,可实现配置、生产、维护和持续记录的功能
Automatic	自动化的	表明功能、操作、流程或设备的作用发挥不受乘员干预
Capability	能力	完成任务所需具备的属性(包括体力的和认知的)
Catastrophic Hazard	灾难性的危险	可能引起乘员死亡、永久地残疾或航天资产损失的情况
Caution	警告	需要引起注意的事件,但不需要立即行动
Contamination	污染	由于引入不健康的或不期望的成分而表现的不合适的行为
Countermeasures	对抗措施	乘员采用的一种用于抵消航天飞行对人的身体、生理以及心理的不期望影响的措施
Crew	乘员	在一次飞行任务中,航天器上或空间系统中的人员
Crew Interface	乘员界面	航天器的一部分,通过它可以在乘员与机器间传输信息,包括视觉的、听觉的或触觉的,可用的或好的人机界面设计对乘员安全、工作效率以及最小化训练的要求是至关重要的

续表

术语	中文	定义
Crew - In - The - Loop	乘员在回路	评估乘员以一个受试者的角色所呈现的主动和被动行为的能力，一个主动的乘员在回路的方法意味着乘员的一些行为能力被评估，乘员作为受试者提供数据，而这些数据来自于人的工作效能的测量
Crew Survival	乘员生存措施	为迫在眉睫的灾难状态而采取的应对措施，包括中止飞行、逃逸、安全港、紧急出口、救援等措施
Criticality 1	1 级危急水平任务	单个失效会导致乘员生命或飞行器安全性丧失的任务
Criticality 2	2 级危急水平任务	单个失效会导致预定飞行计划不能完成的任务
Critical Dimensions	临界尺寸	在元件间或组合体各部分间建立临界配合公差的关键特征
Data Accuracy	数据准确度	数据库中信息的正确与可接受的程度。数据准确度是数据质量问题，可用数据集中数据错误数量来衡量
Data Fidelity	数据质量	数据质量包括准确度、精确度、可靠性、延迟性、分辨率和完整性
Data Precision	数据精度	数据库中，信息属性的测量水平与描述的精度。测量位置的精确的定位数据可以使用小数，精确的属性信息可以从大量的细节中反映事物的特征。请注意，不管怎样精确测量，精确数据也不可能是准确的
Data Reliability	数据可靠性	当重复取样时数据保持一致性的程度
Deconditioned Crew	生理功能减弱的乘员	与适应重力下降相关的乘员的生理系统（例如，骨肌系统、心血管系统、前庭系统和神经系统）的功能减弱
Demonstration	例证	由功能性的演示来判断满足了定性的或布尔的要求，例如，适用性、通达性、可移植性或人因工程特征，通常由仪表和设备来完成
Display	显示	显示能够提供视觉、听觉和/或触觉信息给乘员（例如，标签、警示牌、语音以及显示设备）。术语"显示"包括基于文本的用户界面和图形用户界面
Display Device	显示设备	为乘员或地面支持人员呈现视觉、听觉和触觉信息的设备，显示设备包括计算机显示屏和个人数字助理（PDAs）
Emergency	突发事件	需要立即行动和启动乘员救生程序的突发事件，每一类突发事件需要一个唯一的音调
Emergency Equipment	应急设备	用于减轻或控制危险的一组设备组件（包括硬件或软件），尤其是突发事件发生后乘员或载人航天器面临着紧迫的威胁时。应急设备包括火灾抑制系统、灭火器、紧急呼吸设备和乘员逃逸系统

续表

术语	中文	定义
Emergency Evacuation	紧急撤离	国际空间站(ISS)变得不适宜居住和所有乘员被迫撤离的情况
Emergency Return	紧急返回	乘员生病或受伤、乘员的生命受到威胁,时间紧迫,并且国际空间站内不能够医疗时所采取的措施
Error	错误	不期望发生的情况;也可能是人的某部分功能欠缺,在指定的精度、次序或时间内不能提供所期望的结果,并可能导致后续的所不希望的后果
Escape	逃逸	一般用于重返大气层时,由于迅速恶化的环境和危险的情况,乘员从航天系统某个舱段转移,安排他们在一个安全适于救生返回或恢复的地方。逃逸包括但不限于为转移而使用原空间系统各舱段的能力
EVA	舱外活动	在航天器的压力环境的外面,已着航天服的乘员完成的操作活动
Flight - like	与飞行任务相像的	使用不是正式飞行使用的组件进行建造、检查或测试,以获取飞行条件下组件的性能指标,建造过程与飞行设备的建造过程相同
Ground	地面支持团队	在航天器飞行准备阶段、飞行过程中、舱外活动以及飞行后操作的过程中,在地面工作对航天任务进行任务支持的技术团队
Habitability	适居性	适宜于使用或居住的状态,满足健康、安全、工作效能以及个人满意的使用需求
Hardware	硬件	个人所用的设备组件,包括但不限于紧固件、面板、管件、开关、开关防护罩和导线
Hatch	舱门	一个可开关的、密封的通道,其中的门盖将两个相邻的环境分开,并允许人或物体从一个环境穿越到另一个环境(例如两个分离的加压的航天器对接时,或者从一个航天器的内部到外部),舱门由两个部分组成:出入口(通道本身)和一个门盖(用于封闭出入口,并对航天器起着结构性的支持),一个加压的舱门就是当舱门密封的时候,舱门一边的大气压力与另一边不同,术语"舱门"指的就是舱门盖,在这个文件中,"舱门盖"也使用
Housekeeping	总务	在任务期间为保持一个健康与宜居的环境而由乘员完成的活动。包括舱体内表面的消毒擦拭、食品准备或卫生设施的清洁与保养、垃圾废物的管理

续表

术语	中文	定义
Human – centered Design	以人为中心的设计	被开发和能操作的系统由乘员以最小的风险并能以易于使用的方式进行操作与使用,适人性评价认证包括:1)人的安全性;2)人的工作效能(包括操作的预期状态与下降状态);3)人的健康管理与照料
Impulse Noise	脉冲噪声	声级高于环境噪声至少 10 dB 的突发噪声,该噪声持续时间小于 1 s
Information Management	信息管理	使用电子数据完成功能性的行为,包括数据的输入、组织、内部处理、存储、分发、收集以及信息的作废,信息管理通常由乘组人员和地面支持人员使用显示设备来完成
Inspection	检查	不使用特定实验设备、流程、试验支持物品或服务而对物理特性是否满足需求进行验证的方法。检查使用标准的方法(如视觉、测量仪器等)去验证与需求的符合程度,硬件的检查有以下几类:1)构造;2)工艺;3)物理条件;4)技术指标和图纸与需求的符合程度
Integrated	整合的	合并或组合 1 个或多个组件、部件或配置项到一个更高水平的系统以确保逻辑的或物理的界面能被满足,集成后的系统满足特定功能
Ionizing Radiation	电离辐射	将密集的物质全部或部分转化为离子(带电粒子)的辐射。微粒状的辐射成分包括所有的原子内的微粒,例如质子、中子、电子、失去轨道电子的原子核和介子等
Intravehicular Activity (IVA)	舱内活动	任务中由乘员在加压航天器环境内完成的航天操作活动
Legibility	易读性	字母或数字以及符号的显示足够清晰,以便容易被感知、辨别或认出的程度
Linear Acceleration	线性加速度	一个物体运动速度的变化率,速度的方向保持不变
Maintenance	维护	为设备或系统保持在一个可供使用状态的所有行动。维护包括检修、修理、改装、大修、检查、状态确定、锈蚀控制、支持物品的初始补给等
Monitoring	监视	包括设备运行的质量和精度检查,测试确定一个信号是否超出限度,为一个特定的信号或目的进行的观察,保持跟踪、调节或控制
Operator	操作员	服务于飞行员或指令长的乘员
Net Habitable Volume	净居住空间	在考虑了装载的设备、货物、废物和其他物品的容积后,实际上乘员所用的功能性空间

续表

术语	中文	定义
Nominal	正常的	在正常范围内,符合计划运行的内容
Noise	噪声	有害的、不希望存在的或与航天应用不相适宜的听觉范围内的声音(15～20 000 Hz)。有时词汇"噪声"与"声音"可互换使用,并且也不是有针对性表现为任何相对或绝对程度的危险或其他听觉特征
Non – Ionizing Radiation	非电离辐射	包括三种电磁辐射:射频辐射、激光,以及不相干电磁辐射
Off – Nominal	非正常	超出预想的、可接受的运行界限,与提前规划好的操作规则不一致,或引起不满意
Override	停运	手动或自动地停止飞行程序中的功能运行
Placard	警告牌	在乘员防护章节中,警告牌是飞行中的一种操作控制方式
Population Analysis	人群分析	人群分析应用统计或数学方法去解释受试者典型采样的测试结果,比如安装、伸手取东西以及力量的测量,以确保受试者能够完成试验。相对于整个潜在的乘员范围进行外推或内推取值,以确定设计是否能够适应乘员群体的极端值
Provision	供应和补给	为商业乘员运输公司提供的辅助飞行部件,包括为乘组提供的性能可靠的设备与设施,包括航天服、摄像、工具、衣服和食品。政府提供的设施[一些硬件或软件(包括文档)]也可以作为成品来满足合同要求
Privacy	隐私	将与其他人共享自身情况(身体、行为或智力)的程度控制在一个可接受水平,可接受水平取决于一个人的背景和训练
Readily Accessible	易于通达的	没有阻碍或约束的立即可视的和可通达的,畅通无阻的通达对于紧急救援系统和其他的关键物品是重要的
Recovery	恢复	一般地,恢复是一个飞行器着陆后的涉及乘员的操作
Rotational Acceleration	旋转加速度	角速度的变化率
Subject	受试者	研究人员借助受试者开展研究或评估,以获取标识其个人特性的信息,包括生理测量值、响应、偏好等数据。受试者的工作效能是可测量的,受试者可能包括参与者
Suited	着航天服的	在不同于地面的环境,乘员穿着用于保护自己的服装。环境的不同体现在压力、大气、加速度或温度方面。"着航天服的"即指穿着已加过压的和未加压的压力服

续表

术语	中文	定义
System	系统	含有功能性能力的物理实体,该功能性能力就是分配给它以满足体系级的任务目标。系统可以在一个任务阶段完成所有分配给它的功能
Task Analysis	任务分析	任务分析就是将一项任务进一步分解为子任务,它涉及: 1)一个进程或系统中任务与子任务的识别; 2)这些任务的分析,包括谁去执行它、用什么设备、完成的条件、任务的优先级和其他任务的依从关系 　重点是明确人的任务分工和他们如何完成任务,而不是系统本身。分析结果有助于开发者确定为特殊任务所使用的控制器和显示器、人与自动化系统的理想的功能分配,有助于驱动决策的任务关键性
Test	测试	使用实验室的设备、记录的数据、规程、测试支持物品、超出被测试单位本身所能提供的服务,在功能和环境刺激的控制应用期间或之后,通过参数的测量判断需求是否满足
Transient Acceleration	瞬时加速	在小于或等于 0.5 s 内进行线性或旋转加速
Unsuited	未穿航天服的	就是在舱内,尤其是居住生活时的一种穿衣类型,衣着可能与地面生活一样
User	用户	能够直接(物理接触)或间接地(命令、控制与通信)与飞行器交互的任何一个人
Vehicle	航天器	就是一个机动设备或为未穿航天服的人所提供的有压力的静态环境,航天器是一个舱体,由多个部分所组成,包括所有在加压环境或附在加压环境的硬件和设备,主要用于天地之间转运乘员或物品
Warning	警报	一个需要立即行动的事件
Window	窗口	通过使用透明材料的舱体壁来直接进行观察的非电子方法
Workload	工作负荷	单位时间内所期望的工作量,体力负荷指的是一个人同时或在连续的时间内所进行的体力活动数量。类似地,脑力或认知负荷指的是同时或在连续的时间内的脑力操作或活动的数量
Workstation	工作站	一个被设计用于特定任务或活动的地方,在这个地方进行工作或直接操作。工作站包括驾驶员座舱、机器人控制台,或工作台面、工具、设备或计算机等任一工作区域

附录 C　参考文件

文件编号	文件修订	文件题目
AFAMRL – TR – 80 – 119		McConville，J. et al. (1980). Anthropometric Relationships of Body and Body Segment Moments of Inertia. Air Force Aerospace Medical Research Laboratory，Aerospace Medical Division，Air Force Systems Command，AFAMRL – TR – 80 – 119. Wright – Patterson Air Force Base，Ohio
AGARD CP – 472	1989 年 4 月	Brinkley，J. W.，and Specker，L. J.，Development of Acceleration Exposure Limits for Advanced Escape Systems
ISO/IEC 9241 – 11	1998 年	Ergonomic requirements for office work with visual display terminals (VDTs)，Part 11：Guidance on Usability.
ISO 13407	1999 年(E)	International Standard for Human – Centered Design Processes for Interactive Systems
JSC – 27260		Decal Process Document and Catalog
JSC – 27301		Materials Control Plan for JSC Space Station GFE
JSC – 28517		Holden，K. L，Malin，J. T.，and Thronesbery，C. (1998). Guide to Designing Usable Software Systems in Advanced Technology Environments，JSC Technical report：JSC –28517
JSC – 63557	2008 年	Net Habitable Volume Verification Method
JSC – 65994	2010 年 8 月草稿	Commercial Medical Operations Requirements Document (CMORD)
MIL – STD – 1472	修订 G	Department of Defense，Design Criteria Standard for Human Engineering
MIL – F – 8785 B/C		Flying Qualities of Piloted Airplanes (28 AUG 1996)
MPCV 70024	基线	Orion Multi Purpose Crew Vehicle Program Human – Systems Integration Requirements
NASA/SP – 2007 – 6105	修订 1	NASA Systems Engineering Handbook
NASA/SP – 2010 – 3407		Human Integration Design Handbook

续表

文件编号	文件修订	文件题目
NASA－TM－2008－215198	2008 年 4 月	Lawrence，C.，Fasanella，E. L.，Tabiei，A.，Brinkley，J. W.，Shemwell，D. M. The Use of a Vehicle Acceleration Exposure Limit Model and a Finite Element Crash Test Dummy Model to Evaluate the Risk of Injuries During Orion Crew Module Landings
NASA/TM－2009－215704	2009 年 4 月	Horta，L. G.，Mason，B. H.，Lyle，K. H. A Computational Approach for Probabilistic Analysis of Water Impact Simulations
NASA－STD－3001		Space Flight Human－systems Standard，Volume 1：Crew Health，and Volume 2：Habitability and Environmental Health
NASA－STD－5017		Design and Development Requirements for Mechanisms，section 4. 10 Torque/Force Margins
NASA TN D－5153		"The Use of Piloted Rating In The Evaluation Of Aircraft Handling Qualities," National Aeronautics and Space Administration，Washington，D. C.，April，1969
NASA－TM－X－62892，N79－76319		NASA (1966). Gemini Program Mission Report of Gemini VII. National Aeronautics and Space Administration Manned Spacecraft Center，Houston，Texas
NATICK/TR－89/044		1989 U. S. Army Anthropometry Survey of U. S. Army Personnel：Methods and Summary Statistics（Database Section only）
		Ainsworth，L. K. (2004). Task analysis. In C. Sandom & R. Harvey (Eds). Human Factors for Engineers (pp. 81 － 112). London，England：Institution of Engineering and Technology
		Bangor，A.，Kortum，P. T.，& Miller，J. A. (2008). An empirical evaluation of the System Usability Scale (SUS). International Journal of Human－Computer Interaction，24 (6)，574－594
		Blackledge，C.，Margerum，S.，Ferrer，M.，Morency，R.，and Rajulu，S.，(2010). Modeling the Impact of Space Suit Components and Anthropometry on the Center of Mass of a Seated Crewmember. Applied Human Factors and Ergonomics

续表

文件编号	文件修订	文件题目
		Bond, R. and Campbell, P. (1995). Operational monitoring of MIR habitability, (PIPS Database ♯ 810530). Internal NASA Document
		Celentano, J. T. , Amorelli, D. and Freeman, G. G. (1963). Establishing a habitability index for space stations and planetary bases, American Institute of Aeronautics and Astronautics Manned Space Laboratory Conference, May 2, 1963, Los Angeles, CA, pp. 63 – 139
		Chaffin, D. B. ; Andersson, G. B. J. ; Martin, B. J. Occupational Biomechanics. J. Wiley & Sons, New York, NY 1999
		Churchill, E. and McConville, J. Sampling and Data Gathering Strategies for Future USAF Anthropometry, Appendix II – A. Air Force Systems Command, Wright Patterson Air Force Base, (1976)
		DuBois D, DuBois EF. 1916. A formula to estimate the approximate surface area if height and weight be known. Arch Intern Med 17:863 – 871
		England, Scott A; Benson, Elizabeth A. ; and Rajulu, Sudhakar L. Functional Mobility Testing: Quantification of Functionally Utilized Mobility among Unsuited and Suited Subjects. NASA/TP – 2010 – 216122, May 2010
	JSC 文档草稿	Exploration Medical Conditions Concept of Operations
		Gehan, E. A. , George, S. L. (1970). Estimation of human body surface area from height and weight. Cancer Chemotherapy Reports Part I, 54(4), 225 – 235. 11:24
		Gonzalez, L. J. , Rajulu, S. L. . Posture – Based Whole Body Anthropometric Analysis – A Case Study, Digital Human Modeling For Design And Engineering Conference And Exhibition, June 2003, Montreal, Canada
		Hart, S. G. & Staveland, L. E. (1988) Development of NASA – TLX (Task Load Index): Results of empirical and theoretical research. In Human Mental Workload P. A. Hancock & N. Meshkati (Eds.). Amsterdam: North Holland, 139 – 183

续表

文件编号	文件修订	文件题目
		Hornbæk, K., & Law, E. L. - C. (2007). Meta - analysis of correlations among usability measures. Paper presented at the Proceedings of the SIGCHI conference on Human factors in computing systems, April 28 - May 03, 2007, San Jose, CA, USA
		Kallay, A., Harvey, C., Byrne, V., DeSantis, L., Maida, J., Szabo, R., & Whitmore, M. (2006). Crew exploration vehicle (CEV) net habitable volume assessments for 6 - crew missions. NASA TDS CEV - 05 - 002, NASA/Johnson Space Center, August 2006
		Kirakowski, J., & Corbett, M. (1993). SUMI: the Software Usability Measurement Inventory. British Journal of Educational Technology, 24(3), 210 - 212
		Leiden, K., Laughery, K. R., Keller, J., French, J., Warwick. W., and S. Wood. A Review of Human Performance Models for the Prediction of Human Error. 2001
		Litaker, Jr. H. L., Thompson, S., Howard, R., Szabo, R., Conlee, C., & Twyford, E. (2008). Habitable volume evaluation for the lunar sortie habitat Altair: Configuration one. NASA/Johnson Space Center. Internal NASA Document, February 2008
		Litaker, Jr., H. L., Thompson, S., Howard, R., Szabo, R., Baldwin, T., Conlee, C., Twyford, E., Nguyen, A., & Ward, M. (2008). Suited and unsuited habitable volume evaluation for Altair lunar lander DAC - 2 configuration. NASA/Johnson Space Center. Internal NASA Document, September 2008
		Litaker, Jr., H. L., Howard, R., Ferrer, M., & Young, K. (2008). Lunar rover habitability volume evaluation on configuration one. NASA/Johnson Space Center. Internal NASA Document, January 2008

续表

文件编号	文件修订	文件题目
		Litaker, Jr. H. L. , Thompson, S. , Howard, R. , Szabo, R. , Conlee, C. & Twyford, E. (2008). Small Pressurized Rover (SPR) three day desert trial: A human factors assessment. NASA/Johnson Space Center. Internal NASA Document, December 2008
		Litaker, Jr. H. L. , Thompson, S. , Howard, R. , Szabo, R. , Conlee, C. Green, S. , & Twyford, E. (2009). A human factors assessment of the Lunar Electric Rover (LER) during a 14‑day desert trial. NASA/Johnson Space Center. Internal NASA Document, February 2010
		Loukopoulos, L. D. , Dismukes, R. K. , & Barshi, I. (2009). The Multitasking Myth: Handling Complexity in Real‑World Operations. Surry, England: Ashgate Publishing Limited
		Margerum, S. ; Rajulu, S. Human Factors Analysis of Crew Height and Weight Limitations in Space Vehicle Design. Human Factors and Ergonomics Society Annual Meeting Proceedings, Volume 52, Number 1, 2008 , pp. 114‑118(5)
		Martin, A. D. , Drinkwater, D. T. , Clarys, J. P. , (1984). Human Body Surface Area: Validation of Formulae Based on Cadaver Study. Human Biology, Vol. 56, No. 3, 475‑485
		McConville, J and Tillman, B. Year 2015 astronaut population anthropometric calculations for NASA STD‑3000 (1991)
		Mount, F. E. (1999). Space human factors engineering challenges in long duration flight. NASA/Johnson Space Center Document #20000096524
		Nielsen, J. (1993). Usability Engineering. San Francisco, CA: Morgan Kauffman Publishers Inc
		Ogden, C. L. , Fryar, C. D. , Carroll, M. D. , & Flegal, K. M. (2004). Mean body weight, height, and body mass index, United States 1960‑2002. Advance data from vital and health statistics, No 347. Hyattsville, MD: National Center for Health Statistics

续表

文件编号	文件修订	文件题目
		Rajulu, S., Margerum, S., Young, K, Blackledge, C. Anthropometric Processes for Population Analysis, Suit Factor Generation, and a NASA Recommended set of Practices Essential for Data Collection and Analysis for Verification and Validation of Vehicle, Suit, and Vehicle - Suit Interface Requirements. JSC 65851. (2010)
		Reason, J., Human Error. Cambridge: University Press. 1990
		Roscoe, A H. (Ed.). (1987). In A. H. Roscoe (Ed.) Inflight assessment of workload using pilot ratings and heart rate. In The Practical Assessment of Pilot Workload (AGARD - AG - 282, Neuilly - sur - Seine, France: Advisory Group for Aerospace Research and Development, 78 - 82)
		Roscoe, A. H., & Ellis, G. A. (1990). A subjective rating scale for assessing pilot workload in flight: A decade of practical use (No. Technical Report TR 90019). Farnborough, UK: Royal Aerospace Establishment
		Sauro, J., & Lewis, J. R. (2005). Estimating completion rates from small samples using binomial confidence intervals: Comparisons and recommendations. Paper presented at the Human Factors and Ergonomics Society Annual Meeting, Orlando, FL
		Sauro, J., & Lewis, J. R. (2009). Correlations among Prototypical Usability Metrics: Evidence for the Construct of Usability. Paper presented at the Computer Human Interaction (CHI), Boston, MA
		Sheridan, T. (2002). Humans and automation: Systems design and research issues. New York: Wiley
		Thaxton, Sherry; Rajulu, Sudhakar. Population Analysis: Communicating About Anthropometry in Context. Human Factors and Ergonomics Society Annual Meeting Proceedings, Volume 52, Number 1, 2008, pp. 119 - 123 (5)

续表

文件编号	文件修订	文件题目
		Thompson, S., Litaker, Jr., H. L., Szabo, R., Howard, R., & North, D. (2010). Evaluation of the Altair lunar lander DAC - 3 interior volume configuration. NASA/ Johnson Space Center. Internal NASA Document, January 2010
		Turner, S., Bockman, M. Cain, L., Morgan, J., Barber, D. (2009). CEV Display Format Development Process (Draft)
		Wiegmann, D. A. and S. A. Shappell. A Human Error Approach to Aviation Accident Analysis: The Human Factors Analysis and Classification System. 2003
		Woolford, B. J., & Bond, R. L. (1999). Human Factors of Crewed Spaceflight. In W. J. Larson, & L. K. Pranke, (Eds.). Human Spaceflight: Mission Analysis and Design (Chapter 6). New York, NY: McGraw Hill
		Young, J. W. et al. (1983). Anthropometrics and Mass Distribution Characteristics of the Adult Female. FAA Civil Aeromedical Institute, Federal Aviation Administration, AD-A143096. Oklahoma City, Oklahoma
NPR 8715.3		NASA General Safety Program Requirements
NPR 8705.5		Probabilistic Risk Assessment Procedures for NASA Programs and Projects
SSP 30233		Space Station Requirements for Materials and Processes
SSP 30512		Space Station Ionizing Radiation Design Environment
SSP 30575		Space Station Interior and Exterior Operational Location Coding System
SSP 50005		International Space Station Flight Crew Integration Standard section 9.5 for NASA labeling standards and section 5.7 for radiation protection standards
SSP 50254		Operations Nomenclature
SSP 50783		Labeling of Intravehicular International Space Station Hardware: Design Development Process

续表

文件编号	文件修订	文件题目
SSP 50808	修订 B	International Space Station（ISS）to Commercial Orbital Transport Services （COTS） Interface Requirements Document（IRD）

附录 D　后续 HIDP 可能的章节列表

与 NASA-STD-3001,第 2 卷对应	章节主题
第 3 章	怎样去确定一个验证是分析、证明、测试或检查
第 3 章	怎么去计划、完成人在回路的评估
第 3 章	怎样去计划一个人在回路的验证事件,在一个事件中验证多个需求
第 3 章	功能分配
第 3 章	迭代概念设计与原型
第 5 章	为团队效能而设计
第 5 章	情景意识评估
第 6 章	振动对人的效能影响
第 6 章	水采样与分析
第 6 章	毒理与微生物分析
第 6 章	为保温而设计
第 7 章	为储物系统和库存管理系统而设计
第 7 章	医学系统选择
第 7 章	为对抗措施而设计
第 7 章	废物管理设计
第 8 章	适居概念设计
第 9 章	为训练而设计
第 9 章	为人的危险控制而设计
第 9 章	为长期可持续使用而设计
第 9 章	器材训练
第 10 章	人与机器交互
第 10 章	自主设计
第 10 章	人机接口设计
第 10 章	为信息共享而设计
第 10 章	阻止疏忽的操作
第 10 章	人的自动化交互
第 11 章	服装设计中的人的适应性
第 12 章	任务筹划评估过程
第 12 章	规程设计
第 12 章	操作概念开发
第 12 章	怎样设计一个适应人类的集成任务规划